SVEN GEHRMANN

# DIE FAUNA DER NORDSEE

*Chordata*

LOBBY FOR OUR RECENT NATURE

# INHALTSVERZEICHNIS

## Einführung in ein komplexes Thema


| | |
|---|---|
| Vorwort | 5 |
| Habitate in der Nordsee | 6 |
| Schlammgrund | 7 |
| Lebendiges Watt | 8 |
| Algen- und Seegraszone | 10 |
| Hochsee | 12 |
| Kulturfolger und Neozooen im Lebensraum Hafen | 14 |
| Block- und Geröllgrund | 16 |
| Lebensraum Wrack | 18 |
| Sandgrund | 19 |
| Helgolandfauna | 20 |
| Muschelbank | 22 |
| Unruhige Wanderer zwischen den Welten | 23 |
| Irrgäste der Nordsee und der Ostsee | 24 |
| Temporärer Lebensraum Sandbank | 25 |
| Die Müllbank… | 26 |


## DIE FAUNA DER NORDSEE - *Chordata*


| | |
|---|---|
| **Unterstamm Tunicata- Manteltiere** | 27 |
| **Klasse *Ascidiacea* – Seescheiden** | 27 |
| **Klasse *Appendicularia* – Geschwänzte Manteltiere** | 43 |
| **Superklasse *Agnatha* - Kieferlose** | 44 |
| **Klasse *Elasmobranchii* - Plattenkiemer** | 48 |
| **Klasse *Actinopterygii* - Strahlenflosser** | 68 |
| Präparation von Fischen | 70 |
| Wirbellose Parasiten der Fische | 74 |
| Störe | 79 |
| Hornhechte | 84 |
| Schleimfische | 86 |
| Meeraale | 88 |
| Aale | 90 |
| Heringsfische | 93 |
| Anchovis oder Sardellen | 98 |
| Ährenfische | 99 |
| Lachsfische | 100 |

| | |
|---|---|
| Stinte | 104 |
| Dorschfische | 106 |
| Seequappen | 116 |
| Seehechte | 122 |
| Mondfische | 123 |
| Meeräschen | 124 |
| Wolfsbarsche | 126 |
| Stichlinge | 127 |
| Seepferdchen und Seenadeln | 131 |
| Skorpionsfische | 142 |
| Knurrhähne | 147 |
| Scheibenbäuche | 152 |
| Schiffshalter | 155 |
| Stachelmakrelen | 151 |
| Groppen | 156 |
| Panzergroppen | 160 |
| Meerbarben | 162 |
| Meerbrassen | 165 |
| Echte Barsche | 170 |
| Petermännchen | 172 |
| Bonitos, Makrelen und Thunfische | 175 |
| Lippfische | 178 |
| Aalmuttern und Wolfsfische | 186 |
| Stachelrücken | 188 |
| Butterfische | 190 |
| Seewölfe | 192 |
| Sandaale | 194 |
| Grundeln | 196 |
| Leierfische | 203 |
| Schwertfische | 206 |
| Schollen | 208 |
| Echte Butte oder Linksaugenflundern | 215 |
| Steinbutte | 216 |
| Seezungen | 220 |
| Eberfische | 223 |

Petersfische 224

Heringskönig 225

Tiefseefische 226

Anglerfische 227

Degenfische 229


**Stamm *Mammalia* - Meeressäugetiere** 231

Seehund 234

Schweinswal 237

Pottwal 240

Ein Offener Brief an die Japanische Botschaft 247

# ALLGEMEINER TEIL

Empfehlenswerte Einrichtungen 248

Danksagungen & Bildnachweise 249

Literatur- und Quellenverzeichnis 250

Epilog 252

Register der lateinischen Nomenklatur 254

Über den Autoren 264

Impressum 264

**Neu im Wattenmeer: Der Gestreifte Schleimfisch *Parablennius gattorugine*.**

**1983, Borkum:** Ich, damals 14 Jahre alt, bekam die Chance meines Lebens: Ich durfte mit einem echten Berufsfischer mit raus fahren. Auf Krabbenfang! Ich erinnere mich daran, wie wir am 07.07.1983 bei klarer Sicht vor der Vogelinsel Rottum das Netz abfierten. Zwei mächtige Baumkurren schleiften an jeder Seite des Schiffes gleichmäßig über den Grund. Nach einer qualvollen dreiviertel Stunde wurden dann die mächtigen Baumkurren mittels einer Winde eingeholt. Voller froher Erwartung hüpfte ich über das Deck und hätte – sehr zum Ärger des Fischers – vor Begeisterung fast die Baumkurren an den Kopf bekommen. Das Netz war voll von Sandgarnelen, die man auch als „Granat" bezeichnet. Große Seenadeln und Rote Knurrhähne faszinierten mich damals besonders. Außerdem fingen wir noch Unmengen an Plattfischen aller Größen, diverse Gelbaale und Seezungen, von denen wir die letzteren beiden frisch an Bord in die Pfanne hauten. Ich habe nie besseren Fisch gegessen! Und heute?

**2003, Baltrum:** Ein Kurzurlaub mit der Familie. Neuerdings tauchen hier im Watt Pazifische Riesenaustern auf; vereinzelt an Steinen. Es ist April, die Sonne scheint so oft, dass die Inselbewohner im April(!) ihre Rasensprenger anstellen müssen, weil das Gras auf der Insel welk zu werden beginnt. Außerdem finde ich am Strand angespülte **Schwimmkrabben** der Art ***Portumnus latipes***, die bis Westafrika verbreitet ist. Alles Weibchen, die zur Vermehrung in die wärmer gewordene Nordsee kamen…

**2011, Norddeich:** Im Hafenbecken schwimmen kleine Fischchen an der Oberfläche, 2 Zentimeter. Eine Untersuchung ergibt, dass es sich um juvenile Wolfsbarsche handelt. Im norddeicher Watt lässt sich mit dem Rahmenkescher kein einziger Plattfisch fangen… Die Hafenmole ist flächig bewachsen mit Pazifischen Riesenaustern.

**2012, Baltrum:** Es ist Hochsommer im August. Bei Flut stehen Angler auf den Buhnen. Was sie hier fangen? Wolfsbarsche; der Inselrekord liegt bei 70 Zentimetern Länge…

**2012, Norddeich:** Diesmal keine Wolfsbarsche im Hafenbecken, dafür aber kleine Plattfische im Watt… Immerhin; aber nur wenige.

**2013, Norddeich:** Mit der Ködersenke lassen sich im Hafenbecken Aalmuttern nachweisen. Aber auch eine eingeschleppte **Garnele** aus Korea, ***Palaemon macrodactylus***.

**2014, Norddeich:** Und wieder bringt der Kutter im April eiertragende Weibchen der subtropischen **Schwimmkrabbe *Liocarcinus navigator*** mit. Das Wasser der Nordsee ist zu warm für die Jahreszeit… Der Sommer hat begonnen!

**Frühjahr 2015 und 2016, Norddeich:** Die Kutter fangen Hundshaie, Blondrochen, Sardellen… Allesamt Einwanderer aus dem Ärmelkanal. Der Winter 2014/2015 war wieder mal viel zu warm für unsere Breiten…

**2017, Schmuddelwetter in Ostfriesland:** Kein richtiger Sommer, dauernd ist es schwül oder regnerisch, die Bauern haben viele Probleme, überhaupt etwas ernten zu können… Die Beifänge der Fischer fallen sehr unterschiedlich aus, gewisse sonst häufige Arten sind rar…

**2018: Hitzewelle!** Viele sonst häufige Fischarten wurden im Sommer kaum von den Fischern gefangen. Denn bei einer Wassertemperatur von 22° Celsius in der südlichen Nordsee bleiben sie lieber in tieferen Arealen, wo kein Krabbenfischer fischt… In der Ostsee: 25° Celsius und Vibrionen-Alarm! Darüber hinaus konnte man erheblich mehr Quallen beobachten als sonst… Haben sie die Fischbruten dezimiert?

**Quo Vadis, Nordsee?** Offensichtlich ist hier alles Durcheinander! Wohin mag das noch führen? Ich hoffe sehr, dass dieses Buch zur Klarheit beiträgt.

Um ein tiefes und echtes Verständnis für die Tiere der Nordsee zu gewinnen, sollte man sich zunächst mit den Habitaten, in denen sie regelmäßig vorkommen und gefunden werden können, beschäftigen. Daher werden auf den nächsten Seiten einige Lebensräume der Nordsee kurz porträtiert, damit man einen Eindruck von den Umständen und Naturgewalten erhält, die auf die Organismen einwirken. Dann beginnt man auch zu verstehen, weshalb bestimmte Lebewesen nur an bestimmten Plätzen und an anderen gar nicht oder nur in Ausnahmefällen vorkommen. Auch die Adaptionen an Umweltbedingungen und Feinde werden dann deutlich. Im ökologischen Gesamtgefüge der Nordsee übernehmen die Fische sehr verschiedene Rollen. Viele Fischarten sind für Vögel, andere Fische, Meeressäugetiere und auch den Menschen eine wichtige proteinreiche Nahrungsquelle, und ohne sie könnten manche Naturphänomene gar nicht richtig ablaufen, wie etwa der alljährliche Vogelzug. Insbesondere die im Watt vorkommenden Fischarten tolerieren auch geringe und schwankende Salzgehalte und Temperaturen. Leider sind die meisten Lebensräume der Nordsee durch die zahlreichen Einflüsse des Menschen bedroht, und zum gegenwärtigen Zeitpunkt kann hier keine Entwarnung gegeben werden. Da wollen Wirtschaftskonzerne mitten im Nationalpark nach Öl bohren, Chemiekonzerne verklappen teilweise illegal Dünnsäuren oder verbrennen auf See hochtoxische Chemieabfälle, und nach wie vor ist die Reling Seemanns liebster Mülleimer. Offizielle Schätzungen gehen davon aus, dass auf einem Quadratkilometer Wattfläche etwa eine Tonne sichtbaren Mülls menschlichen Ursprungs zu finden sind. Auf einem internen Papier hat die Regierung der Bundesrepublik Deutschland im Frühjahr 2010 eingestanden, dass der Schutz des Meeres offensichtlich gescheitert ist, da sich vor allem die Schifffahrt nicht an die bestehenden Umweltgesetze hält… Die Abfälle haben oft verheerende Folgen für die Bewohner des Meeres, da sie sich häufig nicht schnell abbauen lassen und ganze Regionen durch die folgende Verseuchung unbewohnbar machen. Dazu kommen noch versenkte Munitionsbestände aus dem Ersten und dem Zweiten Weltkrieg, sowie eine rapide Klimaerwärmung, die für manche Meeresorganismen dramatische Auswirkungen haben kann. So hat die Biologische Anstalt auf Helgoland seit dem Beginn ihrer Aufzeichnungen vor mehr als hundert Jahren eine Erwärmung des Nordseewassers um mindestens 2°Celsius dokumentiert. Das sind Fakten, vor denen man die Augen nicht mehr verschließen kann. Deshalb sollte der Schutz des Klimas zum Tagesordnungspunkt Nr. 1 aller politischen Bemühungen gemacht werden. Das Jahr 2018 dürfte schon jetzt zu den wärmsten Jahren seit Beginn der Wetteraufzeichnungen gehören. Es verwundert doch wirklich sehr, dass die Energiekonzerne nach wie vor das Weltklima mit der Verfeuerung von Braunkohle anheizen wollen und offenbar nur wenig Interesse am Ausbau erneuerbarer Energieformen haben. Und dass unser Staat sich weigert, die allgemeine Stromverschwendung breitflächig zu bekämpfen. Denn hier könnte auch sehr kurzfristig schnell vieles umgesetzt werden – man denke etwa an die Abschaltung überflüssiger Leuchtreklamen in den großen Ballungszentren, um hier nur ein Beispiel zu nennen. Und auch bei der Eindämmung der Plastikflut könnte seitens der Politik erheblich mehr getan werden. Warum müssen etwa Fernseher prinzipiell in Styropor und Folien verpackt werden? Könnte man nicht auch einfach Pappe oder Holzwolle nehmen? Es ist einfach nur entsetzlich, wie viel hier in den letzten Jahren nicht gehandelt wurde. Entsetzlich für eine breitflächig verschwindende Meeresfauna, welche den meisten Menschen in Deutschland offensichtlich weder präsent noch bewusst ist. Dieses Werk soll einen Beitrag dazu leisten, diesen Missstand zu beheben. Sollten Sie Urlaub an der Nord- oder Ostsee machen, können auch sie einen kleinen Beitrag leisten, in dem sie z.B. aufgefundenen Müll einsammeln und entsorgen. Viele Leute, große Wirkung!

Wir befinden uns weit unterhalb der Gezeitenmarke in einer Tiefe von mindestens 20 Metern. Hier lagern sich feine Sedimente und Reste abgestorbener Meeresbewohner ab und bilden eine dicke Bank aus Schlamm. Auf den ersten Blick kann man die Bewohner dieser Schlammwüste nicht entdecken, doch kann man mit etwas Glück ihre Spuren sehen: Kriechspuren von Mollusken und Stachelhäutern, Grabspuren von Würmern und Krebsen und kleine Fußstapfen von allerlei Krebstieren, die hier entlang getrippelt sind. Hier und da ist auch das eine oder andere Loch zu sehen, welches von so verschiedenen Organismen wie z.B. **Kaisergranat** und **Zylinderrose** bewohnt wird. Die "Schlammwüste" lebt - und das auf vielfältigste Weise! Wenn wir einen Köder, wie z.B. einen toten Fisch, auf dieser Fläche deponieren würden, könnten wir in Kürze den Anmarsch diverser Bewohner des Schlammgrundes lokalisieren. Die Gerüche des Köders würden in Kürze diverse Würmer, Fleisch fressende Schnecken, Schlangensterne, Raubseesterne und Krebse anlocken. Doch auch die eine oder andere Seeanemone würde plötzlich aus dem Bodengrund auftauchen, um auch einen Teil der Beute zu erhalten. Die meisten Bewohner des Schlammgrundes halten sich versteckt, um entweder ihren Feinden zu entgehen, oder um selbst auf Beute zu lauern. Manche schließen dabei Schutz- und Trutzbündnisse ab, wie z.B. der Kaisergranat mit der Fries`- Meergrundel. Die wenigen Bewohner des Schlammgrundes, die sich eine exponierte Stellung über dem Boden erlauben können, sind entweder für die meisten Beutegreifer ungenießbar, wie z.B. die Seefedern oder sie verfügen über wirksame Nesselgifte, wie z.B. die Zylinderrosen. Wieder andere, wie z.B. bestimmte Fische, schweben dicht über dem Grund und lauern auf unvorsichtige Beutetiere. Leider wird hier auch häufig mit Baumkurren nach Arten wie Plattfischen oder Kaisergranat gefischt. Das hat hier massive Störungen auf dem Meeresboden zur Folge. So dass in manchen Arealen etwa komplette Bestände von Seefedern „verschwanden", so dass diese eigentlich häufigen Organismen inzwischen auf dem Rückzug sind. All das hat Auswirkungen, deren Folgen man nicht immer gleich zu sehen bekommt. Aber wenn der Dorsch plötzlich „weg" ist, ja, dann klagt der Fischer!

**Blasentang (*Fucus vesiculosus*). In solchen Algen finden sich oft Flohkrebse, aber auch Plastikmüll, Nylonfäden und wie hier die Federn von Seevögeln.**

Auch auf den schlickigsten Wattflächen findet sich vielfältiges Leben - von der kleinen Wattschnecke bis hin zu Wattwürmern, Schlickkrebsen, diversen Muscheln, Krebsen, Garnelen und Jungfischen. Dieser extreme Lebensraum ist stärksten Schwankungen unterworfen:

> ➢ Ebbe und Flut sorgen zweimal täglich abwechselnd für Trockenheit und Strömung, wobei es aufgrund von bestimmten Sonne-Mond-Wind-Konstellationen sowohl zu sehr niedrigen Tiden(Nipptide) oder auch sehr hohen Wasserständen(Springtide) kommen kann.
> ➢ Die Jahreszeiten sorgen für unterschiedlichste Temperaturen, wobei sich die Extreme zwischen Eisschollen im Winter und sehr großer Hitze in den Gezeitentümpeln im Sommer bewegen, wo die Sonne die Wassertemperaturen auf mehr als 30° Celsius aufheizen kann.
> ➢ Starke Niederschläge können erhebliche Schwankungen der Salzdichte in den Prielen und Ebbetümpeln verursachen.
> ➢ Der Wind kann erhebliche Mengen von Sand in sehr kurzer Zeit verdriften, so dass ständig neue Sandbänke und Inseln entstehen, und andere im Meer versinken.
> ➢ Es herrschen ein hoher Feinddruck und eine hohe Individuendichte verschiedenster Arten.

Die **pflanzliche Nahrungsgrundlage** für den Reichtum an Garnelen, Fischen und anderen Kleintieren bilden dabei winzige **Kieselalgen** oder auch **Diatomeen**, die das Watt als gigantisches Produktionsfeld nutzen. Diese bewirken auch, dass die Wattflächen meistens etwas bräunlich aussehen. Der Wattboden besteht aus 3 verschiedenen Schichtungen:

> ➢ Die oberste Schicht bis etwa 5cm Tiefe kann man als oxische Schichtung beschreiben, in der ein relativ hoher Sauerstoffgehalt herrscht, so dass auf oder in dieser Schicht quantitativ die meisten Tiere zu finden sind.
> ➢ Daran schließt sich eine suboxische Schicht an, die etwa von 5cm - 15cm Tiefe verläuft. In dieser Schicht leben noch einige Würmer und Muscheln, die mit weniger Sauerstoff auskommen können, oder die dazu in der Lage sind, den benötigten Sauerstoff durch lange Verbindungsgänge zur Oberfläche oder durch lange Siphonen von oben zu holen.
> ➢ Darunter verläuft dann eine meistens blauschwarz gefärbte anoxische Schicht, in der zahlreiche anaerobe Bakterien leben, welche die Stoffwechselabbauprodukte anderer Organismen verwerten. Insbesondere diese Schicht wirkt letztlich wie eine gigantische natürliche Kläranlage.

Da das Watt biologisch hoch produktiv ist und sehr viel Biomasse produziert, wird es auch von zahlreichen See- und Zugvögeln frequentiert, die hier einen überreich gedeckten Tisch vorfinden. Das Watt kann sehr verschieden beschaffen sein, denn es gibt Schlickwatt, Mischwatt und noch einige Zwischenformen. Je nach Untergrund wird das Watt auch von sehr verschiedenen Tieren und Pflanzen besiedelt. Insbesondere Schlickkrebse und Würmer spielen hier eine wichtige Rolle, denn sie reinigen das Watt von organischen Abfällen aller Art und sorgen für einen fluktuierenden Austausch von Nährstoffen durch alle Schichtungen des Watts. Muscheln leisten hierzu auch einen wichtigen Beitrag, aber als Schalentiere tun sie sogar noch mehr. Denn ihre leeren Schalen werden von der Strömung fein gemahlen und prägen so die Konsistenz des Watts ganz erheblich. Wo es große Muschelbänke und Bestände gibt, ist das Watt auch viel weniger schlammig. Und damit auch für den Menschen erheblich besser begehbar! Abschließend noch eine Bitte an den Naturfreund: Falls Sie bei einer Wattwanderung kleine Reste von Plastikmüll finden, nehmen sie diese bitte mit. Denn auch der feingeriebene mikroskopisch kleine Plastikmüll ist schon längst Bestandteil des Watts geworden und gelangt so in die marinen Nahrungsnetze…

**Algen- und Seegraszone mit dem Meersalat *Ulva lactuta***

**Das kleine Seegras *Zostera nana* verschwand in den 1930er Jahren großflächig aus dem Watt der deutschen Bucht...**

Dieses Habitat überschneidet sich mit dem Watt und unterscheidet sich von den schlickigen und mit Diatomeen Rasen bewachsenen Wattflächen dadurch, dass man hier sich verdichtende Bestände von höheren Meeresalgen und Seegras finden kann. Jahreszeitlich bedingt kann aus dem Watt eine Algenzone werden und umgekehrt. Somit kann man diesen Abschnitt auch als einen temporären Lebensraum betrachten. Der Mensch übt hier auf das Entstehen von Algenansammlungen durch die Einleitung von Phosphaten und anderen Düngern ins Meer einen direkten Einfluss aus. Insbesondere solche schnell wachsenden Algen wie der **Meersalat *Ulva lactuta*** unterliegen diesem Einfluss. Algen bieten im Flachwasserbereich zahlreichen Tieren Deckungsmöglichkeiten gegen die vielen gefiederten Beutegreifer aus der Luft, doch dienen sie nur sehr wenigen Fischarten der Nordsee als Nahrung. Saisonal verschieden kann man hier die verschiedensten Tiere auffinden:

> - Im Frühjahr und Sommer beispielsweise die Jungtiere des **Seeskorpions *Myoxocephalus scorpius***, der **Fünfbärteligen Seequappe *Ciliata mustela*** und des **Seehasen *Cyclopterus lumpus***.
> - Von Frühjahr bis Herbst die adulten und juvenilen Tiere der **Grasnadel *Syngnathus typhle***, dem **Seestichling *Spinachia spinachia*** und dem **Dreistacheligen Stichling *Gasterosteus aculeatus***.
> - Darüber hinaus findet man hier verschiedene Meeresasseln, Flohkrebse, Garnelen, Schnecken und diverse sonstige Jungfische.

Im Flachwasser finden sich auch häufig Bestände des **Kleinen Seegrases *Zostera nana***. Diese Pflanze ist keine Alge, sondern eine Blütenpflanze, die es geschafft hat, sich einen marinen Lebensraum zu erschließen. Früher gab es sehr große Zosterabestände an der deutschen Nordseeküste. Damals wurde das getrocknete Seegras als Füllmaterial für Betten genutzt. Heutzutage sind die Seegraswiesen enorm zurückgegangen, was auf verschiedene Faktoren zurückzuführen ist. An das Habitat einer Seegraswiese sind vor allem Tiere wie Seestichlinge, Seenadeln und Seepferdchen perfekt angepasst, da diese Arten mit ihrer Färbung und ihrer schaukelnden Bewegungsweise die sich in der Dünung wiegenden Seegrashalme perfekt nachbilden. Je nach Untergrund findet man unterhalb der Gezeitenlinie diverse Arten von Seetangen in der Nordsee, die zum einen zahlreichen Tierarten Siedlungsflächen, zum anderen auch Nahrung anbieten. Diese Zone, die nicht mehr bei Ebbe trocken fällt, wird allgemein auch als Sublitoral bezeichnet. Die Flächen, die von Algen besiedelt werden können, werden jedoch durch die Wassertiefe begrenzt, da das Licht in größeren Tiefen nur in so geringen Mengen vorhanden ist, dass dort keine Pflanzen mehr wachsen und Photosynthese betreiben können. Die meisten Rotalgen kommen mit sehr wenig Licht aus und sind deshalb auch in größeren Tiefen als Braun- oder Grünalgen vertreten. Deshalb sind Rotalgen meistens auch die besseren Algen für Aquarien, wo sie sehr gut weiter wachsen können, und sich im Gegensatz zu Seetangen und Laminarien gut kultivieren lassen. Die Meeresalgen, die man im Spülsaum finden kann, geben einem eine gewisse Auskunft darüber, womit der sublitorale Boden bewachsen ist, und ob hier ein Hart- oder ein Weichbodenhabitat vorliegt. In letzter Zeit konnte beobachtet werden, dass sich einige Algenarten regelrecht globalisiert haben. So etwa wie die **Borstenalge *Gracilaria vermiculophylla***, die ursprünglich aus dem Nordpazifik zu uns kam. Ebenso wie der **Beerentang *Sargassum muticum***, dessen Ursprünge wohl auch in Japan liegen, und der inzwischen dabei ist, die übrigen Meere dieses Planeten auch noch für sich zu erobern… Welche mittel- und langfristigen Folgen das für unsere endemischen Algenarten hat, kann oft nur vermutet werden. In jedem Fall sollte das Vordringen von Tieren und Pflanzen aus anderen Meeresteilen des einen großen Weltmeeres immer kritisch beobachtet werden.

**Hochsee; hier leben driftende Algen, die teilweise weltweit verbreitet sind.**

**Beerentang (*Sargassum muticum*). Dieser stammt ursprünglich aus dem Nordpazifik!**

Diesen Lebensraum gibt es im eigentlichen Wortsinn in der Nordsee gar nicht, da die Nordsee ein relativ **flaches Schelfmeer** ist, welches im **Durchschnitt nur 94 Meter Tiefe** hat. Ihre **tiefste Stelle ist 725 Meter tief** und liegt in der **Norwegischen Rinne**. Die **flachste Stelle ist nur 15 Meter tief** und befindet sich bei der **Doggerbank**, die vor der englischen Küste liegt. Deshalb verstehen wir darunter die von der Küste etwas abgelegenen Bereiche, die nicht mehr dem unmittelbaren Einfluss der Gezeiten unterliegen.

Dieser Lebensraum zeichnet sich durch einen großen Reichtum an tierischem und pflanzlichem Plankton aus, so dass das Nordseewasser immer leicht trüb und grünbräunlich erscheint. Diese Kleinstlebewesen sind die Nahrungsgrundlage für alle anderen Hochseebewohner, egal ob diese dauerhaft hier leben, oder nur auf der Durchreise in andere Meeresregionen sind. Manche Hochseebewohner sind zum Tode verurteilt, wenn die Strömung sie in die Nähe von Stränden oder Küsten befördert, wie z.B. die vielen verschiedenen Arten von Quallen. Der **Salzgehalt** ist in diesem Teil der Nordsee mit **34-35 Promille** am höchsten, denn in Küstennähe unterliegt das Meer dem Einfluss zahlreicher Süßwassereinträge durch Flüsse und Niederschläge, die z.B. auf das trocken gefallene Watt prasseln können. Hier beträgt der Salzgehalt nur etwa 30 Promille. Man bezeichnet die Zone, in der die Fische durch das freie Wasser gleiten, auch als *Pelagial*, welches vom *Benthos*, dem Boden, abgegrenzt wird. Pelagische Fische haben meist einen sehr hohen Energiebedarf und müssen daher alles fressen, was ihnen vor das Maul kommt. Daher ist es nicht ungewöhnlich, dass Meeresangler häufig große Mengen an Schwarmfischen der gleichen Art an einem Angelplatz aus dem Wasser ziehen. Typische Bewohner des Pelagials sind **Hornhecht** *Belone belone*, **Makrele** *Scomber scombrus*, **Hering** *Clupea harengus*, **Dornhai** *Squalus acanthias* und **Heilbutt** *Hippoglossus hippoglossus*. An Wirbellosen findet man hier vor allem mikroskopisch kleine Planktontiere und Quallen, wie z.B. die **Gelbe Haarqualle** *Chrysaora hysoscella* und die **Ohrenqualle** *Aurelia aurita*. Auch die **Schwebegarnelen** der **Ordnung** *Mysida* sowie der planktonisch lebende **Krill** der **Ordnung** *Euphausiacea*, spielen in diesem System eine wichtige Rolle und dienen sogar großen Bartenwalen als Nahrung.

Hafen an der deutschen Nordseeküste

Spundwand im Hafen, bewachsen mit Pazifischen Riesenaustern…

Häfen zeichnen sich dadurch aus, dass sie diversen Einflüssen unterliegen, die das Leben für reine Meeresbewohner limitieren. Diese Limits bestehen in schwankenden Salinitäten, Verunreinigungen des Wassers und Hafenschlicks und teilweise sehr extremen Strömungs- und Gezeiteneinflüssen. Daher können in diesem Lebensraum nur Organismen siedeln, die in der Lage sind, sich an diese Bedingungen zu adaptieren. Manchmal werden durch die Fischer auch Organismen aus tieferen Wasserschichten in die Häfen verschleppt, so dass man selbst hier mit einem Senknetz "fündig" werden kann. Im typischen Nordsee-Hafen kann man häufig **Stichlinge, Grundeln, Seenadeln, Plattfische, Aalmuttern** und **Aale** finden. An wirbellosen Tieren findet man eine reiche Bandbreite von **Seeringelwürmern, Seeanemonen, Krebsen, Garnelen, Stachelhäutern, Muscheln, Schnecken** und **Schwämmen**. Darunter finden sich dann Arten wie die **Strandkrabbe,** die **Seepocke,** die **Wollhandkrabbe,** die **Seenelke,** der **Taschenkrebs,** die **Kleine Felsengarnele,** die **Strandschnecke,** der **Brotkrumenschwamm,** der **Gemeine Seestern,** die **Miesmuschel** oder die bei uns durch Austernfarmen eingeschleppte **Pazifische Riesenauster**. Häufig besiedeln **Miesmuscheln** die Spundwände, an die sie sich mit ihren **Byssusfäden** festheften. Die Austern verwachsen sogar mit ihrer unteren Schalenhälfte mit der Spundwand; häufig überwachsen sie dabei sogar die Seepocken und verdrängen die Miesmuscheln. Tiere aus Hafengebieten sind für Menschen grundsätzlich nicht mehr genießbar, weil sie mit Öl, Pestiziden oder Schwermetallen wie z.B. Kadmium oder Quecksilber belastet sein können. Deshalb sind hier gefangene Tiere je nach Belastungsgrad allenfalls noch als Tierfutter oder als Besatztiere für Aquarien brauchbar. Da die Spundwände von Häfen nur wenige Strukturen anbieten, kann man hier auch nicht die gleiche biologische Diversität wie beispielsweise in Ästuarien oder auf Muschelbänken vorfinden.

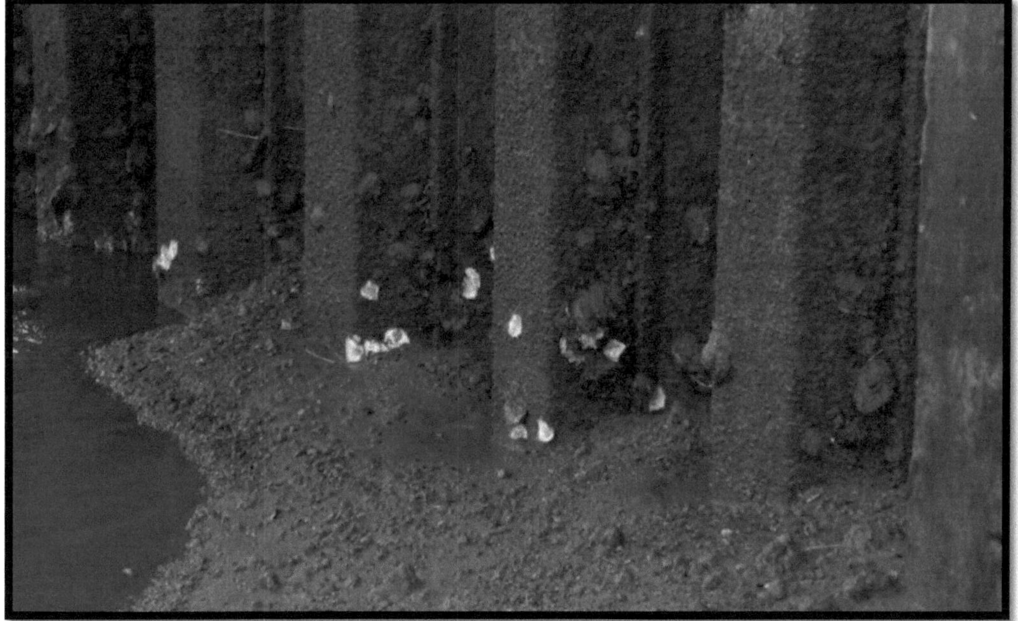

**Spundwand eines Hafens mit Austern und Seepocken bei Ebbe**

Dieser strukturenreiche Lebensraum zeichnet sich dadurch aus, dass sich zwischen den Stein- und Geröllansammlungen allerlei Kleintiere befestigen können. Dazu zählen insbesondere **Muscheln, Würmer, Stachelhäuter, Schwämme**, sowie diverse **Aktinien** und **Korallen**. Diese häufig sessilen Wirbellosen bilden wiederum die Nahrungsgrundlage für größere Krebse und Fische. Block- und Geröllgründe halten die meisten Schleppnetzfischer davon ab, hier ihre Netze über den Grund zu ziehen, da sie an diesen Stellen ein großes Risiko eingehen würden, ihre Fischereigerätschaften zu

beschädigen oder zu verlieren. Somit ist dieses Habitat auch ein Rückzugsraum für Arten, die an anderen Stellen überfischt wurden. Daher können von diesen Rückzugsräumen starke Impulse für die Wiederbesiedlung überfischter Räume ausgehen, wenn die Fischerei begrenzt wird. Block- und Geröllgründe findet man nicht an der deutschen Nordseeküste, dafür aber in der Nähe Helgolands und bei den dänischen und britischen Steilküsten. Die Felsen bieten Meeresbewohnern Halt und Siedlungsfläche, die als Larven mit der Strömung aus anderen Meeresgebieten hierher verdriftet wurden. Solche Tiere können sich ohne feste Substrate nicht richtig entwickeln, geschweige denn am Boden halten. Zu diesen Tieren gehören beispielsweise diverse Seeigel, Seesterne und Weichkorallen, aber auch Arten wie Taschenkrebs und Steinkrabbe gehören dazu. In Ermangelung von Hartgründen siedeln sich einige dieser Organismen auch an den von Menschen geschaffenen Buhnen an, doch sind Buhnen nur für einen Bruchteil dieser Arten als Lebensraum geeignet, weil sie einem sehr starken Gezeiteneinfluss unterliegen und weil sie als Flachwasserbiotop im Sommer zu hohen Temperaturen ausgesetzt sind. Daher könnte man an einer Buhne zwar kleine **Taschenkrebse** *Cancer pagurus* finden, nicht jedoch Tiere wie die kälteliebende **Steinkrabbe** *Lithodes maja*, die es möglichst kälter als 8° Celsius braucht. Die zerklüfteten Felsen bieten Räubern wie dem **Seeteufel** *Lophius piscatorius* hervorragende Deckungsmöglichkeiten, und Höhlen und Spalten beherbergen zahlreiche Krebse wie z.B. den **Schuppigen Furchenkrebs** *Galathea squamifera*, den **Hummer** *Homarus gammarus*, die **Languste** *Palinurus elephas* oder die **Große Seespinne** *Maja brachydactyla*. Aber auch deren Feinde sind hier auf dem Plan: Der **Gemeine Krake** *Octopus vulgaris* sowie die **Zirrenkrake** *Eledone cirrhosa*. Und deren Fressfeinde, wie der **Dorsch** *Gadus morhua*, der **Leng** *Molva molva*, oder der **Pollack** *Pollachius pollachius* sind natürlich auch nicht weit... Zwischen den Felstrümmern können sich häufig auch höhere Meeresalgen mit ihren Haftwurzeln, den sogenannten Thalli, verankern. Diese auch als **Laminarien** bezeichneten Algen wachsen häufig sehr schnell, wobei manche Arten auch mehrere Meter lang werden können. Diese Algen beherbergen häufig Tiere, die daran angepasst sind, sich speziell an den Algenblättern zu halten und diese auch als proteinreiche Nahrungsquelle zu nutzen. In Japan werden diese Algen schon lange als Nahrungsmittel für den Menschen genutzt, und auf Helgoland gibt es sogar eine Station zur Erforschung und Nutzung der Algen. Manche kann man sogar wie Salat essen. Laminarien sind in Aquarien nach dem derzeitigen Stand der Technik leider nur wenige Wochen bis Monate haltbar, und es ist bisher nicht genau bekannt, woran es liegen könnte. Hier besteht noch ein großer Forschungsbedarf. Doch sind hier auch engagierte Hobbyisten bereits tätig geworden, wobei es einigen bereits gelungen ist, durch Simulation unterschiedlich langer Tage und mit entsprechender Anpassung der Temperaturen Seetange analog ihren natürlichen Rhythmen zum Wachsen zu bringen. Einige wenige Meerwasseraquarianer haben sich sogar ganz der Haltung und Zucht von Makroalgen verschrieben. Als bedenklich ist jedoch eine Entwicklung einzustufen, die jüngst von den Biologen des Max-Planck-Institutes auf Helgoland beobachtet wurde. Diese stellten durch die jahrzehntelange Beobachtung großer Brauntange fest, dass diese begonnen haben, sich in immer größeren Tiefen anzusiedeln. Das hängt offenbar damit zusammen, dass sie sich vor dem durch anthropogene Einflüsse erwärmten Oberflächenwasser zurückziehen. Irgendwann können sie sich jedoch nicht mehr zurückziehen, da sie sonst zu wenig Licht bekommen würden. Ein großflächiges Verschwinden der Laminarien wäre die Folge, dem diverse Tierarten dieses speziellen Ökosystems auf dem Fuße folgen würden! Dieses traurige Phänomen wurde vor der spanischen Atlantikküste bereits auf einer Küstenlänge von etwa 150 Kilometern beobachtet. Daher können wir es uns nicht länger leisten, die Warnzeichen von Mutter Natur an unsere Adresse weiterhin zu ignorieren!

Gesunkene Schiffe bieten vor allem an Stellen, an denen sonst schlammiger Boden oder sandige Substrate vorherrschend sind, Rückzugsmöglichkeiten für diverse Arten. Manche Wracks sind nach einiger Zeit so mit den verschiedensten Aufsitzern besiedelt, dass man sie kaum noch als Gebilde menschlichen Ursprungs wiedererkennen kann. Allerdings bedeuten manche Wracks auch für ihre neuen Bewohner Gefahrenquellen, weil sie z.B. Altöl, Gifte und andere gefährliche Stoffe enthalten, die ins Wasser gelangen und die Umwelt verseuchen können, wenn ihre Lagerungsbehälter durchgerostet sind. Insbesondere gesunkene Munitionstransporter aus dem ersten und zweiten Weltkrieg, gesunkene Atomunterseeboote und Frachter mit gefährlichen Chemikalien sind im wahrsten Sinn des Wortes tickende Zeitbomben. Bedenklich ist das vor allem, wenn der Mensch für seine Ernährung Fische und Meerestiere verwertet, die aus der Nähe solcher belasteter Schiffswracks stammen. Im Nordatlantik siedeln auf Wracks wirbellose Tiere wie diverse Arten von

**Seeanemonen, Muscheln, Seepocken** und **Röhrenwürmern**. Diese wiederum locken diverse weitere Arten, wie z.B. alle erdenklichen Sorten von Krebstieren an. Auch mancher **Hummer** oder manche **Languste** hat in einem Wrack bereits eine Wohnhöhle gefunden. Und nach diesen beziehen bestimmte Großfische, wie

**Dorsch, Pollack, Steinbeißer** und **Meeraal** hier ihr Quartier. Aus diesem Grund sind Wracks häufig beliebte Ausflugsziele von Tauchern und Meeresanglern. Taucher sollte jedoch sehr vorsichtig sein, da Wracks sehr viele Gefahrenquellen bergen können, die nicht immer kalkulierbar sind. Im Zuge des zunehmenden Schiffverkehrs in der Nordsee wird die Anzahl der Schiffswracks in absehbarer Zeit erheblich zunehmen, und diese künstlichen Riffe werden für viele Meeresorganismen gute Siedlungsflächen liefern. Doch haben Unglücke wie z.B. die Havarie des Holzfrachters Pallas vor der Insel Amrum gezeigt, dass selbst Frachtschiffe, die keine Erdöl- oder Chemieprodukte transportieren, schon allein mit ihrem eigenen Altöl ein enormes Risiko für die Meeresfauna darstellen. Wracks ziehen häufig große Fische an und bieten Siedlungsflächen für zahlreiche wirbellose Tiere. Heutzutage bestehen Wracks leider meistens aus korrodierenden Metallteilen. Und auch aus diversem Plastikschrott, der mangels Ultraviolettem Licht am Meeresboden nicht verrottet und so der Nachwelt auf ewige Zeiten erhalten bleibt…

Sandgrund besteht aus feinsten Sedimenten, welche aus fein gemahlenen Steinen, Muschelschalen und anderen Kalkskeletten unterschiedlichster Organismen wie zum Beispiel diversen Stachelhäutern und Foraminiferen entstehen. Durch Stürme und damit verbundene Strömungen verlagern sich die Sandbänke der Flachwasserzone ständig, so dass immer wieder neue Sandbänke und Inseln entstehen und alte sich verlagern oder wieder im Meer versinken. Für diese natürliche Rhythmik gilt nur ein Gesetz: Das einzig Konstante ist der Wechsel! Die Bewohner des Sandgrundes sind daran angepasst, sich in diesem deckungsarmen Milieu zu verbergen, einzugraben oder zu tarnen. Viele Arten kommen nur nachts an die Sandoberfläche, um ihr Risiko, einem Beutegreifer zum Opfer zu fallen, möglichst gering zu halten. Darüber hinaus können sich vor allem viele Wirbellose erstaunlich gut regenerieren, wenn sie mal ein Bein oder ein Körpersegment an einen Räuber verloren haben. Das ewige Gesetz des Fressens und Gefressenwerdens regiert hier mit unerbittlicher Härte. Das Habitat des Sandgrundes beginnt bereits im Flachwasserbereich, der dem direkten Einfluss der Gezeiten ausgesetzt ist, und erstreckt sich abseits von Muschelbänken, Schlamm- oder Geröllgrund unterhalb der Gezeitenmarke meist in Tiefen von etwa 5-25 Metern. Dieser Lebensraum ist für die deutsche Küstenfischerei sehr wichtig, da vorwiegend in diesem Tiefenbereich der Grund von den Kuttern auf der Jagd nach der **Nordseegarnele *Crangon crangon*,** der **Scholle *Pleuronectes platessa*** oder der **Seezunge *Solea solea*** mit ihren Schleppnetzen umgepflügt wird. Und vor allem im Sommer machen hier auch Arten wie diverse Knurrhähne, Tintenfische oder Hundshaie jagd auf kleine Bodentiere, wobei für die Haie die flachen Sandböden der Nordsee als Kinderstube dienen, denn sie gebären hier ihre lebenden Jungtiere.

Als einzige deutsche Felseninsel in der Nordsee beherbergt die Insel Helgoland eine einzigartige
Fauna und Flora von Organismen, die man in dieser Vielfalt sonst nicht an der deutschen
Nordseeküste beobachten kann. Dabei reicht die Bandbreite von speziell an die Felsen angepassten
Organismen, bis hin zu durchziehenden Lebewesen der Hochsee und auch Meeressäugern, die man
sonst kaum zu Gesicht bekommen würde. Die verschiedenen Habitate reichen von den Klippen der
Spritzwasserzone bis zu **Laminarienwäldern** und **Riffen**, auf denen so bizarre Geschöpfe wie
**Steinkrabbe** und **Tote Mannshand** anzutreffen sind. Das wohl typischste Tier, und auch
gewissermaßen das  Wappentier der Insel Helgoland ist jedoch der **Hummer**, der in vergangenen
Zeiten sogar so häufig gewesen sein soll, dass man überzählige Fänge als Dünger verwendete.
Weitere typische Tiere Helgolands sind Tiere wie **Essbarer Seeigel *Echinus esculentus*,
Sonnenstern *Crossaster paposus*, Seedahlie *Urticina felina*, Erdbeerrose *Actinia equina*, Tote
Mannshand *Alcyonium digitatum*, Seehase  *Cyclopterus lumpus*, Goldbrasse, *Sparus aurata***
und **Franzosendorsch *Trisopterus luscus*.** Selbst dieser kleine Ausschnitt zeigt schon, aus wie
vielen verschiedenen zoologischen Ordnungen sich die Fauna dieses einzigartigen Lebensraumes
rekrutiert; selbstverständlich ist es nicht annähernd möglich, alle dort vorkommenden Lebewesen in
einem Aquarium - und sei es noch so groß - unterzubringen.

**In diesem Buch werden typische Vertreter Helgolands etwas eingehender vorgestellt, wie etwa verschiedene Lippfische und die rote Morphe des Seebulls. Doch das Wahrzeichen dieser Insel ist und bleibt der Europäische Hummer!**

Muschelbänke gibt es dort, wo sich **Miesmuscheln** sich mit ihren **Byssusfäden** am Untergrund festheften. Wo keine harten Substrate da sind, kleben sie sich einfach aneinander und bilden feste **Siedlungsfilze**, die der starken Strömung trotzen können. Ihre Byssusfäden sind nur schwer zerreißbar und haften bereits nach wenigen Minuten am Untergrund fest. Dabei findet man Miesmuscheln häufig an exponierten Stellen, wie auf Buhnen oder an Holzpfählen, wo sie bei Ebbe trocken fallen. Dadurch entgehen sie zwar den Seesternen, die ihnen hierher bei Niedrigwasser nicht mehr folgen können, setzen sich aber der Gefahr aus, das Opfer von Hitze, Kälte oder Seevögeln zu werden. Großer Hitze begegnen die Miesmuscheln, in dem sie ihre Schale einen kleinen Spalt weit öffnen und etwas Wasser ausspucken, wodurch dann Verdunstungskühle entsteht.

**Miesmuschelbänke** bieten vielen Tieren einen Lebensraum an, die ohne die Muscheln kaum eine Deckung hätten. So kann man hier Würmer, Schnecken, diverse Krebstiere und Seesterne finden. Somit übernehmen die Muscheln eine ökologische Nische, die welcher der Korallen in den tropischen Meeren entspricht. Darüber hinaus leisten selbst die toten Miesmuscheln noch einen wichtigen Beitrag für andere Tiere, da diese auch auf ihren leeren Schalen siedeln können. Durch die Strömung werden diese dann im Laufe der Jahre allmählich aneinander zerrieben, wodurch Sand und Silikate entstehen. Diese werden von der Strömung verdriftet und bilden neue Sandbänke und Inseln. Den Kleintieren und Aufwuchsorganismen folgen dann größere Tiere, die sich von diesen ernähren. Die **Muschelriffe** bilden damit die Nahrungsgrundlage zahlreicher Stachelhäuter sowie von diversen Krebs- und Fischarten. Ohne diese Riffe wäre die biologische Diversität und Produktivität in der Nordsee erheblich geringer. Abschließend sei noch angemerkt, dass sich neuerdings an der deutschen Nordseeküste auch **Riffe** aus der eingeschleppten **Pazifischen Riesenauster *Crassostrea gigas*** zu bilden beginnen. Welche Folgen das für das Ökosystem der Nordsee haben wird, wird die Zukunft zeigen.

Viele Tiere, die in der Nordsee leben, verbringen hier nur einen Teil ihres Lebens. Sie sind nicht auf ein konstantes Habitat festgelegt. Dabei kann man mindestens vier Typen von Lebensstrategien unterscheiden:

- ➤ **Katadrome** Arten wandern vom Süßwasser ins Meer, um dort abzulaichen.
- ➤ **Anadrome** Arten wandern vom Meer ins Süßwasser, um dort abzulaichen.
- ➤ **Endemische** Arten bleiben zwar ihr ganzes Leben lang im Meer, wechseln aber im Laufe ihres Lebens ihre Aufenthaltsplätze in der Nordsee.
- ➤ **Kosmopolitische** Arten wandern im Meer um den gesamten Globus; manche sind klimaabhängig, so dass man von **circumpolaren** oder **circumtropischen** Arten spricht.

Die katadromen und anadromen Fischarten der Nordsee besitzen die Fähigkeit, den Wechsel vom Süßwasser ins Meer und umgekehrt mittels spezieller Drüsen und osmoseresistenten Körpergewebes zu bewerkstelligen. Osmose ist die einseitig ausgerichtete Diffusion eines Stoffes durch eine semipermeable Membran. Das bedeutet, dass das im Meerwasser gelöste Salz dem Gewebe eines darin lebenden Tieres Wasser entzieht. Umgekehrt dringt im Süßwasser Wasser in das Gewebe der dort lebenden Tiere ein. Diesen Vorgang der Angleichung an das Umgebungsmilieu bezeichnet man auch als Dampfdruckgefälle. Die meisten Wassertiere sind nicht fähig, eine rasche Veränderung dieses Gefälles kurzfristig auszugleichen. Das bedeutet, dass ihre Körperzellen bei einer kurzfristigen Änderung der Salinität des umgebenden Wassers regelrecht zerfetzt werden. Besonders wirbellose Tiere überleben Dichteschwankungen meistens nicht lange, während manche Fische z. B. ein Umsetzen von Süß- in Salzwasser sogar mehrere Tage lang überleben können. Süßwasserfische urinieren ständig, um überschüssiges Wasser aus ihrem Körper zu entfernen, während Meeresfische ständig trinken müssen, um den Wasserverlust durch das wasserentziehende Salz im Meerwasser auszugleichen. Das zu viel aufgenommene Salz scheiden sie mittels spezieller Salzdrüsen über die Kiemen und die Nieren wieder aus. Einige wenige Arten haben es geschafft, alle diese Körperfunktionen ausüben zu können. Daher können sie oft auch extreme Wechsel vom salzigen in ein salzarmes Milieu und umgekehrt vertragen. Es ist geradezu so, als ob sie in ihrem Körper nur einen Schalter umzulegen brauchen, um vom Süßwasserbetrieb ihres Organismus auf Seewasserbetrieb und auch umgekehrt umzuschalten. Zu diesen Lebenskünstlern gehören nicht nur Fische wie **Aal, Lachs, Meerforelle, Nordseeschnäpel, Flunder, Stör** und **Stint,** sondern auch wirbellose Tiere wie die **Wollhandkrabbe** und die **Brackwassergarnele.** Schon an dieser kurzen Aufzählung merkt man, dass es in unseren Breiten mehr Fische als Wirbellose gibt, die diese gewaltige Umstellung ihres Metabolismus kurzfristig schaffen können. Letztlich gibt es bei diversen Arten auch Trends, an denen man unschwer erkennen kann, dass aus marinen Arten Süßwasserarten entstehen. Viele Süßwasserarten lassen sich direkt von marinen Vorfahren ableiten und es gibt sogar Arten, von denen Süß- und Seewasserstämme unabhängig voneinander existieren. Man spricht dann auch von **primären** und **sekundären Süßwasserarten.** Typisches Beispiel für eine primäre Art des Süßwassers wäre hier der Karpfen, während der Dreistachelige Stichling eine sekundäre Art darstellt, von der es dazu noch echte Salzwasserstämme gibt.

Als Irrgäste bezeichnet man Tierarten, die meist nur sporadisch oder temporär in anderen Gebieten als ihrem sonst üblichen Verbreitungsgebiet vorkommen. Irrgäste sollten deutlich von den *Wanderformen* mancher Arten und von den eingeschleppten Tierarten, den *Neozooen*, abgegrenzt werden. Die Abgrenzung ist denkbar einfach: Wanderformen kommen regulär jedes Jahr in den gleichen Gebieten zu bestimmten Jahreszeiten und/oder Witterungsbedingungen vor. Ein typisches Beispiel hierfür wäre der **Ährenfisch *Atherina presbyter***, dessen Jungtiere im Verlaufe des Sommers aus der südlichen Nordsee Richtung Norden wandern. Neozooen dagegen stammen aus anderen Erdteilen, haben sich aber aufgrund optimaler Lebensbedingungen dauerhaft in der Nordsee etablieren können. Ein Beispiel dafür sind Arten wie etwa die **Wollhandkrabbe *Eriocheir sinensis***, die Anfang des zwanzigsten Jahrhunderts aus China in unsere Binnengewässer eingeschleppt wurde, und die zur Fortpflanzung in die Nordsee zurück wandert. Dabei war die Wollhandkrabbe sogar so erfolgreich, dass sie bereits den weit vom Meer entfernten Bodensee für sich als Habitat erschlossen hat! Irrgäste dagegen tauchen meist wie aus dem Nichts auf, bleiben für einige Wochen oder Monate und verschwinden dann wieder. Ihre Existenz bleibt oft sogar unbemerkt, es sei denn,

sie werden als zufälliger Beifang angelandet und wissenschaftlich untersucht. Sie kommen im Gegensatz zu wandernden Arten nicht regelmäßig zu Besuch in fremde Gewässer, und sie etablieren sich hier auch nicht so, wie dieses Neozooen tun. **Typische Irrgäste der Nordsee** sind Arten wie **Schwertfisch *Xiphias***

***gladius*,** Marokkanische Meerbrasse *Dentex maroccanus*, Stechrochen *Dasyatis pastinaca* und Zitterrochen *Torpedo marmorata*. Auch die **Marmorierte Schwimmkrabbe *Portumnus latipes*** kann man zu den Irrgästen zählen, da diese eigentlich wärmere südliche Gewässer bevorzugt und am häufigsten in nordafrikanischen Gewässern vorkommt. Auf Seiten der **Meeressäuger** wurden auch schon **Finnwale** und **Delphine** in der Ostsee gesichtet, sowie **Pottwale** und **Belugas** in der Nordsee, die sich aus den arktischen Gewässern zu uns verirrt hatten. Auch ein **Entenwal** verirrte sich bereits in norddeutsche Gewässer – sein Skelett wurde zeitweilig sogar im Landesmuseum von Hannover ausgestellt. Arten wie der Wolfsbarsch, die Dank menschlichen Zutuns durch das Entkommen aus Aquakulturen in die Nordsee gelangten, sind hier eher den Neozooen zuzurechnen. Als Folge der Klimaerwärmung sind auch südliche Arten auf dem Vormarsch wie der **Drescherhai *Alopias vulpinus***, der bereits vor der niederländischen Küste angelandet wurde. Auch die **Meerbarbe *Mullus surmuletus*** gehört zu dieser Gruppe, die aufgrund des wärmeren Wassers vom Ärmelkanal bis zur Elbemündung vorgedrungen ist. Da die Meerbarbe sich bereits in nördlicheren Gefilden etabliert hat, kann man sie nicht mehr als echten Irrgast betrachten; den Drescherhai dagegen schon, da man ihn nicht regelmäßig in der Nordsee sichtet. Das plötzliche Auftauchen subtropischer und tropischer Fischarten in der Nordsee ist eine Warnung von Mutter Natur an uns!

Dieser marine Lebensraum ist wohl der extremste Platz, den man sich vorstellen kann, um hier sein Dasein zu fristen. Die meisten Menschen stellen sich einen Strand als einen angenehmen Aufenthaltsort für den Urlaub vor, an dem man die Mischung aus Wind, Sonne und Meerwasser genießen und irgendwelchen Freizeitaktivitäten nachgehen kann. Für die Lebewesen, die einen Strand natürlicherweise bevölkern, stellt sich die Situation jedoch ganz anders dar. Sie müssen eisigen Winden und Sandstürmen trotzen, sie müssen Hitze und Kälte aushalten und mit dem Problem des Nahrungserwerbes und dem der Arterhaltung klarkommen. Ausgesprochen wenige Arten haben alle diese Probleme durch spezielle Adaptionen an diese extreme Umwelt gemeistert. Dazu kommt noch, dass dieses Habitat dauernden Veränderungen unterworfen ist. Ebbe und Flut sorgen abwechselnd für Trockenheit und Überschwemmung, und so müssen die Bewohner einer Sandbank dazu in der Lage sein, beide Aggregatzustände ihres Lebensraumes zu verkraften. Besonders extreme Gezeiten müssen sie dabei ebenso bewältigen, wie auch besonders extreme Jahreszeiten. Insbesondere sind sie auf ihrer Sandbank ohne Abschirmung allen erdenklichen Arten von Niederschlägen ausgesetzt, wobei die Bandbreite von Regen über Hagel bis zu Schnee reicht. Auch kann im Winter der Boden gefrieren, und in seltenen Extremjahren kann es sogar zur Eisschollenbildung kommen. Abschließend sei noch erwähnt, dass es infolge einer Sturmflut oder eines Orkans auch jederzeit dazu kommen kann, dass die Sandbank einfach weggeschwemmt werden kann, so dass ihre Bewohner sich danach ein neues trockenes Plätzchen suchen müssen. Die einzige Konstante an diesem Habitat ist der permanente Wechsel!

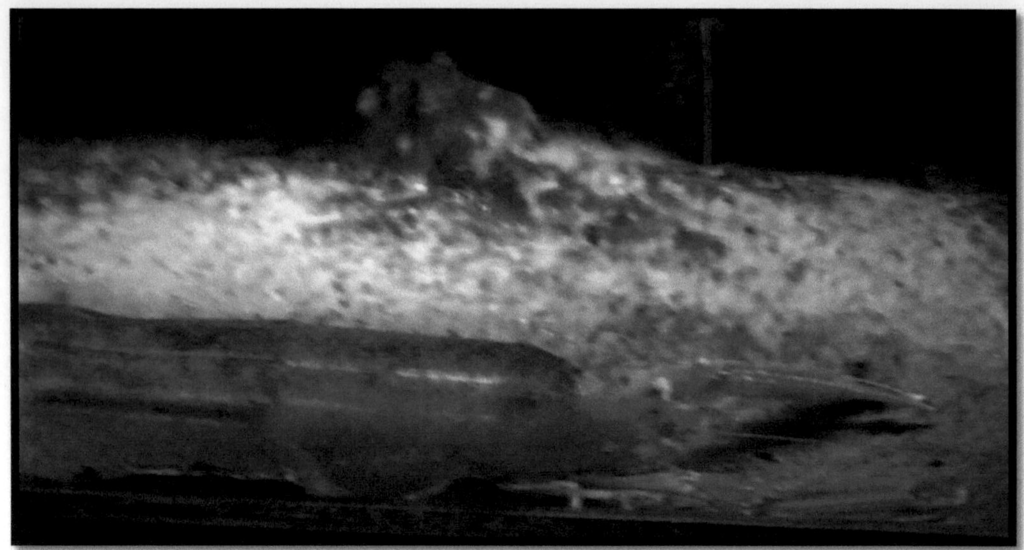

Der Vollständigkeit halber sei hier noch ein Neobiotop in Kurzform beschrieben: Die **Gemeine Müllbank**. Hier lagern sich nicht nur Fischernetze, Nylonfäden, Taue und Fischkisten ab, sondern auch alle erdenklichen Arten sonstiger Abfälle. PVC-Flaschen machen dabei einen besonders hohen Anteil aus. Das alles verbindet sich dann mit Algen, Moostierchen, Seeanemonen, Seepocken, kleinen Krebstieren und Würmern. Im Prinzip die perfekte Siedlungsgrundlage, welche mit Leichtigkeit die schwindenden Miesmuschelbänke der Nordsee ersetzen kann. Die Tiere haben sich längst damit arrangiert, wie das obige Foto beweist. Diese Aufnahme wurde im Borkumer Aquarium aufgenommen, wo ein Kaisergranat in einer ausgedienten Plastikflasche ein neues Zuhause gefunden hat. Die perfekte Symbiose aus Abfall und Kreatur! Auf der Insel Borkum, die von allen ostfriesischen Inseln wohl die exponierteste Lage hat, lässt die Kurverwaltung jeden Tag das ganze Jahr über solche und noch andere Relikte des Menschen von den sonst eigentlich schönen Stränden wegsammeln. Leider scheinen Appelle an die Allgemeinheit, über die Änderung des persönlichen Konsumverhaltens ernsthaft nachzudenken, vergeblich zu sein. Denn es muss ja immer alles neu sein, man muss ja selbstverständlich die Flugreise buchen, ein Auto fahren und vor allem viel Fleisch essen. Kommen wir da wieder raus? Ich weiß es wirklich nicht. Aber Fakt ist, dass uns Mutter Natur unseren giftigen Output früher oder später ungefragt zurück bringt. Sei es auf diese oder jene Weise…

Die **Seescheiden** gehören rein taxonomisch betrachtet bereits zu den **Chordatieren (*Chordata*)** und werden als *Ascidiacea* **(Seescheiden)** gemeinsam mit den *Appendicularia* **(Geschwänzte Manteltiere)** und den *Thaliacea* **(Salpen)** zum Unterstamm der **Manteltiere (*Tunicata*)** gerechnet. Da ihre Larven eine *Chorda* (wirbelsäulenähnliches Organ) besitzen, werten manche Biologen diese Tiere als Vorläufer der Wirbeltiere. Dabei wird allerdings außer Acht gelassen, dass sich manche Arten auch durch Ausbildung von Seitenknospen vermehren. Ursprünglich versuchte bereits Aristoteles vor mehr als 2300 Jahren das Tierreich in Wirbeltiere und Wirbellose aufzuteilen, doch hat es sich gezeigt, dass solch eine pauschale Unterteilung der Tierwelt einige Probleme mit sich bringt. Denn es gibt einige Meerestiere, die im Grunde genommen Zwischenformen darstellen, die man nur sehr schwer einer dieser beiden Kategorien zuordnen kann. Die Seescheiden sind eine dieser

problematischen Gruppen. Denn einerseits besitzen ihre Larven eine *Chorda*, die ein wirbelsäulenähnliches Organ darstellt, andererseits zeigen sie sonst keine Merkmale anderer typischer Wirbeltiere wie etwa Gliedmaßen oder ein dauerhaft vorhandenes Gehirn. Manche Seescheiden haben jedoch ein herzähnliches Organ und dazu führende Leitungsbahnen. Insofern wäre es nicht verwunderlich, wenn die taxonomische Stellung dieser Tiere eines Tages vollständig revidiert werden würde. Seescheiden leben als Filtrierer,  wobei sie sich von den Schwämmen dadurch unterscheiden, dass sie immer eine Ein- und eine Ausströmöffnung besitzen. In Meerwasseraquarien führen sie meistens ein verborgenes Dasein unter Steinen oder hinter der Dekoration, wo sie die Mikrofauna durch ihre filtrierende Wirkung unterstützen. Seescheiden finden sich manchmal bereits im Flachwasserbereich der Gezeitenzone. Dabei kommen sie insbesondere auf Muschelschalen und anderen harten Substraten, wie etwa Plastikmüll(siehe Bild oben), vor. Im Gegensatz zu den Schwämmen scheinen Seescheiden weniger luftempfindlich zu sein, denn sie können sich bei Bedarf ganz klein zusammenziehen, um so eine drohende Austrocknung zu verhindern. Sie können genau wie beispielsweise Austern feucht und kühl transportiert werden. So fand ich auf den Schalen von Speiseaustern kleine orangefarbene Punkte, die sich im Aquarium als zusammengezogene Tangbeeren der Gattung *Dendrodoa* entpuppten. Ins Wasser eingesetzt erreichten sie innerhalb von kurzer Zeit wieder ihre ursprüngliche Größe, die etwa zehnmal so groß war, wie der stecknadelkopfgroße Punkt, als der sie vorher auf der Austernschale sichtbar waren. Manche Seescheiden gelten bei Gourmets als Delikatesse und werden sogar recht hochpreisig gehandelt. Ob der Geschmack jedoch den hohen Preis rechtfertigt, mag der geneigte Gourmet selbst entscheiden. Durch die internationale Schifffahrt haben sich viele Seescheiden über den gesamten Globus verbreitet, was eine genaue Artbestimmung sehr erschweren kann. Teilweise sind sie dabei zur unerwünschten Plage geworden, die vor allem Schiffsrümpfe und Häfen befällt, was dann sehr kostenintensive Bereinigungsmaßnahmen nach sich zieht…

Die **Stumpen-Seescheide** ist von Norwegen, um die britischen Inseln herum und bis ins Mittelmeer verbreitet. Sie kann bis zu 18 Zentimeter hoch werden und ist meistens rosa gefärbt, doch ist sie in schlammigen Gebieten eher grau. Sie kommt meist an Überhängen und geschützten Stellen vor, weshalb sie auch häufig an Wracks gesichtet wird. An günstigen Siedlungsplätzen kann man meist kleine Gruppen dieser Art antreffen, die hier dicht an dicht stehen und ineinander wachsen. Häufig werden ihre Mäntel dabei auch von anderen Meeresorganismen bewachsen, die hier als Kommensalen leben. Sie kann ein Alter von bis zu 7 Jahren erreichen, was für eine Seescheide ein recht hohes Alter darstellt.

# Spritz-Seescheide, *Ascidiella aspersa* (O.F. Müller, 1776)

Die **Spritz-Seescheide** ist inzwischen eine sehr weit verbreitete Art. Denn kam sie ursprünglich im Mittelmeer, im Schwarzen Meer, in der Nordsee und im östlichen Nordatlantik vor, so findet man sie jetzt auch in Nordamerika sowie in Neuseeland und Australien. Die Spritz-Seescheide erreicht Längen von etwa 10 Zentimetern und hat meistens eine halbdurchsichtige gräuliche Färbung. Ihre Haut ist - wie ihr lateinischer Name es bereits vermuten lässt - unregelmäßig und warzig mit kleinen Unebenheiten bedeckt. Dadurch können sich auf ihnen auch andere sessile Meeresorganismen ansiedeln. Sie gehört zu den einzeln lebenden Arten. Sie ist weit verbreitet von Norwegen, um die britischen Inseln herum bis ins Mittelmeer, doch in der Nordsee eher selten anzutreffen. Sie siedelt sich am liebsten an geschützten Stellen mit mäßiger Strömung zwischen Ritzen und Spalten an, und kann vom Flachwasserbereich an gefunden werden. Dabei kommt sie auch in Häfen vor. Sie ist eine Art, die man wenn, dann häufig findet. Die Spritz-Seescheide pflanzt sich geschlechtlich von Mai bis September fort.

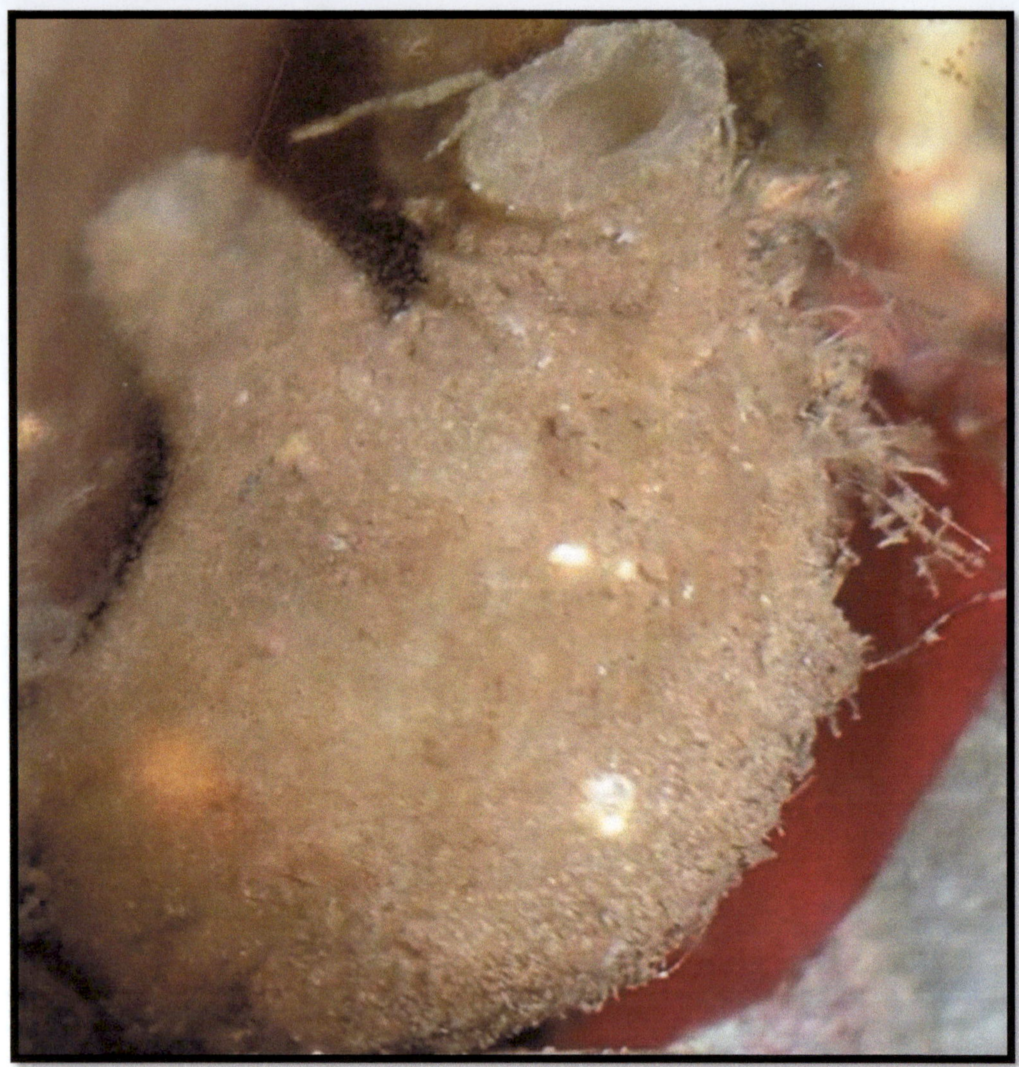

Die **Raue Seescheide** kommt überwiegend in nordeuropäischen Gewässern vor, kann aber auch vereinzelt im Mittelmeer gefunden werden. Sie kommt bereits im Flachwasserbereich vor, und kann bis in 300 Meter Tiefe angetroffen werden. Sie ist von Norwegen, um die britischen Inseln herum bis ins Mittelmeer verbreitet. Sie wird etwa 5cm hoch, und kann rötlich oder gelblich gefärbt sein. Charakteristisch sind auch die feinen Härchen in ihren Siphonöffnungen. Sie siedelt sich gerne an Stellen an, wo sie eine gute Strömung vorfindet und bevorzugt als Substrat andere Ascidien, Bryozooen, Algen, Muscheln oder andere Meeresbewohner mit Kalkschalen. Auch sie gehört zu den solitär lebenden Seescheiden.

Die **Schlauch-Seescheide** kann eine Größe von etwa 15 Zentimetern erreichen, was für eine meist solitär lebende Seescheide typisch ist, da die in Gruppen vorkommenden Seescheiden meistens erheblich kleiner bleiben. Allerdings wird diese Art in Ausnahmefällen auch in kleinen Kolonien angetroffen. Besonders charakteristisch für diese Art sind die gelben Ringe um ihre Siphonöffnungen und ihre besonders lange, schlanke Körperform. Sie sehen gallertartig und halb durchsichtig aus, doch schimmern auch häufig zarte Grüntöne durch ihr Gewebe. Diese Art ist weit verbreitet und wurde durch die Schifffahrt in andere Gewässer verschleppt. Die Schlauch-Seescheide gehört zu den Pionieren, die plötzlich wie aus dem Nichts dort auftauchen können, wo sie optimale Lebensbedingungen vorfinden. Dabei besiedeln sie auch Untergründe menschlicher Machart, wie z.B. Bojen, Hafenmauern oder Seile, die im Wasser treiben. Schlauch-Seescheiden gehören zwar nicht zu den besonders langlebigen Arten, doch wenn sie ein Gebiet für sich erschlossen haben, sind sie dort kontinuierlich präsent. In Kaltwasseraquarien können sie sich auch vermehren, wobei sie sich dann häufig in Überlaufschächten oder Filtern ansiedeln, da sie hier optimale Lebensbedingungen mit vielen Kleinpartikeln als Nahrung vorfinden können. Unter natürlichen Bedingungen pflanzt die Schlauch-Seescheide sich von Juni bis September geschlechtlich fort, wobei sowohl Eier als auch Spermien produziert werden.

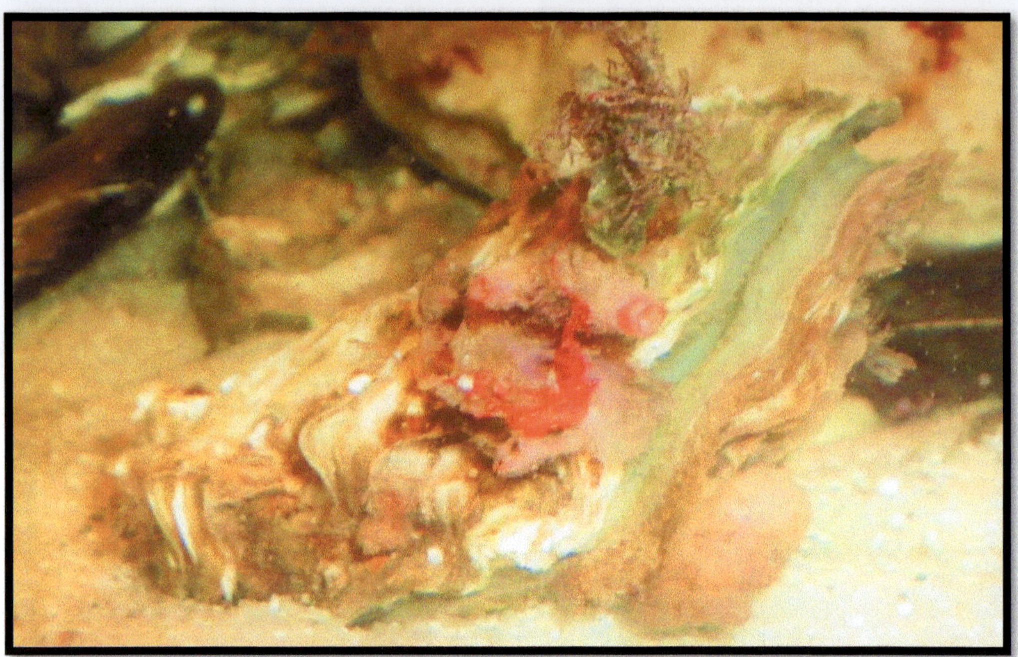

Die **Tangbeere** ist im Nordatlantik weite verbreitet und sowohl an den amerikanischen, als auch an den europäischen Küsten anzutreffen. Dabei kommt sie vom Flachwasser an bis in Tiefen von 600 Metern vor. Die Tangbeere ist eine recht kleine Seescheidenspezies, die etwa 8mm im Durchmesser groß wird. Sie siedelt sich an den Rhizomen von großen Laminarien an, kann aber auch auf Muschelschalen gefunden werden. Ich hatte das Glück, diese Art auf den Schalen von Austern aus dem Delikatessenhandel zu finden. Dabei waren die Tangbeeren beim Erwerb der Austern, die selbstverständlich an der Luft ohne Seewasser und nur feucht gelagert wurden, als kleine orangefarbene und stecknadelkopfgroße Punkte erkennbar. Im Aquarium entfalteten sie sich innerhalb weniger Tage zu voller Größe von etwa einem Zentimeter Durchmesser. Diese Seescheide kann es also durchaus ertragen, eine Zeit lang ohne Wasser auszukommen. Dies lässt darauf schließen, dass sie auch in Zonen vorkommt, welche dem direkten Einfluss der Gezeiten ausgesetzt sind. Bemerkenswert ist besonders ihre Fähigkeit, sich selbst zu entwässern, und das Körpergewebe auf einem winzigen kaum sichtbaren Punkt zu kontraktieren und zu konzentrieren. Die Tangbeere pflanzt sich nur geschlechtlich durch Abgabe von Eiern und Spermien fort. Die Tangbeere hat eine Lebensdauer von 18 bis 24 Monaten, in denen sie ihren kompletten Lebenszyklus abwickelt. Eine Besonderheit ist es, dass die Fortpflanzungszeit dieser Art sich ausschließlich in der zweiten Jahreshälfte zwischen August und Oktober erstreckt.

Die **Sternseescheide** ist vom Mittelmeer, um die britischen Inseln herum bis nach Norwegen im Norden verbreitet. Die Art ist wahrscheinlich inzwischen bereits zum Kosmopoliten geworden, da sie durch Schiffe bis nach Nordamerika, Island und selbst bis in den Pazifik hinein ausgebreitet wurde. Diese Seescheide bildet kleine gallertartige Körper aus, die zunächst an einen Schwamm oder eine Qualle erinnern. Diese einzelnen Zooide einer Kolonie erreichen etwa 10 Millimeter Radius und gruppieren sich stets sternförmig um eine gemeinsame Ausströmungsöffnung. Dabei sind sie meist bläulich oder sogar violett gefärbt. Das sternchenförmige Muster auf den einzelnen Zooiden macht diese Art unverwechselbar. Man findet sie vereinzelt an Schwimmpontons, Buhnen und anderen harten Substraten im Flachwasserbereich. Die Sternseescheide ist in einem Kaltwasseraquarium durchaus haltbar und wickelt hier manchmal auch ihren Lebenszyklus ab, wobei sich die adulten Kolonien im Winterhalbjahr auflösen und im Frühling wie aus dem Nichts wieder zwischen den Steinchen des Bodengrundes heranwachsen und neue Kolonien bilden. Die Sternseescheide kann sich sowohl durch die Bildung von Knospen, als auch durch eine geschlechtliche Fortpflanzung mit Hilfe von Eiern und Spermien vermehren. Die Larven dieser Art kann man von Mai bis Oktober im Plankton auffinden.

## **Mäander - Ascidie,** *Botrylloides leachii* (Savigny, 1816)

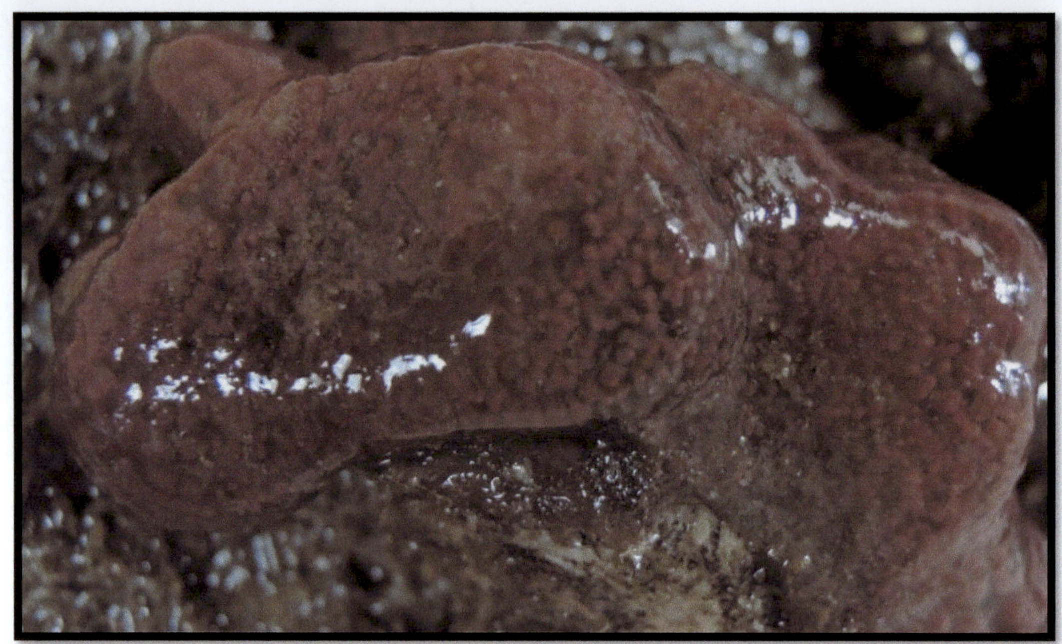

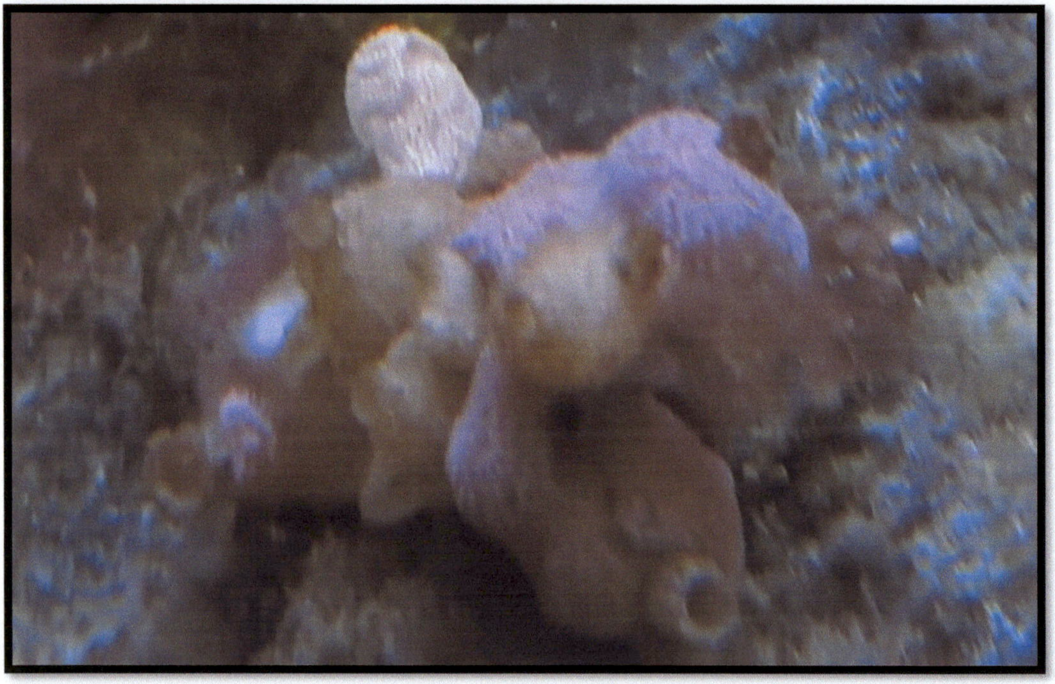

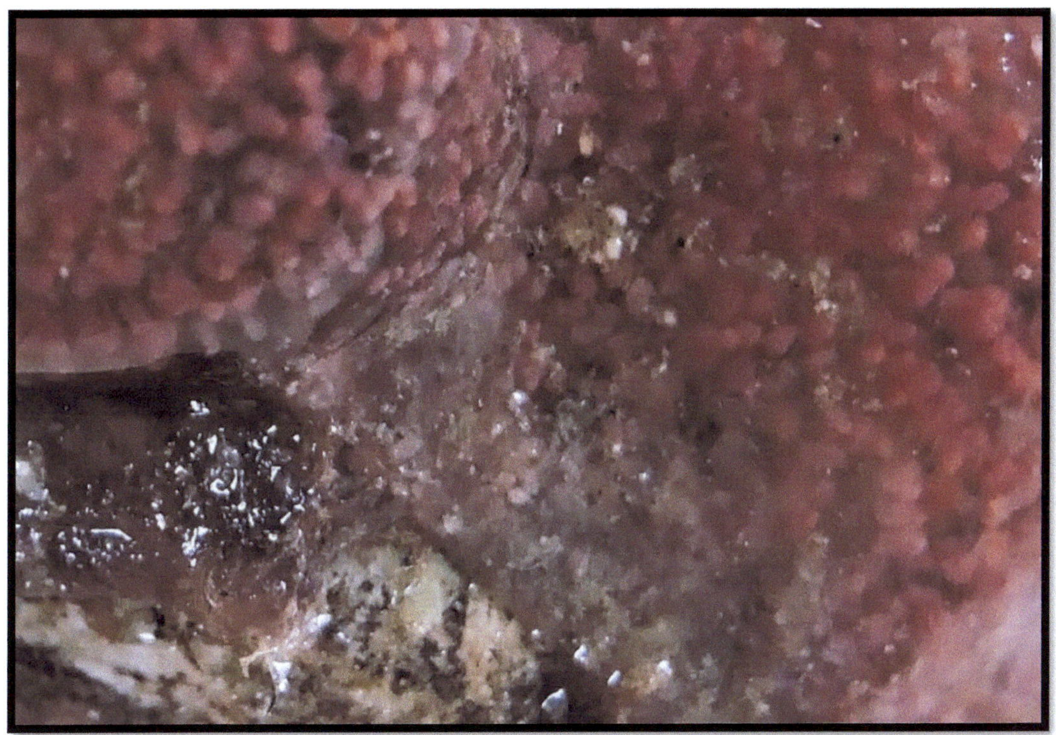

Die **Mäander-Ascidie** kann man nicht nur an den Schwimmstegen des norddeicher Hafens entdecken, sondern man findet sie ebenfalls im Seglerhafen von Norderney und bei anderen Ostfriesischen Inseln. Darüber hinaus kann man wohl sagen, dass sie im 20. Jahrhundert mit der Schifffahrt weltweit verbreitet wurde, denn man kennt sie auch genauso aus dem Schwarzen Meer, dem Mittelmeer, von Neuseeland, aus Australien, aus Südafrika aber auch aus dem Nordatlantik. Sie besiedelt vor allem harte Substrate vom Flachwasser bis in etwa 1000 Meter, was ein erstaunliches Verbreitungsgebiert für eine „Flachwasserart" darstellt. Eine ähnliche Tiefenverbreitung ist auch von der Seenelke Metridium senile bekannt, die man ebenfalls im gleichen Habitat des norddeicher Hafens auffinden kann. Das besondere Kennzeichen dieser Art sind die stets in Doppelreihen angeordneten Zooide, von denen die einzelnen etwa 2 Millimeter hoch sind. Ihre Farbe kann rosafarben, gelblich oder beige sein. Überzogen sind sie mit einer Gallertschicht, und je größer die Kolonie wird, desto weniger gut kann man die charakteristischen Doppelreihen erkennen. Im Frühjahr beginnen zwar die ersten Zooide damit, geeignete Substrate zu besiedeln, doch sind die jungen Kolonien dann noch so klein, dass man sie kaum wahrnehmen kann. Erst im Juni oder Juli fallen sie dann als bunte Flecken auf Austern oder Schwimmkörpern wie Bojen und Fendern auf und erreichen ihren Wachstumshöhepunkt dann im September und Oktober. Im Winterhalbjahr schrumpfen die Kolonien und werden regressiv. Dabei lagern sie ihre Substanz in ompaken Ampullen ein, aus welchen dann im nächsten Frühjahr neue Kolonien entstehen.

Diese Seescheide gehört zur Familie der **Didemnidae**, den koloniebildenden Seescheiden. Die Vertreter dieser Familie weisen gallertartige Körper auf, die häufig auch kleine kalkhaltige Elemente enthalten. Die einzelnen Zooide einer Kolonie sind sehr klein. Rein optisch gesehen ähneln die Kolonien auf den ersten Blick Schwämmen oder Kolonien der Seerinde. Die Zooide der Seetangseescheide siedeln häufig auf Seetangen, aber auch auf Seegras und gelegentlich auch auf festen Untergründen. Die Zooide werden nur etwa 2mm lang, doch können die Kolonien Flächen von mehreren Quadratzentimetern flächig zuwachsen. Die Färbung ist variabel und kann farblos transparent oder leicht beigefarben und fleckig erscheinen. Man findet diese Seescheide im Gezeitenbereich des oberen Sublitorals rund um die britischen Inseln, aber auch in der nördlichen Nordsee und in der Ostsee. Darüber hinaus findet man sie aber auch im Mittelmeer, sowie im Atlantik und im Pazifik. Man geht davon aus, dass diese Art zu den Arten gehört, die weltweit die größte Verbreitung haben.

Sie sind typische Bewohner von Habitaten verschiedener Flachwasserbereiche, wo sie sich auf Laminarien, Makroalgen, anderen Seescheiden, Muschelschalen, Buhnen und Spundwänden von Häfen ansiedeln.

Das äußere Erscheinungsbild der Seetang-Seescheide kann sehr vielgestaltig sein, da die Kolonien sich den jeweiligen Untergründen anpassen. Das hat dann auch Auswirkungen auf die Größe der besiedelten Flächen. So kann eine Kolonie auf einem Hartsubstrat eine Ausdehnung von bis zu einem viertel Quadratmeter erreichen, während sie auf einem Algenstiel diesen umhüllt und somit erheblich weniger Fläche beansprucht. Auch dringen die Kolonien auf unebenen Untergründen in Ritzen und Spalten ein, was der gesamten Kolonie einen besonders festen Halt garantiert. Die besiedelten Substrate vermitteln daher den Eindruck eines schleimigen Belages.

Die Seetang-Seescheide pflanzt sich von Mai bis Oktober fort. Dabei werden Eier und Spermien produziert, und es findet eine geschlechtliche Vermehrung statt. Interessanterweise entwickeln sich nur dann Larven, wenn die aufgenommenen Spermien von einer anderen Kolonie der gleichen Art stammen, während die eigenen Spermien nicht akzeptiert werden.

Die Larven der Seetang-Seescheide schwimmen erst frei im Wasser. Sie reagieren auf Licht und versuchen zunächst, sich auf die Lichtquelle zuzubewegen. Dieses dient dem Zweck, ihr Verbreitungsgebiet zu erweitern und neue Substrate als Siedlungsflächen zu finden. Doch kurz, bevor sie sich daran machen, sich in das festsitzende Stadium umzuwandeln, kehrt sich ihr Verhalten um, und sie steuern dunkle Flächen an und weichen dem Licht aus.

Bei etwa einem Drittel aller Kolonien setzen sich diese aus Zooiden verschiedener Herkunftskolonien zusammen. Diese Siedlungsverbände werden auch als Chimären bezeichnet, haben allerdings weder etwas mit den Monstern aus altertümlichen Sagen noch mit den gleichnamigen Knorpelfischen zu tun.

Die **Goldene Keulenseescheide** ist eine sehr weit verbreitete Art, die man im westlichen Mittelmeer, um Großbritannien und Irland herum, vor den Küsten Norwegens, vor Helgoland, im Ärmelkanal und in der Kieler Bucht finden kann. Sie kommt im Sublitoral vor und besiedelt Kaimauern, Buhnen, Steine, Algen und die Rhizome von Laminarien. Mit einer Höhe von etwa 20 Millimetern und einem Umfang von 30-50 Millimetern gehört diese Art zu den optisch noch leicht auffindbaren Spezies.

Diese Seescheiden sind gelblich bis bräunlich gefärbt. Ihre Haut ist zwar eigentlich glatt, wird aber häufig von kleinen Kieselalgen besiedelt. Außerdem heftet sie sich oft kleine Sandkörnchen an.

Diese Seescheiden bilden Kolonien aus, die sich meist ringförmig um eine gemeinsame Ausscheidungsöffnung herum gruppieren, welche auch als Kloake bezeichnet wird.

Die Goldene Keulenseescheide kann sich sowohl durch Strobilation, d.h. Abschnürung und Teilung, als auch durch geschlechtliche Fortpflanzung durch Spermien und Eier vermehren. Letztere Art der Vermehrung findet meist von Mai bis Oktober statt, in Abhängigkeit von der Wassertemperatur.

Die **Faltenascidie** erreicht eine maximale Größe von etwa 10 Zentimetern und tritt meist paarweise oder in kleinen Gruppen auf. Sie ist ein typischer Filtrierer, der sich von kleinsten Schwebestoffen im Wasser ernährt. Diese Art gehört zu einer Tiergruppe, deren Larven eine Chorda, das heißt ein wirbelsäulenähnliches Organ besitzen. Aus diesem Grunde zählen manche Systematiker diese Tiere nicht mehr zu den Wirbellosen. Allerdings gibt es in dieser Gruppe auch Arten, die sich durch Seitenknospen vermehren, so dass es schwer fällt, eine solch pauschale Einteilung vorbehaltlos zu akzeptieren. Seescheiden besitzen immer eine Ansaugöffnung und eine Ausströmöffnung, durch die das Wasser gefiltert wird. Bei Ebbe können sie sich auch zusammenziehen, um damit einer möglichen Austrocknung vorzubeugen. Die Faltenascidie ist aus dem Nordpazifik(Japan und Korea) in unsere Gewässer eingewandert, und man kann sie zwischenzeitlich auf den Ostfriesischen Inseln und auch in geschützten Häfen am Festland entdecken. Sie siedeln sich auf harten Substraten an und bevorzugen meist Bereiche, in denen sie bei Ebbe nicht trocken fallen können. Allerdings macht es ihnen nichts aus, falls sie doch einmal auf dem Trockenen landen. Es wurde nachgewiesen, dass sie das bis 48 Stunden lang überleben können, auch wenn die Sonne scheint! Diese Eigenschaft erklärt auch ihre mittlerweile globale Verbreitung durch Schiffe.

Diese Art findet man in britischen Gewässern und in Norwegen, sowie im Skagerrak und im Kattegat. Ihren Namen verdankt sie ihren kräftig rötlich oder orange pigmentierten Ein- und Ausströmungsöffnungen. Die **Rotmundseescheide** erreicht eine maximale Höhe von etwa 30 Millimetern, womit sie zu den kleineren Vertretern ihrer Gattung gehört. Darüber hinaus ist ihr Mantel oft mit Sand überkrustet, weshalb sie leicht übersehen werden kann. Diese Seescheide siedelt sich gerne auf festen Untergründen an, wobei ihr bereits Muschelschalen als Siedlungssubstrat genügen. Da diese Seescheide erst unterhalb der Gezeitenlinie im Sublitoral vorkommt, kann man sie nur selten nach Sturmfluten im Spülsaum auffinden.

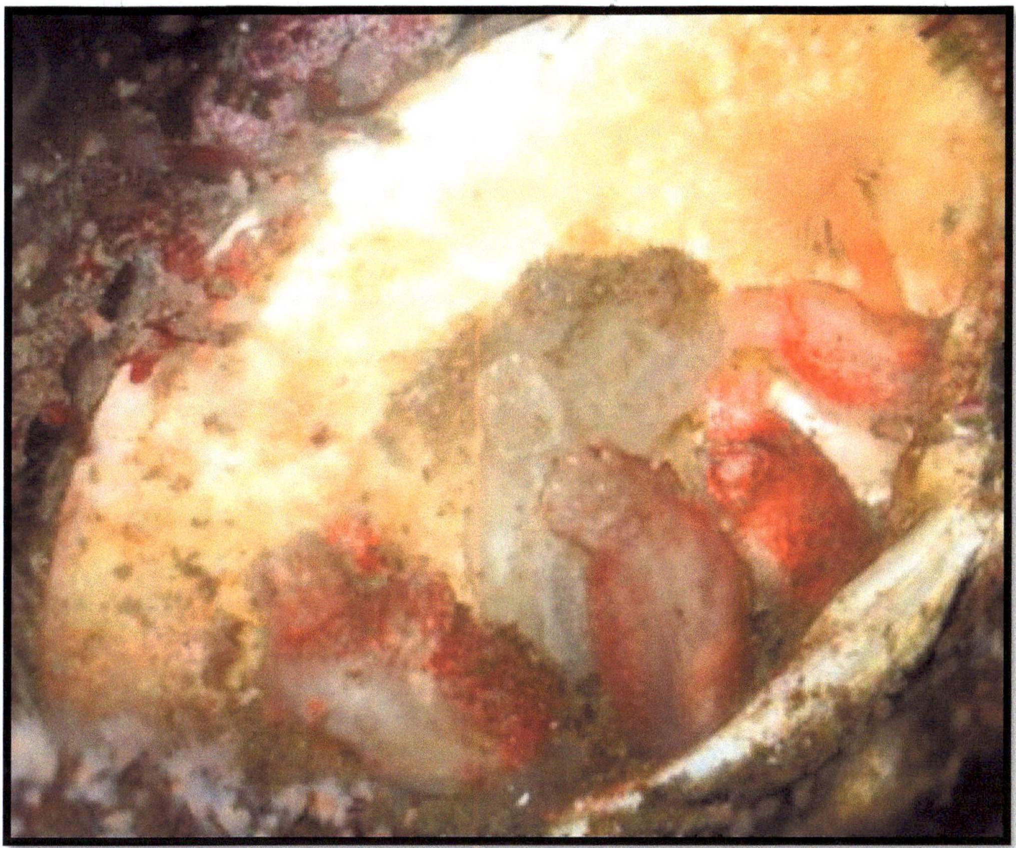

Die **Horn-Seescheide** wird nur etwa 6 Zentimeter groß. Diese Seescheide gehört zu den cirkumarktischen Arten und ist im Nordatlantik genauso zu finden wie im Nordpazifik. In der nördlichen Nordsee hat sie ihre südlichste Verbreitung. Diese Seescheide tritt oft in kleinen Gruppen auf, und sie kann in Tiefen zwischen 40 und 100 Metern gefunden werden. Dort siedelt sie sich auf den Schalen toter Muscheln, auf Steinen und auch auf anderen Seescheiden an. Die Art ist sehr häufig und stellt im Bering Meer etwa 5% der gesamten Biomasse, was für solche relativ kleinen Organismen einen sehr hohen Anteil darstellt. Zu den Feinden der Seescheiden gehören manche Fischarten, Krebse, Schnecken und Würmer. Auf der anderen Seite leben die Ascidien als Filtrierer und vertilgen auch allerlei planktonische Larven anderer Tiere, worunter auch die Larven ihrer eigenen Fressfeinde zu finden sind.

# Manhattenseescheide, *Molgula manhattensis,* (De Kay, 1843)

Diese unauffällige weißlich-graue oder transparent erscheinende Seescheide wurde ursprünglich von der Ostküste der USA in unsere Gewässer verschleppt. Sie ist sehr robust und kann oft in großen Mengen oder sogar in Form von übereinander wachsenden Tieren angetroffen werden. Häufig sind sie selbst mit Algen bewachsen. Oft bieten sie anderen Kleintieren wie etwa Flohkrebsen und Asseln ideale Versteckplätze. Aber auch Jungfische halten sich gerne in ihrer Nähe auf. In den kleinen Häfen der südlichen Nordsee findet man sie im Seglerhafen an den Schwimmpontons der Bootsanlegestellen. Diese Art kann nicht nur gut in einem biologisch intakten Meerwasseraquarium gehalten werden, sondern sie vermehrt sich hier sogar. Dabei kann man den Nachwuchs der Seescheiden dann oft im Filter finden, wo sie sich von den angesaugten Feinstpartikeln ernähren und schnell zur Größe der Elterntiere heranwachsen.

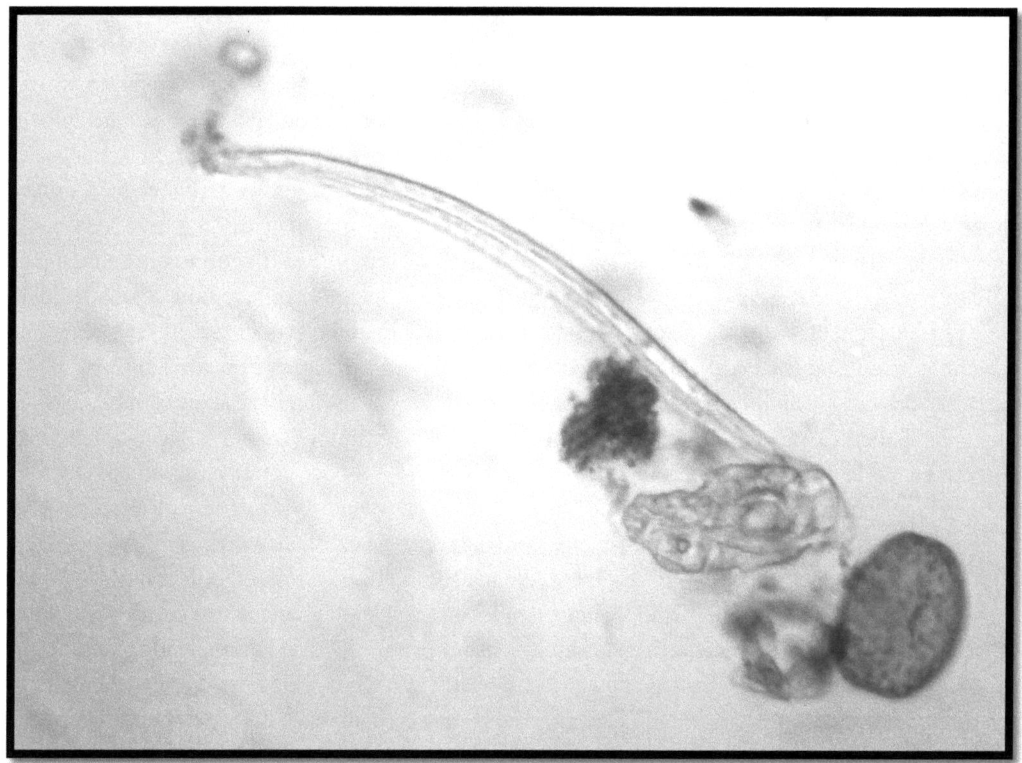

*Oikopleura spec.*

Die **Klasse** der *Appendicularia* umfasst diverse kleine Arten von planktonisch lebenden
Chordatieren. Sie driften wie die Salpen durch das Weltmeer, leben jedoch immer solitär. Meist
haben sie ein schleimiges Haus, um damit feinste Partikel als Nahrung einzufangen. Die
Angehörigen dieser Klasse ähneln auf den ersten Blick den Larven von Seescheiden, wandeln sich
aber niemals in eine solche um. Appendicularien sind meist zwischen 2 und 10 Millimetern groß
und werden deshalb oft übersehen. Sie gehören jedoch zu den Tieren, die für die Forschung
interessant sind, da man sich dadurch Erkenntnisse über die Entwicklung von Wirbeltieren aus im
Meer lebenden primitiven Vorfahren verspricht. Fakt ist es jedoch, dass diese Tiergruppe ohne
jegliche Veränderung existiert, und dass man aus ihrem bloßen Vorhandensein nicht ohne weiteres
Schlussfolgerungen ziehen sollte. Insbesondere die Herkunft des Menschen wird bei dieser
akademischen Diskussion immer ein heiß umstrittenes Thema bleiben. Keinesfalls sollten hierbei
wissenschaftlich formulierte Hypothesen mit bewiesenen Fakten gleichgesetzt werden.

Die Angehörigen dieser Klasse gehören zu den primitivsten Wirbeltieren, die es im Meer gibt. Sie besitzen weder Kiefer noch Schädel, noch weisen sie Flossen mit Flossenstrahlen auf. Auch besitzen sie keine Kiemendeckel, sondern lediglich kleine Kiemenlöcher, durch die das Atemwasser gepresst wird. Diese Anordnung der Kiemen ähnelt stark den Kiemen von Haien und Rochen, doch haben die Angehörigen der Kieferlosen insgesamt **7 Kiemenlöcher**, während Haie und Rochen meistens nur 5 Kiemenspalten besitzen. Die *Agnatha* besitzen keine festen Kieferknochen, sondern lediglich Knorpelleisten und Knorpelzähne, die als Saugmaul angeordnet sind. Zu dieser Klasse gehören die beiden Familien der *Myxinidae* **(Inger)** und *Petromyzontidae* **(Neunaugen)**, von denen letztere mit mehreren Arten in der Nordsee vertreten ist. Diese beiden Familien kann man leicht daran unterscheiden, dass die Inger keine Augen besitzen, während die erwachsenen Neunaugen sehr wohl über ein paar funktionsfähige Augen verfügen. Allerdings haben es beide Familien gemeinsam, dass ihre *Ammocoetes*-**Larven** augenlos sind. Des Weiteren handelt es sich bei den Neunaugen häufig um Wanderfische, die oft im Meer leben, aber im Süßwasser laichen. Auch gibt es von einigen Arten Bestände, die nicht wandern und nur im Süß- oder Meerwasser leben. Die Inger leben meistens als Aasfresser und sind ausschließlich im Meer zu finden, wo sie auch in größere Tiefen vordringen. Sinkt beispielsweise der Kadaver eines großen Wales zum Meeresboden, so sind die Inger häufig die Tiere, die maßgeblich an der Zersetzung und der Verwertung des Kadavers beteiligt sind. Neunaugen leben dagegen räuberisch, indem sie sich aktiv mit ihrem Saugmaul an einem Beutefisch ansaugen, und diesem mit ihren Knorpelzähnen ein Loch in den Körper raspeln. Dann fressen sie dessen Körpersäfte und Eingeweide und verursachen nicht selten das Ableben ihres Wirtes. Somit kann man die Neunaugen auch als Parasiten bezeichnen. Doch auch diese Tiere haben in der Natur ihre Daseinsberechtigung, da sie das Überhandnehmen von Fischbeständen eindämmen und zur Regulierung der Bestände zum Wohl des natürlichen Gleichgewichtes beitragen. Inzwischen sind - mit dem Rückgang der allgemeinen Fischbestände - auch die Neunaugen auf dem Rückzug, weshalb sie in manchen Ländern bereits unter Schutz gestellt wurden. Dies sollte uns zu denken geben, denn eigentlich ist es sehr ungewöhnlich, dass Staaten Gesetze zum Schutz von Fischparasiten erlassen müssen. Es zeigt uns, wie weit fortgeschritten der Raubbau an den marinen Ressourcen und die allgemeine Verschmutzung und Belastung unserer Umwelt bereits sind! Im Grunde ist das ein unerhörter Skandal, und es muss einen doch wirklich wundern, dass sich niemand darüber aufregt. Er zeigt uns an, dass es bei unserer endemischen Natur offensichtlich nicht fünf Minuten vor Zwölf ist, sondern bereits Viertel nach…Verzehrte man im Mittelalter Neunaugen noch als fettreiche Delikatessen, so wäre dieses heutzutage gemessen an den heutigen Schutzgesetzen ein schweres ökologisches Verbrechen…. Verkehrte Welt!

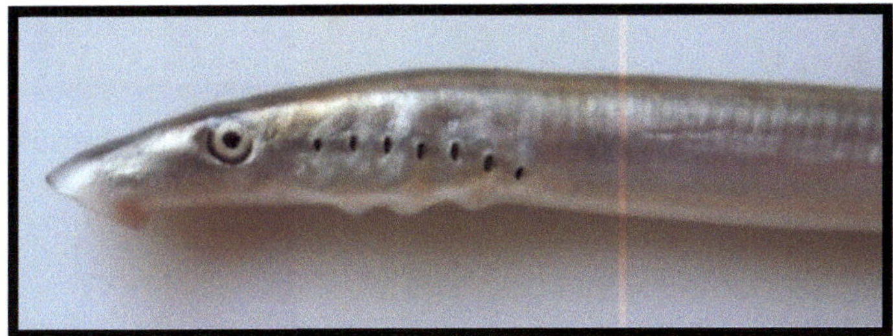

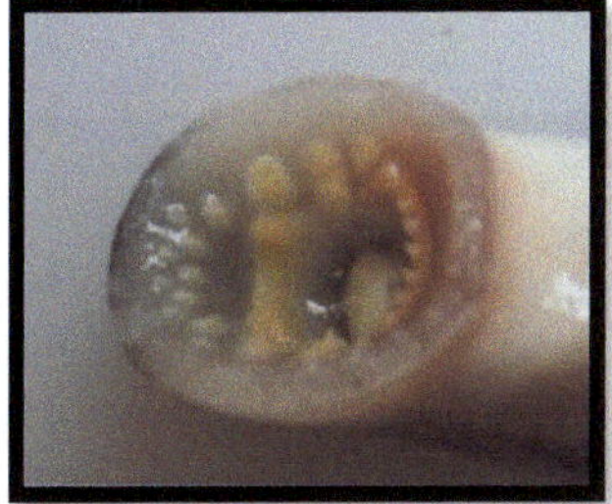

**Kopfansicht und Saugmaul des" Neunauges" – es wird deshalb so genannt, weil 7 Kiemen + 1 Auge + 1 Nasenöffnung = 9 "Augen" sind.**

Das **Flussneunauge** ist vom nordwestlichen Mittelmeerraum durch den Ostatlantik bis nach Norwegen und Schottland verbreitet, jedoch nicht im arktischen Raum anzutreffen. In Schottland und Norwegen, sowie im russischen Ladogasee gibt es einige reine Süßwasserpopulationen, die nicht ins Meer abwandern. Mit einer Gesamtlänge von bis zu 40 Zentimetern gehört diese Art zu dem mittelgroßen Vertretern der Familie. Sie kann von dem im Nordatlantik vorkommenden **Meerneunauge** anhand der Bezahnung und der Endgröße unterschieden werden, da das Meerneunauge mit einer Gesamtlänge von bis zu einem Meter erheblich größer wird. Flussneunaugen werden saisonal von Fischern gefangen, bei uns jedoch nicht verwertet. Im Mittelalter wurde das fettreiche Fleisch dieser Tiere als Delikatesse geschätzt, doch werden Neunaugen heute nicht mehr im Fischhandel angeboten. Frisch gefangene Tiere haben den silbrigen Glanz von Stanniolpapier und sehen sehr zerbrechlich aus. Vom Kutter gefangene Tiere sterben leider meistens, weil sie den Netzdruck beim Fang wegen ihres weichen Körperbaues nicht vertragen können. Das Flussneunauge lebt als erwachsenes Tier im Meer, zieht jedoch zum Laichen in die Flüsse, was eine **anadrome** Lebensweise darstellt. Der Verbau ihrer Wanderwege hat mit zum allgemeinen Rückgang dieser Art beigetragen. Deshalb haben Länder wie zum Beispiel die Niederlande und Belgien diese Art unter Schutz gestellt.

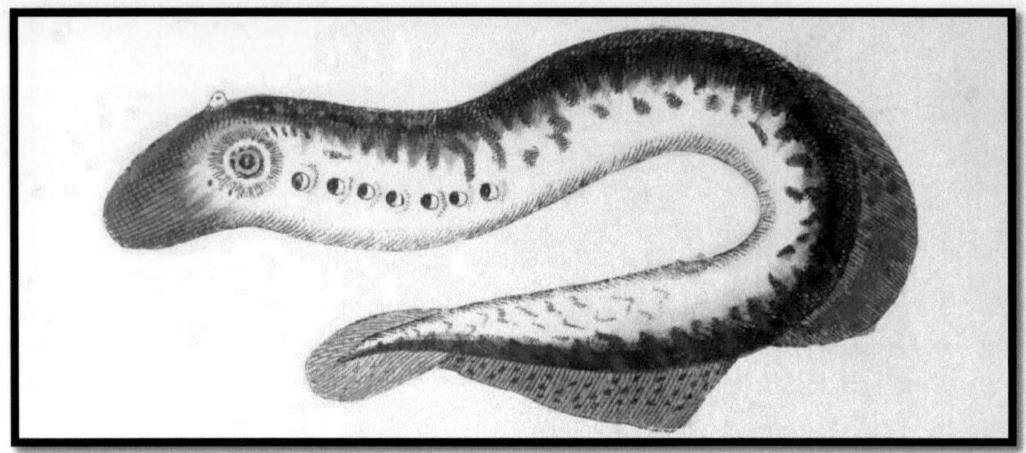

Das **Meerneunauge** kann eine Länge von 120 Zentimetern erreichen und ist damit ein sehr großer Fischparasit, der auch auf entsprechend große Wirte oder große Tierkadaver angewiesen ist. Man findet Meerneunaugen fast im gesamten Mittelmeer und im Nordostatlantik, doch sind sie inzwischen relativ selten geworden. Daher wurden auch sie in vielen Ländern unter besonderen Schutz gestellt. Wenn das Meerneunauge sich einfach nur am Grund verankern möchte, so kann es sein rundes Raspelmaul auch als einfachen Saugnapf nutzen. Möchte es dagegen frei schwimmen, so kann es den Saugnapf einziehen, um besser vorwärts gleiten zu können. Vom **Flussneunauge** ***Lampetra fluviatilis*** kann man das Meerneunauge erstens anhand der Form und Beschaffenheit des Saugapparates unterscheiden, und zweitens an der Färbung. Denn das Meerneunauge ist stets bräunlich oder grau marmoriert, während das Flussneunauge oft eine hübsche metallisch-bläuliche Färbung hat. Meerneunaugen sind anadrome Tiere, die ihre Eier im Süßwasser der Flüsse ablegen. Die Larven benötigen für ihre Entwicklung eine Dauer von etwa 5 Jahren und wandern dann ins Meer zurück. Die Meerneunaugen findet man dann angesaugt an großen Wirtsfischen, von denen sie Schuppen, Gewebe und Körpersäfte abraspeln und einsaugen. Als speziellen und besonderen Irrsinn unserer Zeit muss man es wohl werten, dass diese einst häufigen Fischparasiten mit schrumpfenden Fischbeständen so selten geworden sind, dass man sie in mehreren Staaten bereits unter strengen Artenschutz gestellt hat. Das ist etwa so, als würde man Kartoffelkäfer per Gesetz schützen müssen, damit ihre Art nicht ganz ausstirbt. In einigen Meeresteilen kann man das Meerneunauge bereits als de facto ausgestorben betrachten. Somit werden uns künftig Meerneunaugen wahrscheinlich nur noch in Form historischer Bilder und Präparate erhalten bleiben…

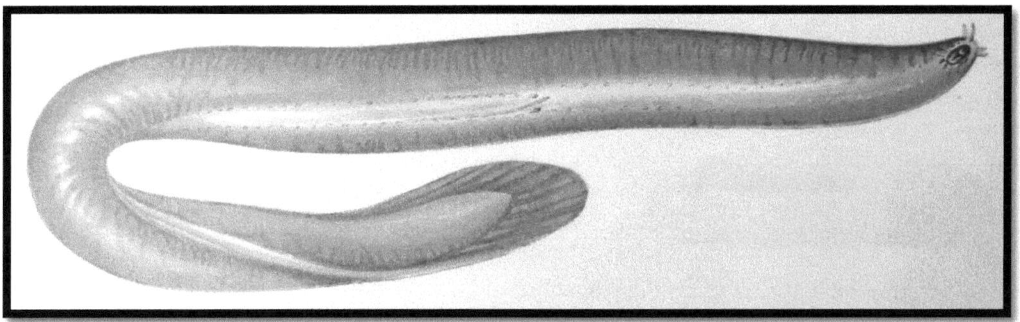

Der **Inger** kann eine maximale Länge von etwa 80 Zentimetern erreichen. Man kann diese Art im Nordostatlantik von Norwegen im Norden bis Gibraltar antreffen, sowie vor den nordafrikanischen Küsten der Maghreb-Staaten. Inger findet man gewöhnlich in größeren Tiefen zwischen 20 und über 1000 Metern. Hier leben sie auf schlammigen Substraten, in welche sie sich auch tagsüber eingraben. Nachts kommen sie dann hervor und fressen große Tierkadaver oder sterbende Fische. Inger können sogar ganze Wale binnen eines einzigen Jahres vollständig skelettieren! **Inger** kann man sehr leicht von **Neunaugen** unterscheiden, denn im Gegensatz zu diesen besitzen sie keine

erkennbaren Augen und nur ein einziges Kiemenloch. Außerdem haben sie große fleischige Tentakel um ihr Maul herum, und ihre Färbung ist stets fleisch- bis rosafarben. Auch haben sie nur eine einzige Flosse, welche den Unterleib und Schwanz zu etwa zwei Drittel und den Rücken zu einem Drittel einfasst. Kombiniert mit ihrer Färbung haben sie so eher ein Aussehen, welches an einen Wurm erinnert. Taucher bekommen Inger am ehesten lebend bei Nachttauchgängen zu Gesicht, da sie sich tagsüber meist im Sediment eingraben. Ansonsten werden Inger manchmal von Fischern oder Hochseetrawlern angelandet, die Fische mit diesen angesaugten Parasiten einsammeln. Es sei angemerkt, dass lebende Inger extrem schleimige Tiere sind, die in dieser Beziehung Aalen in nichts nachstehen. Deshalb kann man sie nur mit speziellen rauen Handschuhen ergreifen.

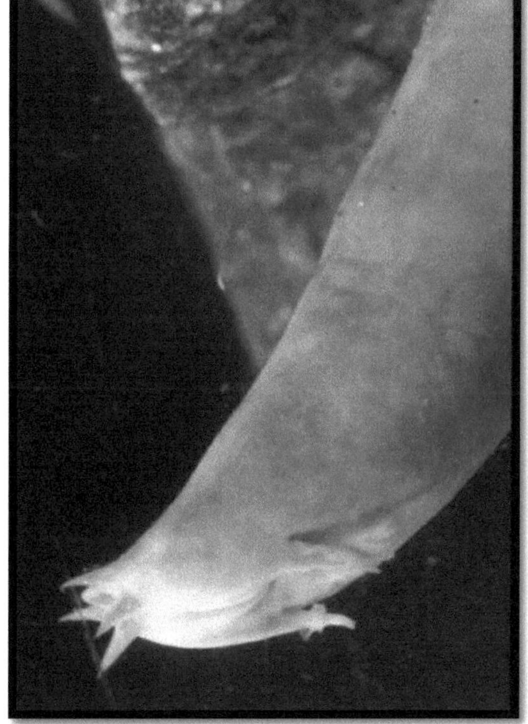

Alle Haie und Rochen werden systematisch in die **Klasse** der *Elasmobranchii*, das heißt der **Plattenkiemer**, eingeordnet. Denn sowohl bei den Haien als auch bei den Rochen sind die Kiemen mit Knorpelartigen Platten verbunden, die sie anatomisch deutlich von den Knochenfischen unterscheiden. Sehr häufig besitzen Haie und Rochen Spritzlöcher, mit denen sie ihr Atemwasser ansaugen, um es durch die Kiemenspalten wieder herauszupressen. Diese Spritzlöcher finden sich sowohl bei bodenlebenden Arten, als auch bei freischwimmenden Arten. Bei den Bodenarten verhindern diese Löcher, dass Sand in die Kiemen eindringen kann, da die Tiere auf dem Boden liegend das Atemwasser von oben ansaugen und es nach unten wieder herauspressen. Bei den pelagischen Arten sorgen die Spritzlöcher dafür, dass der Hai auch beim Fressen von Beute oder beim sehr schnellen Schwimmen noch genug Sauerstoff für seine Atmung aus dem Wasser ziehen kann. Manche Haiarten sind nachweislich keine wechselwarmen Tiere mehr, da sie in der Lage sind, durch Muskelkontraktionen eine höhere Körpertemperatur als das umgebende Wasser zu erzeugen. Das verschafft ihnen auf der einen Seite einen enormen Vorteil gegenüber wechselwarmen Beutetieren, die nicht mehr so schnell sind, wie der Raubfisch Hai, bedeutet aber auf der anderen Seite auch einen erhöhten Energiebedarf, der relativ viele Beutetiere erfordert. Haie und Rochen besitzen kein Knochenskelett, sondern lediglich eine Wirbelsäule, die aus Knorpeln besteht. Sie haben darüber hinaus meistens stark ausgeprägte Kieferknochen, die jedoch weder mit dem Schädel, noch mit den Zähnen fest verbunden sind. Die Zähne sitzen bei den Haien auf einer Knorpelleiste, wo sie in mehreren Reihen hintereinander angeordnet sind. Dieses Gebiss wird daher auch als Revolvergebiss bezeichnet. Bricht ein Zahn ab oder ist er zu abgenutzt, fällt er heraus, und ein neuer Zahn schiebt sich aus der nächsten Reihe automatisch nach. Darüber hinaus ist die Haut von Haien und Rochen mit kleinen Hautzähnchen bedeckt. Diese sind alle nach hinten ausgerichtet und verbessern die **Hydrodynamik** der Tiere ganz erheblich. Möchte man einen Hai oder Rochen streicheln, so wird man feststellen, dass das wegen der Hautzähne nur in eine Richtung, nämlich zum Schwanzende des Tieres hin, möglich ist. In der anderen Richtung bleibt man hängen oder zieht sich böse Schürfwunden zu. So berichtet Jack London in einer seiner Südseenovellen davon, wie ein unmenschlicher Sklavenaufseher Sklaven mit einem Handschuh aus Rochenhaut misshandelt, und später selbst damit zu Tode gefoltert wird. Auch wurden Haihäute früher zu Schmirgelpapier oder Regenmänteln verarbeitet. Manche bösen Verletzungen, die sich Taucher im Umgang mit Haien zugezogen haben, sind lediglich Schürfwunden gewesen! Haie und Rochen besitzen ein besonderes Sinnesorgan, nämlich die so genannten **Lorenzinischen Ampullen**. Dabei handelt es sich um mit Schleim gefüllte Kanäle, die im Kopfbereich des Tieres meist um die Schnauze herum angesiedelt und mit dem Gehirn des Tieres vernetzt sind. Mit diesem Organ können die Tiere auch kleinste elektrische Felder im Wasser orten. Da jedes Lebewesen ein eigenes kleines elektrisches Feld besitzt,  können die Knorpelfische diesen Elektrorezeptor somit als Beuteradar nutzen. Gleichzeitig ist dieser Elektrosinn ein großes Problem bei der Haltung mancher Haiarten im Aquarium, da sie sich dem Elektrosmog, der in einem Aquarium meistens herrscht, nicht entziehen können, und hier regelrecht verrückt werden. Solche Tiere versuchen meist, aus dem Aquarium zu springen, oder sie schwimmen desorientiert an der Oberfläche herum. Diese Art der Tierhaltung sollte von Institutionen und Öffentlichen Aquarien grundsätzlich vermieden werden, und man sollte sich hier auf die Haltung von bekanntermaßen aquariengeeigneten Haiarten beschränken. Auch wäre es wünschenswert, wenn die Institutionen in Zukunft mehr Haie als bisher nachzüchten und die Nachzuchten ins Meer repatriieren würden, um den natürlichen chronisch überfischten Beständen wieder auf die Sprünge zu helfen. Die Gefährlichkeit der Haie wird immer wieder stark übertrieben, denn es ist statistisch betrachtet wahrscheinlicher, vom Blitz erschlagen zu werden, als einer Haiattacke zum Opfer zu fallen. Vielmehr verhält es sich umgekehrt: **Der Mensch vernichtet jedes Jahr etwa 200 Millionen Haie, die entweder als Nahrungsmittel verwertet, oder als "wertloser" Beifang einfach weggeworfen werden!** Die wenigsten davon fallen Sportanglern zum Opfer, die meisten verenden in den Netzen der kommerziellen Fischfangflotten. Dieser Raubbau an den Haibeständen ist als sehr problematisch anzusehen, weil Haie im ökologischen Gesamtgefüge des Weltmeeres wichtige regulierende Funktionen wahrnehmen müssen. Verschwinden die Haie, können sich bestimmte Tiere, wie beispielsweise Tintenfische, plötzlich übermäßig vermehren und bringen somit das natürliche Gleichgewicht durcheinander, das im Ozean herrschen sollte. Die Folge sind überfischte Meere und Fangflotten, die in den Häfen verrotten, während die Fisch verarbeitende Sekundärindustrie am Festland ebenfalls kollabiert. Darüber hinaus nimmt die Anzahl kranker Fische, die sonst von Haien ausselektiert werden würden, zu, und die verbliebenen Fischbestände können dann wohl kaum noch als "gesund" bezeichnet werden. Problematisch sind eigentlich nicht die Mengen an Haien, die gefangen werden, sondern die langsamen Reproduktionsraten der Haie. So benötigt der weltweit häufigste Hai, nämlich der **Dornhai *Squalus acanthias***, je nach Geschlecht 10-15 Jahre, um überhaupt die Geschlechtsreife zu erlangen. Wenn sich die Fischerei nicht sehr kurzfristig auf nachhaltigere Fischereimethoden umstellt, werden Arten wie der häufigste Hai der Weltmeere bald auf einer Roten Liste stehen, und wie der Weißhai durch das Washingtoner Artenschutzabkommen geschützt werden müssen. Deshalb sollte meiner Meinung nach ernsthaft darüber nachgedacht werden, in der Fischerei für ganze Seegebiete "Sabbatjahre" zu verordnen, um dem, Raubbau Einhalt zu gebieten und den Fischbeständen eine Chance auf Erholung zu geben. Die meisten Haiarten der Nordsee sind für den Menschen harmlos, doch haben Dornhaie Giftstacheln in der Rückenflosse, die unvorsichtigen Fischern zu schaffen machen können. Unter den Rochen wäre hier der gelegentlich in der Nordsee auftauchende **Stechrochen *Dasyatis pastinaca*** zu nennen, der mit Widerhaken versehene Stacheln auf dem Schwanzstiel besitzt, sowie der **Zitterrochen *Torpedo marmorata***, der elektrische Stromstöße austeilen kann. Zu den gefährlicheren Arten gehört der **Heringshai *Lamna nasus***, der zur gleichen Haifamilie wie der bekannte Weiß- oder Menschenhai gehört und in der Nordsee in Schulen von 10-15 Tieren auf die Jagd nach Fischen geht. Zwar sind von dieser Art bisher höchstens Zwischenfälle mit gebissenen Fischern bekannt geworden, doch hat sie ein beachtliches Gebiss und schwimmt manchmal auch ins Süßwasser, wo sie stromauf wandert. Manche gefährlichen tropischen Haiarten werden Hunderte von Kilometern flussaufwärts im Binnenland angetroffen, und können dort badenden Menschen tatsächlich gefährlich werden. Insofern sollte einem der Heringshai hier schon zu denken geben. Das Fleisch des Heringshais ist zwar essbar, doch schmeckt es stark nach Ammoniak. Da das Fleisch der meisten Haiarten etwas nach Ammoniak schmeckt, sollte man auf seinen Verzehr lieber verzichten. Die Isländer machen sich den starken Ammoniakgehalt des Haies zunutze, in dem sie den toten Hai einige Wochen in einem besonderen Schuppen aufhängen, und dort ohne weitere Konservierungsmittel "verfaulen" lassen. Durch den Ammoniak konserviert sich der Hai quasi selbst, und kann als "verfaulter Hai" gegessen werden. Ich vermute, dass das Ergebnis so ähnlich schmeckt wie die berühmte "Schillerlocke", das heißt, der geräucherte Bauchlappen des Dornhais. Man kann davon ausgehen, dass solche Spezialitäten in näherer Zeit geradezu unbezahlbar sein werden. Indem man auf solche Delikatessen verzichtet, kann man übrigens selbst einen unmittelbaren Einfluss ausüben, der etwas zum Haischutz beiträgt. Denn was sich nicht gut vermarkten lässt, wird am Markt auch nicht gerne angeboten. Auch der Verzicht auf Haifischflossensuppe und Souvenirs wie präparierte Haie oder auch nur deren Gebisse kann hier schon etwas bewirken. Hoffen wir für die Haie das Beste…

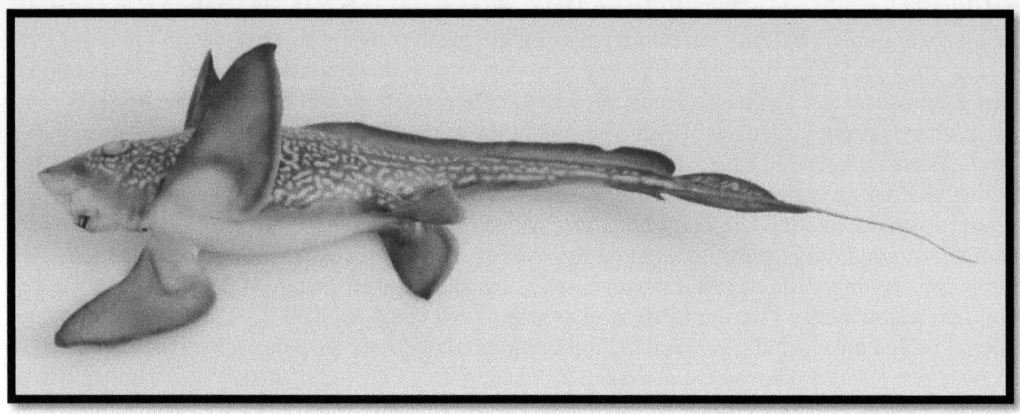

Die **Seeratte** oder auch *Chimaere* ist ein sehr weit verbreiteter Tiefsee-Knorpelfisch, den man in fast allen europäischen Meeren inklusive des Mittelmeeres und der nordafrikanischen Gebiete des Atlantischen Ozeans antreffen kann. Sie erreicht eine maximale Größe von etwa einem Meter. Da die Seeratte sich meist in Tiefen von mehr als einhundert Metern aufhält, ist es ein seltener Glücksfall, wenn ein Taucher sie bei einem nächtlichen Tauchgang überhaupt einmal zu sehen bekommt. Denn sie wurde aus Tiefen von bis zu eintausend Metern nachgewiesen. Mit einem Leuchtorgan am Kopf können diese Knorpelfische rotes Licht emittieren. Über die Biologie der Seeratten weiß man bis heute relativ wenig, was der Unzugänglichkeit ihres Lebensraumes geschuldet ist. Manchmal gelangen Seeratten auch in den Speisfischhandel, wo sie als "Elefantenfisch" vermarktet werden. Allerdings entfernt man ihnen dann meist den giftigen Rückenstachel mitsamt Giftdrüse, damit es keine Giftunfälle bei den "Gurmets" gibt. In jedem Falle wäre es aber ein teurer Genuss, da Kilopreise von 50,-€ und mehr für Tiefseefische wie die Chimäre durchaus angemessen sind. Denn der Fang ist sehr aufwändig und kostspielig.

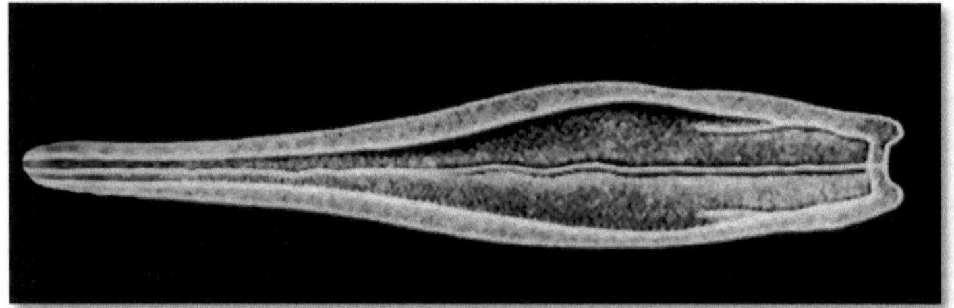 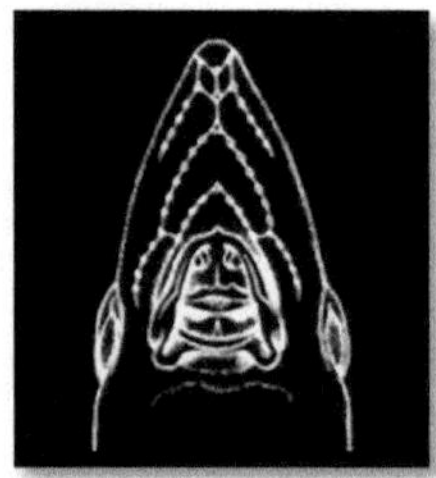

**Die Seeratte legt einzelne Eikapseln(links) am Meeresgrund, die für ihre Entwicklung viele Monate benötigen. Wahrscheinlich sind diese Eikapseln für Fressfeinde giftig, denn auch die adulten Seeratten haben einen Rückenstachel, der mit einer Giftdrüse gekoppelt ist. Seeratten ernähren sich von wirbellosen Bodentieren; die Form ihres unterständigen Maules ist unverwechselbar(rechts).**

Der **Dornhai** ist ein echter Kosmopolit, den man im Nordatlantik und Nordpazifik genauso antrifft wie im Südatlantik und südöstlich von Australien. Weltweit ist er wahrscheinlich die häufigste Haiart. Die Tiere leben in großen Schwärmen von Tausenden von Tieren und machen so Jagd auf Kabeljaue, Heringe, andere Schwarmfische und Boden bewohnende Wirbellose. Weibchen können 1,20 Meter lang werden, Männchen etwa 90 Zentimeter. Dornhaie können bis zu 60 Jahre alt werden und erreichen die Geschlechtsreife im männlichen Geschlecht mit etwa 10 Jahren, im weiblichen dagegen erst mit 12 Jahren. Man fängt Dornhaie meist in Tiefen zwischen 10 und 200 Metern als Beifänge der Dorsch- oder Rotbarschfischerei, wo sie früher kaum verwertet wurden. Damals betrachtete man sie als unerwünschte Beifänge, die den Fischern die Fischschwärme wirtschaftlich wichtiger Arten unnötig dezimierten. Heute werden Dornhaie auch kommerziell genutzt und vermarktet. Ihre rohen Bauchlappen werden auf Wochenmärkten als **"Seeaal"** angeboten oder geräuchert als **"Schillerlocke"** vermarktet. Ihre geringe Reproduktionsrate kann die Menge der gefischten Dornhaie nicht kompensieren, so dass es schon jetzt absehbar ist, dass wegen dieses Raubbaues der Dornhai eines Tages unter Schutz gestellt werden muss. Das Spritzloch hinter

dem Auge des Dornhais optimiert dessen Atmung beim Schwimmen und gleichzeitigen Fressen. Die Augen des Dornhais können eine tiefgrüne Farbe haben. Dornhaie haben wie der Katzenhai an der Unterseite

ihres Kopfes zahlreiche lorenzinische Ampullen, mit welchen sie elektromagnetische Felder orten. Somit können sich Beutetiere vor Haien nur schwer verstecken, da jedes Lebewesen durch seine Nervenimpulse automatisch ein schwaches elektromagnetisches Feld erzeugt. Dornhaie scheinen im Aquarium leider nicht gut haltbar zu sein, was möglicherweise daran liegen könnte, dass sie zu empfindlich gegen Elektrosmog sind, der aus Pumpen und Aquarienbeleuchtungen entsteht. In ein solches Aquarium eingesetzt, versuchen sie meist, irgendwie aus dem Behälter zu entkommen und schwimmen ständig an der Oberfläche oder springen sogar aus dem Becken, wenn sich ihnen die Möglichkeit dazu bietet. Vor den Rückenstacheln des Dornhaies muss man sich in acht nehmen, weil die Stacheln mit einer Giftdrüse verbunden sind. Das ist auch einer der Gründe, warum komplette Dornhaie in Deutschland nicht in den Lebensmittelhandel gelangen. Stattdessen werden regelmäßig ihre geräucherten Bauchlappen als „Schillerlocken", und ihr rohes Rückenfleisch als „Seeaal" angeboten. Letzteres schmeckt gebraten recht passabel, aber deutlich nach Ammoniak. Grundsätzlich würde ich jedoch empfehlen, auf den Genuss von Haiprodukten aller Art zu verzichten, weil man so erstens einen kleinen Beitrag zum Schutz der Haie leisten kann und weil zweitens Haie bereits am Ende der marinen Nahrungskette stehen. Letzteres hat zur Folge, dass der häufige Verzehr ihres Fleisches ungesund ist, weil es mit Schwermetallen, Quecksilber, PCB und ähnlichem deutlich stärker belastet ist, als das Fleisch anderer Fischarten.

Der **Kleingefleckte Katzenhai** ist die häufigste Haiart an den europäischen Küsten. Er kommt sowohl in der Algenzone als auch über Sand- und Geröllböden vor, wobei er in Tiefenbereichen zwischen 10 Metern bis 780 Metern Tiefe nachgewiesen wurde. Maximal werden diese Haie etwa 1,20 Meter lang, und sie können mindestens ein Alter von 9 Jahren erreichen. Katzenhaie sind für die Haltung in Aquarien sehr gut geeignet, da sie nicht so große Platzansprüche haben wie freischwimmende Haiarten. Da diese Tiere auch im Aquarium Längen erreichen können, die deutlich über 50 Zentimetern liegen, müssen sie trotzdem in entsprechend großen Aquarien untergebracht werden. Sie fressen Tintenfische, Garnelen, Würmer, kleine Krabben und kleine Fische. Wenn sie nicht gerade auf der Jagd sind, dösen sie faul auf dem Bodengrund vor sich hin und sparen sich so ihre Energie. Katzenhaie werden vorzugsweise bei der Fütterung aktiv, sie verwandeln sich dann in elegante Schwimmer Katzenhaie werden gelegentlich von Meeresanglern geangelt, und sie sind manchmal ein Beifang der kommerziellen Fischerei. Ihr Fleisch hat einen relativ guten Geschmack und schmeckt immer etwas nach Ammoniak. Katzenhaie haben einen ausgezeichneten Geruchssinn und können besonders gut mit Tintenfischstückchen angelockt werden. In einem entsprechend großen Aquarium können auch mehrere Haie untergebracht werden. Häufig schreiten sie unter guten Lebensbedingungen auch zu Fortpflanzung. Diese Haie paaren sich, in dem das Männchen das Weibchen mit seinem sehr flexiblen Körper regelrecht umwickelt, und es mit Hilfe seiner Begattungsorgane, den paarig angeordneten Klaspern, innerlich befruchtet. Einige Wochen nach der Paarung legt das Weibchen gewöhnlich jeweils 2 Eikapseln an Seetangstielen ab( siehe Bild rechts), wobei es den Seetang umkreist, damit die Eier sich mit ihren spiralförmigen Haftfäden am Tang richtig verankern  können. Diese Eikapseln werden auch als **Nixentäschchen** bezeichnet. Insgesamt kann ein Weibchen während einer Paarungszeit 18-20 Eier legen. Die Entwicklungsdauer der Eier ist abhängig von der Wassertemperatur und dauert gewöhnlich 8-10 Monate. Anfänglich kann man in einer frisch gelegten Eikapsel des Katzenhais in der Mitte den Eidotter erkennen. Wenn das Ei nicht befruchtet wurde, löst sich der Dotter nach einigen Tagen in eine breiförmige Masse auf. Wenn das Ei befruchtet wurde, kann man die Entstehung eines Embryos bis zur Weiterentwicklung zum kleinen Hai mit Dottersack studieren. Die Haie schlüpfen erst dann aus dem Ei, wenn der embryonale Dottersack aufgezehrt wurde. Diese Phase der Haizucht ist die heikelste, da die kleinen Haie jetzt an geeignetes Futter gebracht werden müssen. Wenn sie die Futteraufnahme verweigern, sind sie zum Hungertod verurteilt. Die Nachzucht des Kleingefleckten Katzenhais ist schon häufig gelungen und wird deshalb in öffentlichen Schauaquarien oft gezeigt. Katzenhaie haben sehr schöne goldene Augen, welche sie mit einem Augenlid verschließen können. Dieses Augenlid unterscheidet sie von allen anderen bekannten Fischarten. Tote Katzenhaie haben daher häufig geschlossene Augen. Dicht hinter den goldenen Augen haben Katzenhaie ein Spritzloch, durch welches sie das Atemwasser durch ihre 5 Spalten von Plattenkiemen pressen. Dieses Spritzloch stellt eine typische Anpassung an das Bodenleben dar, mit der die Tiere es vermeiden, auf Sand- oder Schlammgrund versehentlich Sedimentpartikelchen einzuatmen. Beim Schwimmen oder leicht angehobenen Ruhen auf dem Grund können sie selbst-verständlich auch durch ihr Maul einatmen. Katzenhaie können auch auf ihren beiden großen Brustflossen durch das Aquarium watscheln und bieten so einen possierlichen Anblick. Dieser wird häufig noch dadurch verstärkt, dass sie sich aalähnlich schlängelnd fortbewegen. Aus der Nähe betrachtet kann man deutlich die raue Haut des Katzenhais sehen. Haie haben keine Schuppen wie andere Fische, sondern ihre Haut setzt sich aus

vielen kleinen nach hinten gerichteten Zähnchen zusammen. Deshalb kann man Haihaut auch nur mit der Schwimmrichtung nach hinten streicheln, und nicht umgekehrt. Diese Hautzähnchen verbessern die Hydrodynamik des Hais, so dass er im Bedarfsfall sehr schnell schwimmen kann, da die Hautzähnchen den Wasserwiderstand beim Schwimmen mindern. Haie haben die Fähigkeit, schwache elektrische Felder mit Stromspannungen von bis zu 10 Milliardstel Volt über einem Kubikmeter Meerwasser zu orten. Diese Fähigkeit besitzen sie Dank kleiner schleimgefüllter Kanälchen an ihrem Kopf, die diese elektrischen Impulse an das Gehirn weitermelden. Diese mit einer Gallertmasse gefüllten Röhren können mehrere Zentimeter lang sein. Diese Kanäle werden auch als **Lorenzinische Ampullen** bezeichnet, da sie schon im 17. Jahrhundert von dem italienischen Naturforscher **Stefano Lorenzini** beschrieben wurden. Der Beschreiber war sich allerdings der Funktion dieses Sinnesorgans als **Elektrorezeptor** noch nicht bewusst. Somit haben die Haie ein weiteres Sinnesorgan, mit dem sie Beutetiere aufspüren können, da jedes Lebewesen ein schwaches elektrisches Feld besitzt. Katzenhaie können damit selbst in der lichtlosen Tiefsee noch Beute finden, die sich im Bodengrund vergraben hat. Gegen dieses Beuteradar haben die Opfer des Katzenhais keine Chance!

**Kleingefleckte Katzenhaie ruhen die meiste des Tages am Bodengrund. Sie werden allerdings schnell aktiv, wenn es Futter gibt.**

Der **Großgefleckte Katzenhai** kommt regulär im Nordostatlantik und im gesamten Mittelmeer vor, wobei man ihn auch an den nordafrikanischen Küsten findet. Er kann eine Gesamtlänge von knapp 2 Metern erreichen und wird damit deutlich größer als der **Kleingefleckte Katzenhai**. Das Hauptunterscheidungsmerkmal der beiden Arten sind jedoch vor allem die Flecken auf dem Körper, welche beim Großgefleckten Katzenhai weniger zahlreich, dafür aber größer sind. Auch ist sein gesamter Körperbau nicht so schlank und etwas bulliger, und auch seine Schnauze ist erheblich stumpfer und runder als die seines kleineren Verwandten. Der Großgefleckte Katzenhai gilt als nachtaktive Art, die sich tagsüber meist über Hartböden gut getarnt zur Ruhe setzt. Deshalb bekommen Taucher diesen Knorpelfisch nicht oft zu Gesicht. Öffentliche Schauaquarien halten diese Haie sehr gerne, denn man kann sie jahrelang erfolgreich pflegen und auch nachzüchten. Ihre Pflege entspricht weitgehend der des Kleingefleckten  Katzenhais, weshalb die beiden Arten auch oft zusammen gehalten und ausgestellt werden. Im mediterranen Raum werden diese Haie auch als Speisefische verwertet, aus denen man meist Steaks in Scheibenform herstellt, welche dann traditioneller Weise im Steinofen gegrillt werden. Vom leichten Ammoniakgeschmack einmal abgesehen ist der Geschmack recht passabel. Trotzdem sollte man vom Genuss dieser Fische absehen, weil ihr Fleisch diverse Schadstoffe enthalten könnte, da diese Haie bereits am Ende der marinen Nahrungskette stehen und sich Schwermetalle und PCB in ihrem Gewebe akkumuliert haben könnte. Außerdem sind die Haie selbst inzwischen stark bedroht, was dramatische Folgen für das Ökosystem hat.

**Hundshaie** können eine Gesamtlänge von etwa 2 Metern erreichen. Sie gehören zu den subtropischen Arten, die sich im Sommer in der Nordsee fortpflanzen. Man findet sie regulär auch weltweit in subtropischen Gewässern, so etwa auch vor der brasilianischen Küste. Ihre aquaristische Haltbarkeit gilt als umstritten, weshalb insbesondere Tierschützer gerne mobil machen, wenn ein Öffentliches Aquarium diese Tiere ausstellen möchte. Das ist sehr schade, denn so kann man ein breites Publikum auch nicht für den Schutz des Meeres begeistern, in dem man ihm die Tiere gezielt vorenthält. **Juni 2016**. Ein Krabbenfischer aus Norddeich hatte vor der Insel Juist insgesamt 3 junge **Hundshaie** gefangen. (Und nach einem Fotoshooting im Hafen an Bord des Kutters wurden die Haie wieder ins Meer gesetzt). Offensichtlich pflanzen sich diese Haie hier erfolgreich fort. Die Weibchen dieser Art bringen lebende Junge zur Welt, die zwischen 35 und 50 Zentimeter lang sein können. Sollte sich die Nordsee in absehbarer Zeit noch stärker erwärmen, so werden sich solche Fänge und Sichtungen mit Sicherheit häufen. Hundshaie werden nur knapp zwei Meter lang und ernähren sich von kleinen Fischen und Krebsen, so dass sie für den Menschen ungefährlich sind. Obwohl ihr Fleisch wegen des hohen Ammoniakgehaltes fast ungenießbar ist, erfreut sich diese Art großer Beliebtheit bei den Sportanglern. Vermutlich, weil es eben ein Hai ist. Und Haie sind rar geworden in der Nordsee. Einen lebenden Hai zu sehen oder gar in der Hand zu halten ist auch in der Tat ein besonderes Erlebnis, das man nicht so schnell vergisst. Und die Experten mögen sich jetzt darum streiten, ob solche Fänge ein weiterer Beleg für die fortschreitende Klimaerwärmung oder für eine Erholung der Fischbestände sind. Vielleicht trifft aber auch schlichtweg beides zu. An dieser Stelle sei angemerkt, dass es unsinnig ist, sich über den Fang einzelner Haie per Zufallsprinzip aufzuregen. Vielmehr muss die Überfischung durch die riesigen Fabrikschiffe gestoppt werden, die mit ihren Geschirren breitflächige Areale des Meeresbodens aus reiner Profitgier systematisch zerstören.

# Nördlicher Glatthai, *Mustelus asterias* (Cloquet, 1821)

Der **Nördliche Glatthai** ist eine weit verbreitete Haiart, denn man findet ihn von den Gefilden der Ostsee im Norden über Nordsee und Nordostatlantik bis zum Mittelmeer. Dabei wurde sie in Tiefen zwischen 5 Metern und bis zu 500 Metern nachgewiesen. Am häufigsten scheint sich diese Art jedoch in Tiefen bis zu etwa einhundert Metern aufzuhalten. In der Nordsee scheint die Art deutlich seltener aufgefunden zu werden als in den nördlichen Teilen der Ostsee. Die Art kann etwa 1,50 Meter Länge erreichen und ist damit als für badende Menschen völlig ungefährlich zu betrachten. Das Habitat dieser Haie sind sandige und kiesartige Meeresböden, wo sie kleinen Meerestieren aller Art nachstellen, vor allem aber Krebstieren wie Einsiedlerkrebsen, Krabben, Garnelen und Bärenkrebsen. Der Nördliche Glatthai bringt etwa 7 bis 15 lebende Junge zur Welt, welche dann meist etwa 30 Zentimeter lang sind. Diese Haie erreichen die Geschlechtsreife bei einer Körperlänge von etwa 80 Zentimetern nach etwa 2 bis 3 Lebensjahren. Damit sind sie erheblich schneller geschlechtsreif als die Dornhaie und somit auch erheblich weniger von der Überfischungsproblematik bedroht. Wegen ihrer Lebensweise werden sie jedoch nicht besonders oft gefangen und gelangen daher nur relativ selten in den Speisefischhandel. Solche Haie sieht man nur sehr selten lebend in öffentlichen Ausstellungen, weil sie zum einen selten gefangen werden und zum anderen auch nicht gut haltbar sind. Dieses ist in ihren Platzansprüchen und ihrer Empfindlichkeit gegen Elektrosmog durch elektrische Anlagen begründet. Ihre aquaristische Haltbarkeit dürfte daher in etwa der des Dornhais entsprechen. Daher ist es wahrscheinlich besser, solche empfindliche Arten nur als Präparat auszustellen, damit ein sinnfreies Leiden und Dahinsiechen solcher Tiere im Aquarium vermieden werden kann. Darüber hinaus kann man selbst auch einige Dinge zum Haischutz beitragen. Das eine ist, dass man auf Haiprodukte verzichtet, egal ob es sich um Nahrungsmittel oder um Souvenirs handelt. Denn inzwischen kann man nicht nur hübsche und naturgetreue Hai-Modelle aus Kunststoff bekommen, sondern es gibt inzwischen sogar künstliche Haigebisse. Außerdem kann man auch – vor allem im Urlaub – versuchen, mit einheimischen (Hai-) Fischern ins Gespräch zu kommen. Wenn es gelingt, ihnen klarzumachen, dass Haie ihnen nicht etwa die Fische wegfressen, sondern dazu beitragen, ganze Fischpopulationen gesund zu erhalten, dann ist viel gewonnen für den Haischutz. Denn jeder so gerettete Hai ist eine echte Bereicherung für jedes marine Ökosystem, egal ob an der Nordsee oder in einem subtropischen oder tropischen Meeresteil.

Der **Heringshai** kann eine Länge von etwa 3,50 Meter und ein Gewicht bis zu 200 Kilogramm erreichen und ist ein echter Kosmopolit, den man in allen Meeren findet. Er gehört zur gleichen Familie wie der gefürchtete **Weiß- oder auch Menschenhai *Carcharodon carcharias***, nämlich den **Makrelenhaien** der **Familie *Lamnidae*.** Als pelagischer Räuber macht er in Trupps von 15-30 Tieren Jagd auf freischwimmende Fischarten, wie Heringe, Makrelen und ähnliche. Aufgrund seiner Größe und der Tatsache, dass er auch in Küstennähe vorkommt, muss diese Art als potentiell gefährlich für badende Menschen angesehen werden. Allerdings sind bisher noch keine Vorkommnisse oder Attacken auf Menschen in Deutschland gemeldet oder bekannt geworden. Doch gibt es Berichte über den Angriff einer unbekannten Haiart auf einen Austerntaucher in Dover, die man evtl. dieser Art zuschreiben könnte. Der Zwischenfall ging jedoch für den Taucher glimpflich aus. Es wäre durchaus denkbar, dass Zwischenfälle von Behörden vertuscht wurden, um nicht die zahlreichen Badegäste abzuschrecken. Das hier gezeigte konservierte Exemplar kann man in der Fischereigenossenschaft Tönning bewundern. Laut Auskunft der Ladeninhaber wurde dieser fast 2 Meter lange Hai nicht im Meer, sondern in der Eider gefangen. Diese Angabe erscheint deshalb glaubhaft, weil es bekannt ist, dass auch tropische Haiarten in Flüsse und Süßgewässer einwandern. Allerdings ist der Mensch für diese Haiart weitaus bedrohlicher, als der Heringshai dieses jemals für den Menschen sein wird, weil der Mensch diesen Hai relativ häufig fängt, um seine Leber als Tran und sein Fleisch als Haisteak zu verwerten. Allerdings ist das ein sehr zweifelhafter Genuss, denn sein Fleisch schmeckt und riecht sehr intensiv nach Ammoniak. Darüber hinaus ist der Verzehr von Haisteaks ein sehr ungesunder Genuss, denn der Heringshai ist ein Endglied einer Nahrungskette und akkumuliert in seinem Gewebe Stoffe wie etwa Quecksilber und PCB. Insbesondere das Quecksilber kann – wenn es von einer Schwangeren verzehrt wird – sogar den menschlichen Fötus im Mutterleib direkt schädigen. Deshalb sollte man vom Verzehr von Haiprodukten grundsätzlich Abstand nehmen.

Den **Zitterrochen** kennt man eigentlich eher aus Mittelmeer und Ostatlantik, wo er Größen von etwa 60 Zentimetern erreichen kann. Zitterrochen besitzen Muskelplatten, die in ihren Brustflossen in mehreren Schichten übereinander sitzen. Diese reiben sie aneinander und erzeugen damit elektrische Stromstöße, mit denen sie ihre Beutetiere betäuben. Tagsüber liegen sie eingegraben im Sandgrund, während sie in der Dämmerung und nachts auf die Jagd gehen. Tauchern, die Nachttauchgänge machen, können sie daher gefährlich werden. Bereits in der Antike war ihre elektrisierende Wirkung bekannt und es ist überliefert worden, dass die Römer sie zum Foltern von Gefangenen gebrauchten. Bei Fischern sind Zitterrochen nicht beliebt, und wenn sich einmal einer in einem Netz verheddert hat, lässt man ihn gewöhnlich erst sterben, ehe er aus dem Netz entfernt wird. Zitterrochen sind lebendgebärende Fische und bringen nach einer Tragzeit von etwa 10 Monaten zwischen 5 und 30 Jungtiere zur Welt. Das hier gezeigte Exemplar wurde in der Ostsee gefangen und danach im Multimar-Wattforum Tönning ausgestellt. Leider ließ sich das Tier im Aquarium nur für einige Wochen am Leben erhalten. Ob dieses Exemplar als ein Beleg für die fortschreitende Klimaerwärmung gesehen werden kann, oder nur als Irrgast betrachtet werden muss, ist bisher unklar. Jedoch ist es meine persönliche Meinung, dass solche Fänge eine fortschreitende Klimaänderung belegen.

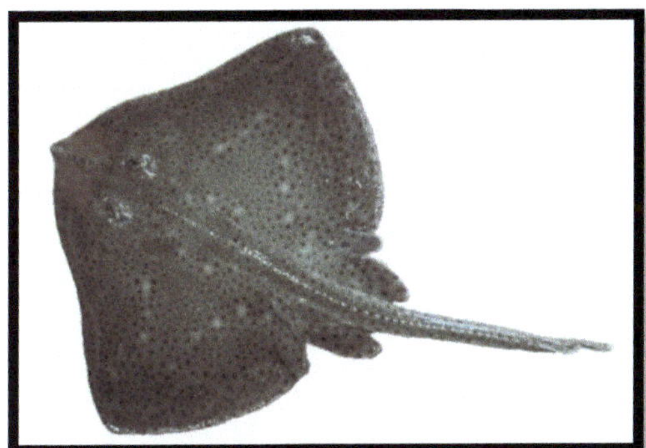

**Männchen des Blondrochens von etwa 45 Zentimeter Länge.**

Der **Blondrochen** kommt regulär im westlichen Mittelmeer, an den nordafrikanischen Küsten und im Ärmelkanal vor. Im Frühjahr 2015 wurden mehrere Exemplare vor den ostfriesischen Inseln Juist und Norderney gefangen. Dieses kann als ein weiterer Beleg der rasch fortschreitenden Klimaerwärmung gewertet werden, da der Winter 2014/2015 sehr warm war. Vom **Nagelrochen** *Raja clavata* kann man den Blondrochen unschwer daran unterscheiden, dass er auf der Körperoberseite zahlreiche kleine schwarze Flecken hat. Außerdem haben die Männchen des Blondrochens nur in der Körpermitte eine Reihe Stacheln, während der Rücken eines männlichen Nagelrochens mit diversen Reihen von Dornen überzogen ist. Darüber hinaus haben Blondrochen stets einige größere beigefarbene Flecken auf dem Rücken. Blondrochen können eine Körperlänge von 120 Zentimetern erreichen und sind vom Flachwasser bis in etwa 400 Meter Tiefe präsent.

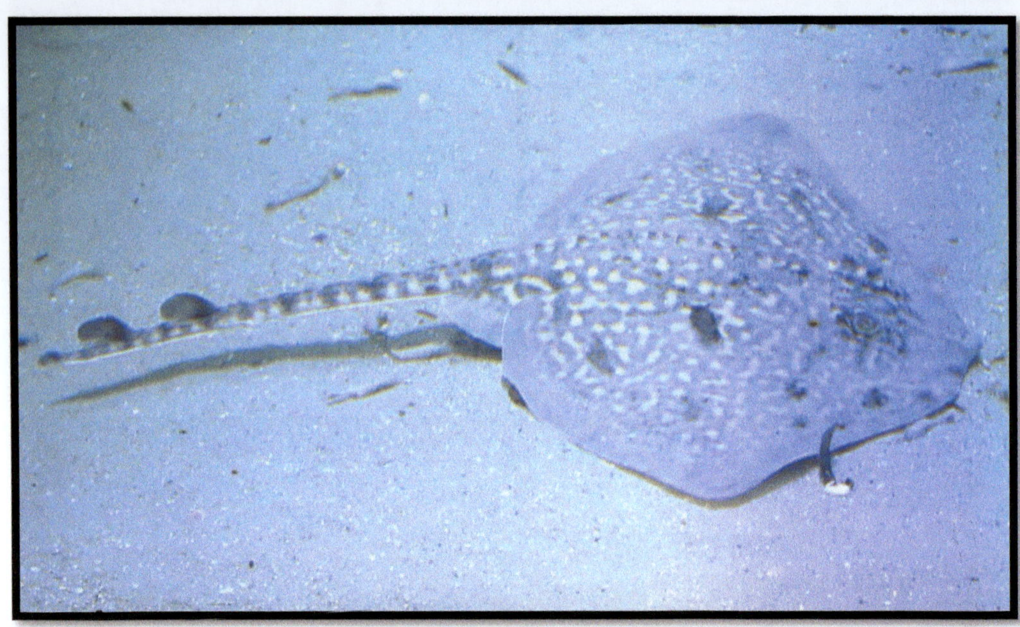

Nagelrochen bäuchlings an einer Aquarienscheibe. Links ein Männchen mit deutlich erkennbaren Klaspern, rechts ein Weibchen. Von unten betrachtet scheinen diese Tiere immer etwas zu „grinsen".

Der **Nagelrochen** ist ein Fisch, der ein so weites Verbreitungsgebiet hat, dass man ihn schon fast als Kosmopoliten bezeichnen kann. Denn man findet ihn von Island im Norden entlang der meisten europäischen Küsten bis hinein ins Mittelmeer und ins Schwarze Meer, sowie bis zu den südafrikanischen Küsten im Süden. Die Weibchen dieser Art können etwa 120 Zentimeter Länge erreichen, während die Männchen mit ca. 70 Zentimetern Länge erheblich kleiner bleiben. Der Nagelrochen gilt als guter Speisefisch, dessen Flügel früher meist getrocknet und sogar als Delikatesse an die europäischen Königshöfe geliefert wurden. In mediterranen Ländern werden sie auch heute noch gerne als Speisefische genutzt, jedoch werden zu kleine Exemplare leider meist in den kleinen Landungshäfen weggeworfen. In Deutschland gelangen sie nur relativ selten in den Handel, und stammen dann häufig nicht aus deutschen Fangmargen, sondern werden meist aus Frankreich über die Pariser Hallen für die deutschen Gourmets importiert. Auch wenn die Bestände dieses Rochens vor den deutschen Küsten eher rückläufig sind, und man seine typischen schwarzen Eikapseln mit den vier "Hörnern" immer seltener in den Spülsäumen findet, ist diese Art wegen ihres großen Verbreitungsgebietes und ihrer relativ hohen Reproduktionsrate nicht vom Aussterben bedroht. Denn der Nagelrochen kann sich bereits mit einer Körperlänge von etwa 70 Zentimetern fortpflanzen, und in einer Saison kann ein Weibchen 70-150 Eikapseln ablegen, was für einen Knorpelfisch eine hohe Reproduktionsrate darstellt. Der Nagelrochen paart sich wie der Katzenhai mit Hilfe der Klasper, mit denen der männliche Rochen das Weibchen innerlich befruchtet. Dabei beißen sich die Männchen in der Haut der Weibchen fest, wovon diese leichte Narben davontragen. Dieses Verhalten kann Probleme bei der Aquarienhaltung der Rochen verursachen, da es passieren kann, dass das oder die Männchen ein Weibchen zu sehr bedrängen, so dass die Tiere voneinander getrennt gehalten werden müssen, da sonst das Weibchen Schäden durch Stress erleiden kann. Die Jungrochen schlüpfen nach etwa 4-5 Monaten aus den Eikapseln und haben dann schon eine Gesamtlänge von etwa 12 Zentimetern. Nagelrochen werden relativ häufig in Aquarien gehalten, da sie in entsprechend großen Behältern sehr zutraulich werden können, und man sie auch gezielt nachzüchten kann. In manchen Schauaquarien dürfen die neugierigen Rochen, die zur Wasseroberfläche schwimmen, sogar von den Kindern der Besucher gestreichelt werden, doch ist es fraglich, ob das einer artgerechten Haltung dieser Tiere entgegenkommt. Der Nagelrochen macht seinem Namen alle Ehre, denn er besitzt nicht nur auf der Körperoberseite zahlreiche nach hinten gerichtete Stacheln, sondern auch auf der Körperunterseite. Bei dem hier von unten abgebildeten Männchen kann man außerdem deutlich die paarigen Klasper am Ansatz des Schwanzstieles erkennen, mit denen die Männchen die Weibchen innerlich befruchten.

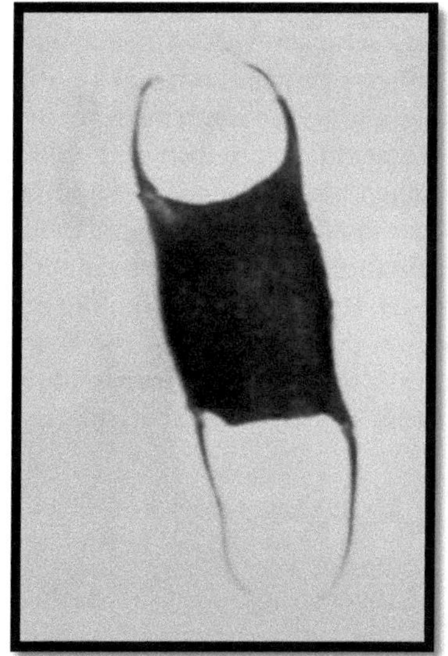

**Rechts:**
**Eikapsel des Nagelrochens mit den typischen 4 fädigen Anhängen. Leider findet man sie heutzutage nur noch sehr selten im Spülsaum unserer Strände.**

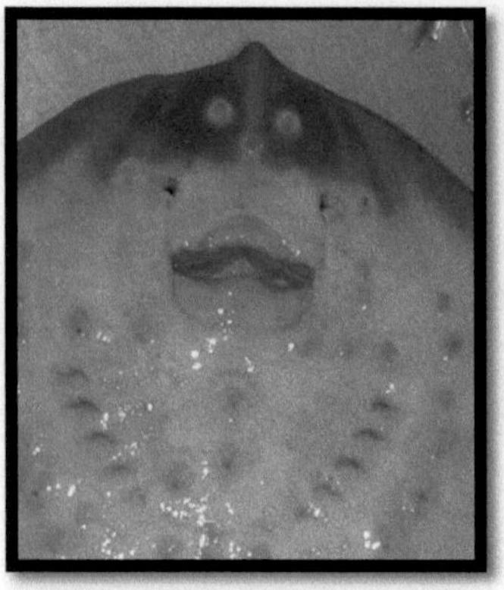

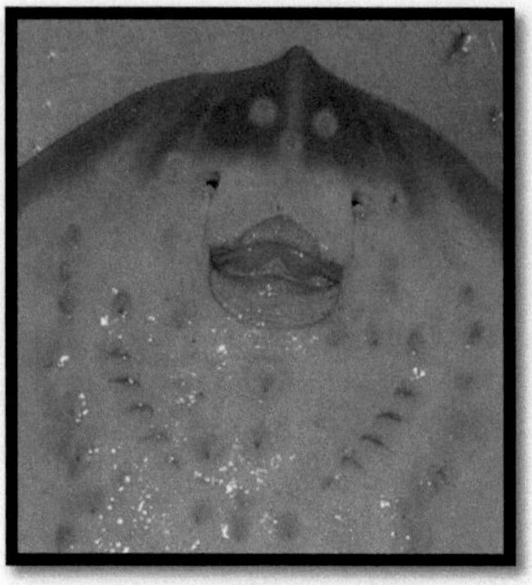

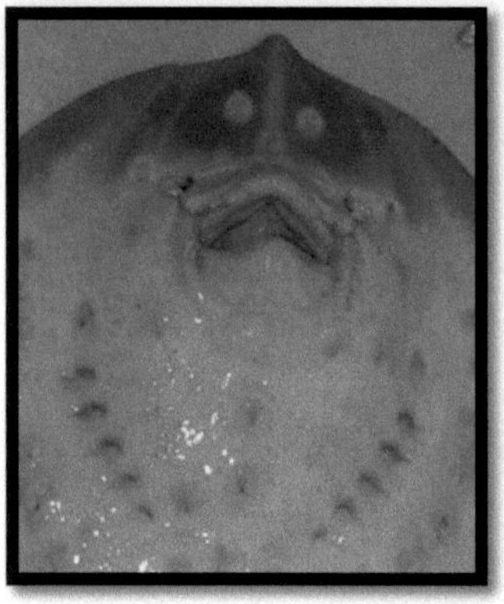

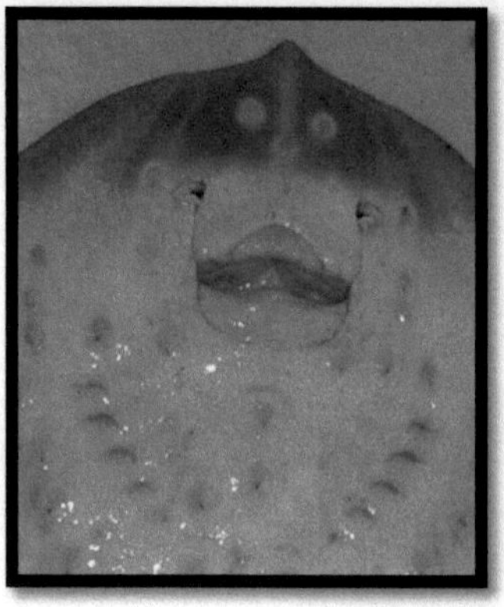

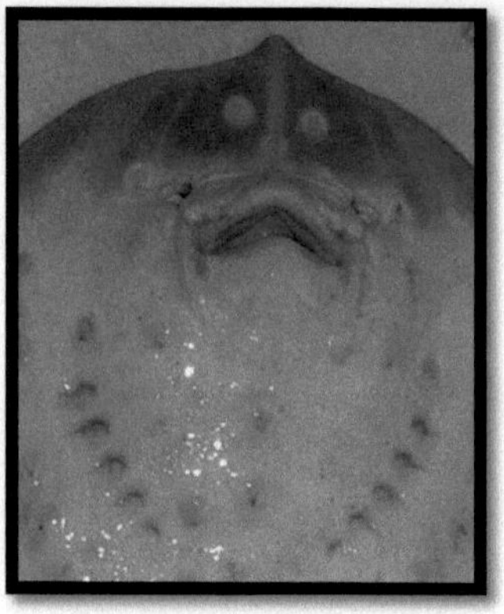

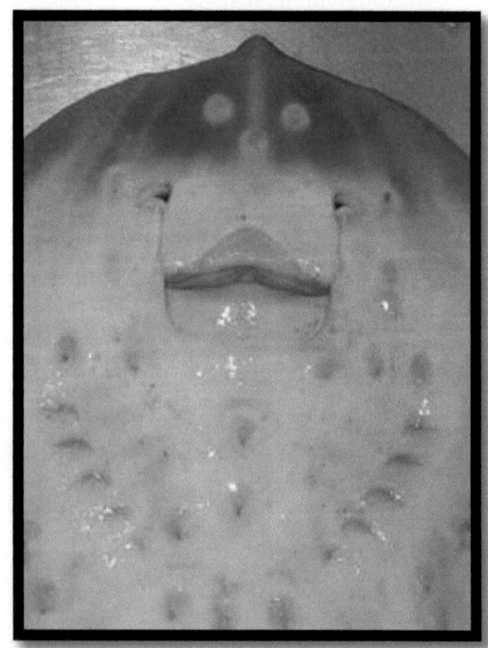

**Das „Lachen" des Nagelrochens!**

Diese seltenen Aufnahmen zeigen, wie der Rochen sein Maul flexibel ausstülpen kann, um damit seine Beutetiere genüsslich einzuschlürfen. Selbstverständlich wurde der Rochen nach diesem Fotoshooting wieder ins Meer zurückgesetzt. Leider kann man solche Aufnahmen im Aquarium nicht gut machen, da der Rochen im Wasser viel schneller atmet als auf dem Trockenen. Die Bewegungsabläufe aller Maulstellungen wurden hier sogar chronologisch dokumentiert.

**Sternrochen – links ein normal gefärbtes Exemplar, rechts ein fehlfarbenes Tier, welches jedoch kein Albino ist, da die Augen Pigmente haben.**

Der **Sternrochen** gehört zu den arktischen Rochen, die ihre südlichste Verbreitung in der nördlichen Nordsee haben, denn man findet ihn von der nördlichen amerikanischen Ostküste von Neufundland, Grönland und Island bis ins Beringmeer. Er erreicht eine Maximallänge von etwa 90 Zentimetern und kann sich Tiefenbereichen von 20 bis 1.000 Metern Tiefe aufhalten. Am häufigsten wird dieser Rochen jedoch in Tiefen von 50-100 Metern gesichtet, was auch mit fischereitechnischen Aspekten zusammenhängen könnte und nichts darüber aussagt, welche Meerestiefen er tatsächlich überwiegend bevorzugt. Fakt ist jedoch, dass arktische Arten dazu neigen, kältere Wasserzonen aufzusuchen, und sich bei einer Klimaerwärmung immer weiter in den noch kalten Norden zurückziehen. Dies hängt vor allem mit der Sauerstoffbedürftigkeit der Tiere und ihrem Fortpflanzungsverhalten zusammen, da die Arten der nördlichen Hemisphäre nur bei ganz bestimmten Temperaturen und Salzgehalten zur Fortpflanzung gelangen können. Stimmen diese wichtigen Wasserparameter nicht mehr, wandern sie ab oder stellen ihre Vermehrung ganz ein. Deshalb könnte ein Verschwinden dieser Art aus der Nordsee eine Klimaänderung belegen. Der Sternrochen gleicht auf den ersten Blick dem Nagelrochen, doch ist seine Körperform insgesamt etwas runder und seine Bestachelung ist etwas anders, denn er besitzt 2-4 Stacheln am Augenrand, je einen Stachel auf Nacken- und Schultermitte und 2-3 Stacheln auf den Außenschultern. Dieser Rochen wird in südlichen Gefilden bereits mit einer Länge von 40, in den nördlichen Gewässern dagegen erst mit 60 Zentimetern geschlechtsreif. Die Eikapseln entwickeln sich in 4 Monaten, und die Jungen schlüpfen mit einer Länge von etwa 10 Zentimetern.

Der **Gefleckte Rochen** hat ein sehr großes Verbreitungsgebiet, denn man findet ihn in der Nordsee, um die britischen Inseln herum, an den nordafrikanischen Atlantikküsten und vor allem im westlichen Teil des Mittelmeeres. Dabei kann man ihn vom Flachwasser bis in Tiefen von deutlich mehr als 500 Metern antreffen. Besonders typisch für diesen Nagelrochen sind die markanten schwarzen Flecken auf der Körperoberseite, die jedoch bei juvenilen Exemplaren noch nicht so stark hervortreten. Das oben abgebildete Exemplar ist in dieser Hinsicht noch sehr entwicklungsfähig. Denn bei adulten Tieren nimmt vor allem die Größe der schwarzen Punkte enorm zu, wobei diese einen bis zwei Zentimeter Durchmesser erreichen können. Diese Punkte lösen den Körperumriss des Rochens perfekt auf, was besonders auf kiesigen Substraten entsprechende Wirkung zeigt. Der Gefleckte Rochen hat außerdem einige beigefarbene helle Flecken, welche im Kreis von dunklen Flecken umgeben sind und somit die Impression eines Augenfleckes vermitteln können. Die Aquarienhaltung dieses Rochens entspricht der anderer Nagelrochen aus dem gleichen Verbreitungsgebiet. Man beachte jedoch, dass es sich nicht um einen Warmwasserfisch handelt, da er in beachtliche sehr tiefe Areale vordringen kann.

Diesen hübsch gemusterten Vertreter aus der Familie der Nagelrochen findet man in den meisten Teilen des Mittelmeeres, sowie an den nordafrikanischen Atlantikküsten bis hin zu den westlichen britischen Inseln und den Küsten Irlands. Außerdem wurde er auch schon aus der südlichen Nordsee nachgewiesen. Daher ist damit zu rechnen, dass auch diese Art künftig häufiger in nördlichen Gefilden angetroffen werden kann. Er erreicht eine Endgröße von etwa 120 Zentimetern. Dieser Rochen bevorzugt kiesige und sandige Meeresböden ab etwa 10 Metern Tiefe, wobei er in Tiefen von bis zu 200 Metern vordringen kann. Damit ist er ein typischer Bewohner des Kontinentalschelfe, wo er vor allem kleinen Fischen und Wirbellosen nachstellt. Die Art kann von Tauchern vor allem bei nächtlichen Tauchgängen gesichtet werden, da sie nachtaktiv ist und sich tagsüber im Substrat eingräbt. Darüber hinaus sei angemerkt, dass die Art im mediterranen Raum auch Verwendung als geschätzter Speisefisch findet, wobei vor allem die „Rochenflügel" gerne vermarktet werden. Leider sieht man diese hübsche Art eher selten in öffentlichen Aquarien.

Der **Stechrochen** hat ein sehr großes Verbreitungsgebiet und kommt vom südlichen Afrika, die ostatlantische Küste hinauf, um England und Irland herum, sowie im Mittelmeer vor. In der Nordsee ist er ein seltener Sommergast. Mit einer Gesamtlänge von bis zu 2 Metern ist er ein verhältnismäßig großer Rochen. Stechrochen fressen Wirbellose und kleine Fische. Auf seinem Schwanz hat der Stechrochen ein bis zwei Stacheln, die eine gesägte Kante mit Widerhaken aufweisen. Wird er angegriffen, schlägt er den Schwanz nach oben und spießt so den Angreifer mit seinem Giftstachel auf. Er nutzt diese Waffe jedoch nicht zum Beuteerwerb, sondern nur defensiv. Mir wurde ein Fall von einem gestochenen Fischer bekannt, der den Rochen lebend einem Aquarium mitbrachte. Als er den Rochen aus dem Netz befreite, stach dieser ihn blitzschnell mit dem Stachel in den Arm. Dort blieb der Stachel stecken, was sehr schmerzhaft war. Da der Fischer von den Widerhaken des Stachels wusste, schnitt er sich mit einem Messer vorsichtig die Wundränder auf, spreizte diese, und entfernte den Stachel. Das alles ohne Betäubung, da er noch sein Boot steuern musste. Dann verband er die Wunde und fischte weiter, denn einen Verdienstausfall wollte er nicht hinnehmen. Zu dieser Problematik sei angemerkt, dass Angler, die einen Stechrochen fangen, diesem aus Sicherheitsgründen meist den stacheltragenden Schwanz abschneiden. Ist man doch gestochen worden, darf man den Stachel wegen der Widerhaken nicht einfach aus der Wunde reißen, da sonst Splitter in der Wunde bleiben, die böse Infektionen auslösen. Man kann im Prinzip nur die Wunde vorsichtig aufschneiden und möglichst warm auswaschen, um die Eiweiße des Giftes zur Gerinnung zu bringen, bevor sie in den Blutkreislauf gelangen. Theoretisch könnte man den Stachel auch komplett durch das betroffene Körperglied schieben, was jedoch mit Sicherheit noch schmerzhafter ist…

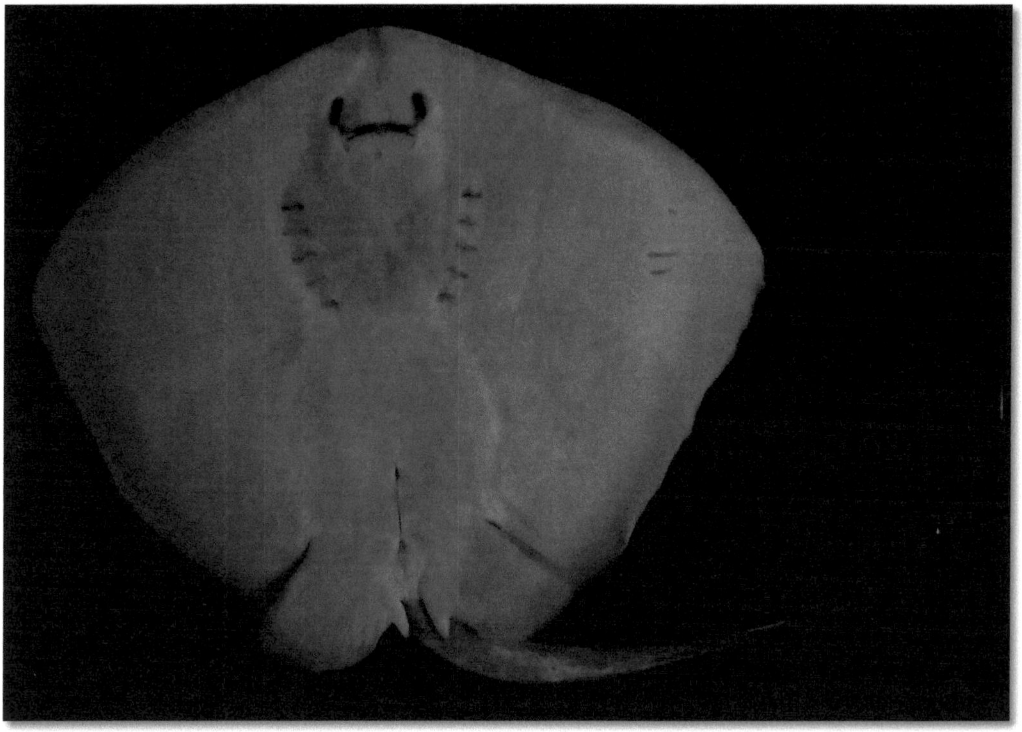

Weiblicher Stechrochen von unten.

Der Stachel des Stechrochens hat viele kleine Widerhaken. In der Mitte erkennt man die Giftrinne, welche mit einer Giftdrüse verbunden ist. Damit sollte man besser keine Bekanntschaft machen…

Zu den **Strahlenflossern** gehören die weitaus meisten Fischarten, die es auf unserem Planeten gibt, und ihr Körperbau unterscheidet sich ganz erheblich von dem der Knorpelfische. Knochenfische besitzen ein in fast allen Teilen miteinander verbundenes Innenskelett. Ihre Bezahnung ist meistens fest im Kiefer verankert, und ihre Flossen werden mit knochigen Stachelstrahlen gestützt. Außerdem haben die meisten Fischarten Ganoidschuppen auf dem ganzen Körper, die mit einer schützenden Schleimschicht verbunden sind. Es gibt nur sehr wenige schuppenlose Fischarten, hierzu gehören beispielsweise einige Welsarten und einige Aalartige. Bemerkenswert ist es, dass es auch etliche Fischarten gibt, die einen regelrechten Knochenpanzer auf dem Körper tragen, so dass es schon fast so erscheint, als ob sie ein Außenskelett ähnlich dem mancher Niederer Tiere hätten. Dazu gehören in der Nordsee Arten wie der **Steinpicker *Agonus cataphractus*** oder das **Seepferdchen *Hippocampus hippocampus***. Die meisten Knochenfische besitzen im Gegensatz zu den Haien und Rochen eine Schwimmblase, mit der sie ihren Auftrieb im Wasser regulieren können. Dabei handelt es sich um ein mit Gas oder Öl gefülltes Organ, welches sich entsprechend dem Tiefendruck des umgebenden Wassers ausdehnen oder zusammenziehen kann. Taucht ein Fisch zu schnell aus großer Tiefe auf, dehnt sich die Schwimmblase zu schnell aus, und seine inneren Organe werden meist so stark beschädigt, dass er daran verendet. Deshalb müssen Fische, die aus großen Tiefen geholt werden, langsam dekomprimiert und an andere Druckverhältnisse angepasst werden, wenn sie den Fang überleben sollen. Viele bodenlebende Fischarten der Nordsee haben jedoch keine Schwimmblase oder nur eine sehr kleine reduzierte Schwimmblase, wie zum Beispiel der **Seewolf *Anarhichas lupus*** oder der **Seeteufel *Lophius piscatorius***. Deshalb sind solche Arten für die Haltung in Öffentlichen Schauaquarien gut geeignet, während andere Arten wie beispielsweise der **Hering *Clupea harengus*** bereits sehr empfindlich auf den Verlust einzelner Schuppen beim Fang reagieren, von veränderten Druckverhältnissen einmal ganz abgesehen. Meerwasserfische müssen ständig Wasser trinken, weil das im Meerwasser enthaltene Salz dem Körper des Fisches ständig Flüssigkeit entzieht. Das überschüssige Salz des Meerwassers wird dann von den Fischen durch spezielle Drüsen an den Kiemen und über die Nieren wieder ausgeschieden. Süßwasserfische dagegen müssen ständig das in ihren Körper eindringende Wasser mit Hilfe ihrer Nieren wieder ausscheiden, weshalb sie ständig ins Wasser urinieren. Manchen Fischarten, speziell den wandernden Arten wie der **Meerforelle *Salmo trutta*** oder dem **Aal *Anguilla anguilla*** gelingt die Umstellung vom Meer- auf Süßwasser und umgekehrt problemlos, während andere Arten ein Umsetzen in das jeweils andere Milieu nur sehr kurze Zeit vertragen. Manche Meeresfische wandern auch deshalb in Süßgewässer ein, um sich hier von lästigen Parasiten zu befreien, die durch eine Änderung der Salinität absterben, da ihr Organismus die rasche Umstellung auf andere osmotische Verhältnisse nicht verträgt. Es gibt auch Süßwasserfische, die genau umgekehrt verfahren. So findet man beispielsweise den **Flussbarsch *Perca fluviatilis*** häufig in Küstennähe und manchmal sogar in Fischreusen im Watt. Auch der **Neunstachelige Stichling *Pungitius pungitius*** kann in seltenen Fällen im Watt gefunden werden, obwohl er eigentlich ein reiner Süßwasserfisch ist. Mit den Fischen der Nordsee kann man immer wieder Überraschungen erleben, was vor allem daran liegt, dass die Fische die Bücher, die über sie geschrieben wurden, nicht gelesen haben. Man sollte niemals pauschale Behauptungen glauben, die irgendwann einmal von irgendwelchen "klugen" Leuten aufgestellt wurden, und sich vor Verallgemeinerungen hüten. Auch ist es hinsichtlich der Debatte um die fortschreitende Klimaveränderung sehr schwierig geworden, einzuschätzen, wie sich die Zusammensetzung der Nordseefauna in Zukunft darstellen wird. Denn es ist zurzeit bei vielen Arten noch nicht genau erkennbar, ob ihr Rückgang mit dem wärmeren

Klima oder der allgemeinen Überfischungssituation zusammenhängt. Doch ist es bei manchen Arten durchaus vorhersehbar, dass wärmere Temperaturen sie zum Ablaichen in immer nördlicheren Gefilden zwingen, da sie sich bei höheren Temperaturen nicht reproduzieren können. Das hängt damit zusammen, dass viele Arten eine winterliche Kältephase für die Reifung ihrer Gonaden (Geschlechtsprodukte) benötigen. Bleibt die Kältephase aus, stellen sie die Vermehrung ein. Dieses Problem ist auch aus kommerziellen Aquakulturen und der Aquarienhaltung von Fischen bekannt, trifft aber nicht nur auf Fische, sondern auch auf Wirbellose zu. Gleichzeitig sind bereits jetzt deutliche Tendenzen erkennbar, dass immer mehr Fischarten, die eigentlich in südlicheren Gefilden schwimmen, den Norden als Lebensraum erschließen. Daher sollte es sorgfältig beobachtet werden, wenn Arten wie die **Gestreifte Meerbarbe** *Mullus surmuletus*, die eigentlich typischer Weise im Ärmelkanal vorkommen und in der südlichen Nordsee ablaichen, sich plötzlich quietschvergnügt in der Mündung der Elbe tummeln. Solche Faunenverschiebungen sind deshalb so problematisch, weil man nicht genau sagen kann, welche Auswirkungen diese auf das gesamte ökologische Gefüge der Nordsee haben werden. Für die Fischereiwirtschaft können diese Änderungen manchmal zum Ruin ganzer Fangflotten führen, aber auch neue Chancen mit sich bringen. So gingen zum Beispiel während der 1980er Jahre wegen schrumpfender Bestände der Heringe die Heringsfangflotten zugrunde, während Fischer, die sich auf die plötzlich angewachsenen Makrelenschwärme umstellten, von dieser Änderung profitierten. Daher wird in Zukunft von den Fischern ein erhebliches Maß an Flexibilität gefragt sein, sich kurzfristig auf den Fang anderer Arten umzustellen. In einigen Fällen ist das jedoch nicht möglich. So werden in letzter Zeit von den Krabbenfischern immer wieder gewisse Mengen an Sardinen gefangen, die leider zu klein sind für den menschlichen Verzehr. Auch werden saisonal kleine Tintenfische gefangen, die ebenfalls nicht kommerziell verwertet werden können. Daher ist es jetzt schon absehbar, dass die kleinen Kutter, die noch auf die Nordsee fahren, um Sandgarnele und Seezunge zu fangen, in Zukunft weniger werden, da die Erträge sinken und international arbeitende Firmen ihre Existenzen gefährden. Deshalb sollte man als Küstentourist diese kleinen Kutter frequentieren, die Ausflugsfahrten für Touristen anbieten, um mitzuhelfen, die Existenzen der Küstenbewohner zu sichern. Auch sind direkt von einem Kutter gekaufte Fänge nicht nur ganz frisch, sondern schmecken auch besonders gut. Ich werde es nie vergessen, wie gut mir eine direkt an Bord gebratene frisch gefangene Seezunge geschmeckt hat - so etwas kann einem kein Feinschmeckerrestaurant bieten! Bei vielen Fischarten werden von der EU bereits Fangquoten verordnet, doch werden diese häufig von ausländischen Fabrikschiffen unter fernöstlicher Flagge unterlaufen. Wenn der Raubbau am Meer künftig nicht eingedämmt wird, wird die Nordsee nicht nur ein fischfreies Gewässer sein, sondern die Fangflotten werden in den Häfen verrotten, weil der Fang unrentabel geworden ist. Oder, anders ausgedrückt, wie es der nordamerikanische Indianerhäuptling Seattle vor mehr als 100 Jahren formulierte:

*"Erst wenn der letzte Fisch gefangen ist, (...), werdet ihr erkennen, dass man Geld nicht essen kann."*

Doch auch Verbraucher haben einen gewissen Einfluss auf die Fischereiwirtschaft, denn wenn man es vermeidet, Fischimporte aus Übersee und überfischte oder bedrohte Fischarten zu kaufen, ändert sich möglicherweise einiges am Angebot. Auch gibt es inzwischen Firmen, die damit werben, dass ihre Fertigprodukte aus nachhaltiger Fischereiwirtschaft oder Aquakultur stammen. Wenn man als Verbraucher solche Produkte angeboten bekommt, sollte man diese auf jeden Fall vor anderen bevorzugen. Die Fische der Nordsee werden es uns danken, und wir werden noch viele Jahre Freude an den endemischen Arten des Nordens haben. Hoffen wir, dass sich die Vernunft auf lange Sicht betrachtet endlich durchsetzt. Und falls das nicht passieren sollte, wird die Logik der kollabierenden Fischbestände die Fischereiwirtschaft zum Einlenken zwingen…

Traditionellerweise werden Fische eigentlich mit fünfprozentigem Formalin behandelt und dann getrocknet oder in einer entsprechenden Formalinlösung eingelegt. Diese Methode hat jedoch zwei Nachteile: Erstens werden meist die natürlichen Farben zerstört, und das Präparat bleicht aus, und zweitens ist Formalin gesundheitsschädigend, da es als krebserregende Substanz gilt. Alternativ kann man auch Brennspiritus verwenden, welchen man mit destilliertem Wasser auf einen Alkoholgehalt von etwa 40-50% verdünnen sollte. Dabei sollten Fische zunächst mindestens zwei Wochen in einem Wasser-Alkohol-"Komposter" aufbewahrt werden, damit ihre Körperflüssigkeiten sich dort am Boden des Gefäßes ablagern können. Danach sollte man sie in neue Gläser mit neuem Alkohol umbetten, damit der Alkohol möglichst klar bleibt. Die Gläser sollten nicht dem Sonnenlicht ausgesetzt werden, da die Präparate sonst ausbleichen. Des Weiteren muss darauf geachtet werden, dass die Gläser möglichst bis knapp unter den Rand mit Flüssigkeit gefüllt sind, und einen möglichst dichten Schraubverschluss haben, damit der Alkohol nicht verdunstet, und das Präparat nicht antrocknet oder verdirbt. Die meisten meiner Präparate werden von mir nur noch in Alkoholgläsern eingelegt aufbewahrt, damit sie nicht nach dem Trocknen Parasiten zum Opfer fallen. Die Gläser sollten mit dem Namen und Fundort des Tieres beschriftet werden, wobei es optimal wäre, auch das Datum des Sammelns mit anzugeben. Solche Präparate haben auch viele Jahre später noch wissenschaftliche Aussagekraft. An dieser Stelle möchte ich einige Tricks verraten, wie man Fische nach der Behandlung mit Alkohol als Trockenpräparat erhalten kann. Solche Arten wie mittelgroße Plattfische, kleine Holzmakrelen oder die knochigen Steinpicker und Seenadeln sollte man nach der Alkohol-Behandlung unausgenommen trocknen. Solche kleineren Fische(etwa bis 10 Zentimeter Länge) braucht man nicht auszunehmen, sondern nur nach dem Alkoholbad vernünftig aufzuspannen. Die Flossen justiert man mit Büroklammern oder Stecknadeln auf einer Styroporplatte. Danach sollte man sie dann lackieren und in Vitrinen oder Schaukästen parasitensicher unter Glas verschließen. Bei größeren Fischen sollte man Eingeweide und Körpergewebe entfernen, und die Haut abziehen. Gegebenenfalls muss man von einem sehr großen Exemplar vor dem Ausnehmen einen Gipsabdruck anfertigen, damit man ihn beim Ausstopfen wieder in seine ursprüngliche Form bringen kann. Hat man es mit einem langen dünnen Fisch, wie etwa einem Hornhecht oder Strumpfbandfisch zu tun, genügt es meist, die Afteröffnung des Fisches etwas zu erweitern, um so die Eingeweide entfernen zu können. Danach stopfe man die Bauchhöhle des bereits mit Alkohol behandelten Fisches mit Watte oder Holzwolle aus, und nähe dann die Öffnung zu. Hat man es mit einer Meerbrasse zu tun, wie etwa einer Goldbrasse, so würde ich empfehlen, größere Exemplare unausgenommen mehrere Wochen im Formalinbad zu lagern. Danach öffne man der Brasse das Maul möglichst weit und stopfe sie mit Watte(es kann auch Aquarienfilterwatte sein) aus, bis der Bauchraum ausgefüllt ist. Danach trockne man die Brasse mehrere Wochen, ohne sie dem direkten Sonnenlicht auszusetzen. Dabei sollte man sie auf einem Styroporbrett fixieren, indem man ihr die Flossen mit Stecknadeln etwas abspreizt. Kleine Brassen bis etwa zehn Zentimetern Körperlänge braucht man nicht auszustopfen, da sie nur wenig an ihren Proportionen verlieren, nachdem sie getrocknet sind. Ideal für das Trocknen der Präparate ist ein Trockenboden unter dem Dach, wo man solche Tiere sogar ganzjährig trocknen kann.

Voraussetzung ist allerdings, dass der Boden wirklich trocken ist und keine hohe Luftfeuchtigkeit hat, welche ein Präparat verschimmeln lässt. Großäugigen Fischen kann man auch etwas Silikon in die Augen injizieren, so dass sich die Originalhaut des Auges beim Trocknen über dem Silikon spannt und der Fisch seine großen Augen behält. Die Präparation großer Fischköpfe stellt einige besondere Anforderungen an den Präparator, die ich hier aber aus Platzgründen nicht näher ausführen möchte. Sehr große Fische, bei denen es nicht auf eine Farberhaltung ankommt, können vor dem Trocknen selbstverständlich auch in einem Formalinbad gelagert werden. Diese Methode hat den Vorteil, dass die Präparate nach dem Trocknen relativ unangreifbar für Parasiten sind, und nach einigen Wochen intensiven Lüftens völlig geruchsfrei werden. Sie empfiehlt sich besonders für den Erhalt von Knorpelfischen wie zum Beispiel Katzenhai und Nagelrochen, oder auch von großen dorschartigen Fischen oder Seeteufeln. Man beachte jedoch, dass eine zu lange Lagerung eines Fisches im Formalinbad diesen etwas schrumpfen lässt. Ich würde daher dazu raten, die Präparate nicht länger als drei Wochen im Formalin zu lagern. Auch kann es schwierig werden, zu lange gelagerte Formalinfische wieder in Form zu bringen, da sich Verkrümmungen schnell verhärten und dann nach dem Trocknen den Fisch schon aufgrund der missratenen Form unansehnlich machen. Abschließend soll erwähnt werden, dass Fische auch mit Airbrushtechnik und künstlichen Augen farblich so gestaltet werden können, wie frisch tote Exemplare, doch bin ich der Meinung, dass der Einsatz von so vielen künstlichen Mitteln das Präparieren nicht mehr rechtfertigt, weil man sich dann konsequenterweise auch gleich einen Plastikfisch an die Wand hängen könnte. Im Zweifelsfall würde ich immer dem Echten den Vorrang geben. Über die Präparation von Tieren ließen sich eigene Bücher schreiben, weshalb ich mich hier auf die Kurzform beschränkt habe.

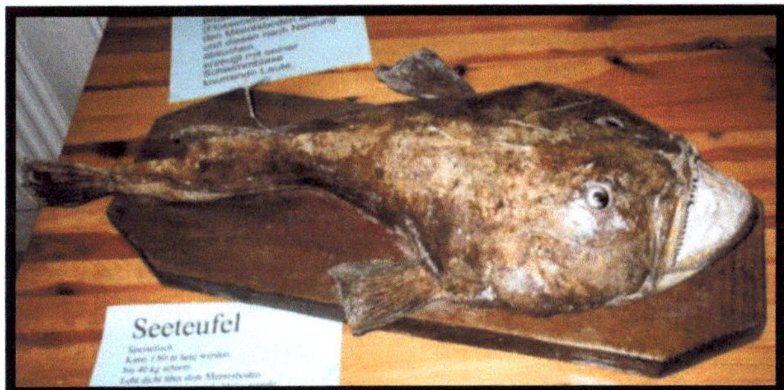

**Bei diesen Formalinpräparaten gelangen Farberhaltung und Formgebung relativ gut. Die künstlichen Augen sind auch noch im Bereich dessen, was einen möglichst naturgetreuen Eindruck des Präparates vermittelt. Koloriert man dagegen Fischpräparate mit Airbrushtechnik, erzeugt man ein Kunstprodukt. Und dann könnte man konsequenter Weise auch gleich einen Fisch aus Plastik an die Wand hängen…**

Dieser Hornhecht wurde in einem Weckglas mit Dichtungsring eingelegt, welches etwa 3 Liter fasst. Das Exemplar ist 66cm lang, und es handelt sich um ein Weibchen, welches posthum noch Eier "legte", als ich es zum Fotografieren aus seinem Behälter nahm. Man sollte das Glas mit einem Etikett versehen, welches mittels durchsichtiger Klebefolie gegen Durchfeuchtung geschützt werden sollte. So kann man eine Sammlung aufbauen, die sogar wissenschaftlichen Wert haben kann.

Eine sehr aufwändige Konservierungsmethode ist es, Fische in einer transparenten Plastikbox in ein spezielles Bio-Polymer einzubetten. Dabei können sogar die natürlichen Farben des Fisches erhalten werden; auch die natürlichen Proportionen bleiben so erhalten. Diese Methode ist jedoch sehr speziell und so etwas wie eine eigene Wissenschaft, die zudem nicht auf alle möglichen Fischarten in gleicher Weise angewendet werden kann. Es würde den Rahmen dieses Buches sprengen, darauf näher einzugehen. Oben wurde eine so präparierte Flunder abgebildet, die etwa 25 Zentimeter groß ist. Von unten sieht sie tatsächlich aus wie ein frischtoter Fisch!

**Parasiten** unterschiedlichster Art kommen in der Natur häufig vor, und manche Arten kann man sogar an frischtoten Fischen auffinden. Parasiten haben in der Natur stets eine bestandsregulierende Wirkung. Im Wesentlichen besteht ihre Funktion darin, bereits angeschlagene, geschwächte oder verletzte Individuen auszusortieren, damit sich nur die gesunden und starken Exemplare einer Art fortpflanzen können. Als Parasiten bezeichnet man daher alle Tiere, die sich von Körperteilen, Geweben, Schleim, Schuppen oder Blut eines Wirtstieres ernähren, ohne dass dieses einen erkennbaren Nutzen davon hat. Dabei gibt es verschiedene Abstufungen, die von einer leichten Schädigung des Wirtes bis hin zum Tod des Wirtsorganismus reichen. Viele Parasiten haben sich auf ganz bestimmte Wirte spezialisiert, doch sind manche auch Generalisten, die versuchen, möglichst viele verschiedene Arten von Wirten für sich zu erschließen. Fischparasiten können sehr unterschiedliche Organismen sein. Dabei reicht die Bandbreite von **Geißeltierchen, Bandwürmern, parasitischen Asseln, Nematoden** und **Copepoden** bis hin zu den kieferlosen **Neunaugen**. Da die Neunaugen bereits im vorigen Kapitel abgehandelt wurden, werden hier exemplarisch einige Beispiele wirbelloser Parasiten vorgestellt. Selbstverständlich ist die Vielfalt dieser Organismen in der Natur noch erheblich höher! Da Fische in ihrem Gewebe immer Parasiten oder deren Eier/Larven enthalten können, sollte man Fisch grundsätzlich nur gut durchgegart verzehren. Sushi sollte man daher entweder ganz meiden, oder dieses vor dem Verzehr schockfrosten, um mögliche Parasiten abzutöten.

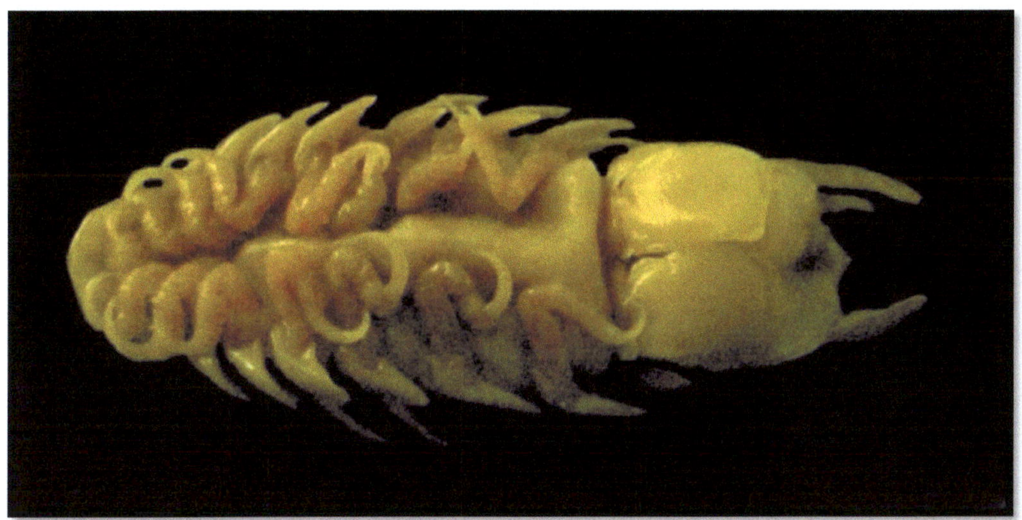

**Die Fischassel hat beachtliche Klauen zum Anklammern an Fische, wie man in dieser Ansicht des Tieres von unten gut sehen kann.**

Diese Art wird etwa 1,5 Zentimeter lang und ist meistens grau gefärbt, wobei sie auch einen Rückenstrich aufweisen kann. Die **Fischassel *Aega psora*** ist ein sehr ernst zunehmender Fischparasit, der sich unter anderem darauf spezialisiert hat, in Netzen oder Reusen gefangene oder verletzte Fische zu befallen, von denen dann Blut und Körpergewebe gefressen werden. Die Fischassel quält vor allem größere Fische wie Haie, Rochen, Seewölfe und Dorschartige. Fischasseln kann man manchmal sogar an toten Fischen finden, die auf Wochenmärkten verkauft werden. Diese Tiere sind alles andere als angenehme Zeitgenossen für ihre Wirte und können durch ihre Tätigkeit auch das Ableben des befallenen Fisches bewirken, da sie Wundinfektionen auslösen können. Dabei krallen sie sich regelrecht in der Wunde des Opfers fest, so dass der Fisch sie nicht einfach abstreifen kann. Eine Adaption an diese Lebensweise stellen die fehlenden Antennen dar, was sehr praktisch für die Assel ist, damit ihr Körper den Versuchen des Wirtes beim Versuch, die Assel irgendwo abzustreifen, besser widerstehen kann.

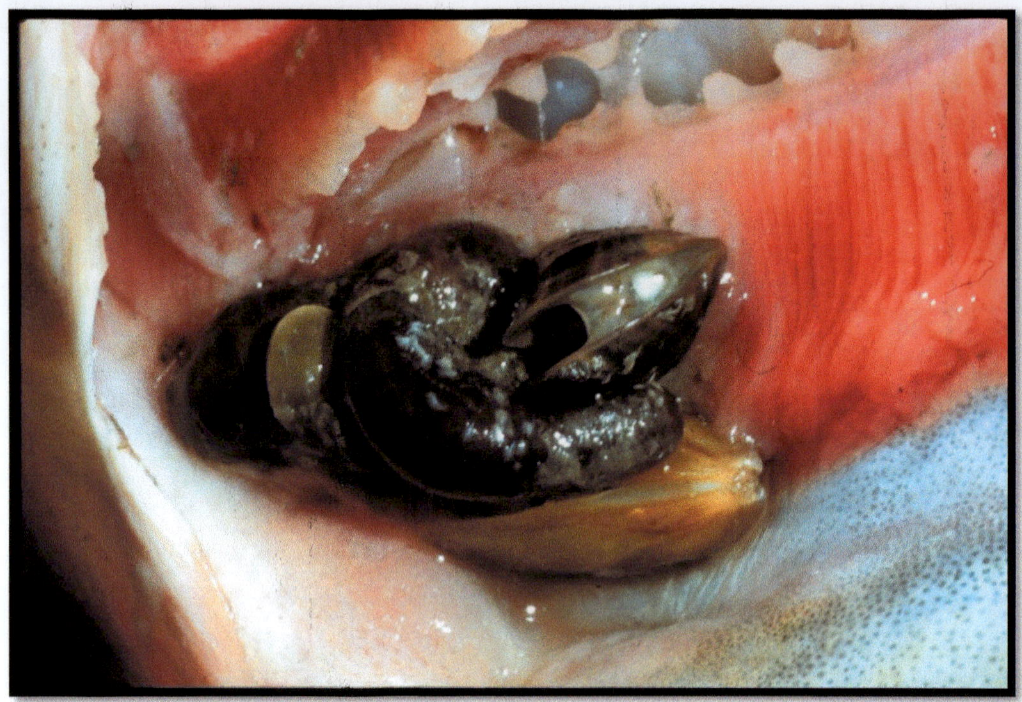

**Hier ein Kiemenschmarotzer an den Kiemen eines Dorsches gemeinsam mit juvenilen Miesmuscheln. 2 oder mehr sind des Dorsches Tod!**

Den **Kiemenschmarotzer** erkennt man auf den ersten Blick zwar nicht als Ruderfußkrebs, doch wenn man seinen Lebenszyklus unter die Lupe nimmt, kann man die Zugehörigkeit zu den *Copepoda* erkennen. Am augenfälligsten sind die Weibchen, die man bei einer Länge von etwa 30 Millimeter als kleine Würmchen in den Kiemen von meist dorschartigen Fischen finden kann. Der Kiemenschmarotzer ist im gesamten Nordatlantik verbreitet, wobei die südliche Verbreitungsgrenze vor den spanischen Küsten liegt. Die Tiere befallen als Jungtiere zunächst Plattfische, wo sie sich paaren. Die Weibchen schwimmen dann gezielt Dorsche an, während die Männchen ein unauffälliges Leben wie andere Ruderfußkrebse weiterführen. Haben die Weibchen es geschafft, einen Wirt zu erreichen, wandeln sie sich in schlauchartige Gebilde um, die dem Wirt das Blut aus den Kiemen saugen und sich sogar bis in seine Aorta vorarbeiten können. Wird ein Dorsch von mehr als einem Kiemenparasiten befallen, wird der Wirt durch den Befall sosehr geschwächt, dass er schließlich eingeht. Solche Parasiten, die den Tod ihres Wirtes in Kauf nehmen, werden dann auch als Parasitoiden bezeichnet. Man könnte das aber auch durchaus als Ausgleich dafür verstehen, dass insbesondere Fische Unmengen an Copepoden fressen, was diese dann durch gewisse Gegenmaßnahmen wieder ausgleichen. Ein ewiger Kampf ums Dasein, bei dem sich Fressen und Gefressen werden stetig auszugleichen suchen!

Den **Sprotten-Schmarotzer** findet man vor allem an Sprotten, Sardinen und Heringen. Es handelt sich bei diesem Tier um einen Ruderfußkrebs, der ins Körpergewebe seines Wirtes eindringt und sich zunächst von dessen Blut und Gewebe ernährt. Dann werden die markanten großen Eisäcke gebildet, die nun aus dem Wirtstier regelrecht herausklaffen und die bis zu 30 Millimeter lang werden können. Dadurch entstehen Gewebebrüche, die sich infizieren und den Wirt letztlich töten. Je mehr Parasiten einen Wirt befallen haben, desto geringer ist seine Überlebenschance. Darüber hinaus zielt dieser Parasit auch darauf ab, Sprotten und Heringsfische als Zwischenwirt zu gebrauchen, um sich letztlich an deren Fressfeinden, nämlich Dorschen und Seelachsen, gütlich zu tun. Oft sind daher Raubfische wie etwa der Dorsch auch von mehreren verschiedenen Parasiten befallen, die auf die Dauer abhängig von ihrer Menge das Ableben ihres Wirtes verursachen. Es ist wirklich bemerkenswert, dass so kleine Ruderfußkrebse, die eigentlich vielen Jungfischen als Nahrung dienen, den Spieß komplett umdrehen und so trotz ihrer eigenen Winzigkeit durch Parasitismus ihren ärgsten Fressfeinden zu einer ernsten Gefahr für Leib und Leben werden können. Was unter natürlichen Bedingungen einer Fischpopulation nicht weiter gefährlich werden kann, kann unter negativen Umweltbedingungen wie etwa einer Überfischungssituation oder einer negativen Veränderung von Umweltparametern unter Umständen den Zusammenbruch ganzer Fischbestände in kurzer Zeit mit beschleunigen.

Der **Plattfisch-Schmarotzer** lebt auf den Kiemen, im Mundbereich und an der Zunge von Plattfischen, Dorschen und Seelachsen. Er erreicht eine Länge von etwa 12 Millimetern. Auch bei diesem Parasiten handelt es sich um einen Ruderfußkrebs, bei dem die Männchen unauffällig im Plankton leben und die Weibchen sich mitsamt ihrem Eiersack an Fischen anheften, um den Lebenszyklus der Art abzuschießen. Das oben abgebildete Exemplar wurde im Flachwasser des Watts bei Ebbe eingesammelt; bemerkenswert ist, dass es ohne Wirt aufgefunden wurde. Dieses Phänomen ist jedoch aus der Literatur schon länger bekannt und deutet darauf hin, dass diese Parasiten Plattfischen im Flachwasserbereich gezielt auflauern.

**Störe** sind Fische mit lederartiger Haut, die entlang der Bauchkante, der Seitenlinie und auf dem Rücken über die gesamte Länge kleine Knochenschilde besitzen. Ihr Maul ist stets unterständig und kann ausgestülpt werden, um kleine Fische und andere Bodentiere einzusaugen. Ihre Schwanzflosse gleicht von ihrer Form her der von Haien und wird als *heterozerk* bezeichnet. Darüber hinaus haben Störe – je nach Art verschieden viele und lange - Barteln an der Unterseite der Nase, welche dem Ertasten und Schmecken der Beutetiere dienen. Störe leben als Jungtiere im Süßwasser, wandern als Heranwachsende dann jedoch in See- oder Brackwasser ein, wo sie den Großteil ihres Lebens verbringen. Es gibt nur wenige Störarten, die auch reine Süßwasserpopulationen bilden. Bislang kennt man etwa 20 verschiedene Arten, von denen die meisten inzwischen selten geworden oder sogar vom Aussterben bedroht sind. Zum Verhängnis wurde es den Stören zum einen, dass man ihre Laichwege vielerorts mit Schleusen und Wehren verbaute, zum anderen aber auch, dass man insbesondere die großen trächtigen Weibchen zur Kaviargewinnung aus reiner Profitgier wegfing. Das führte zu dramatischen Bestandseinbrüchen dieser in Europa einst häufigen Fische. Erfreulicherweise kann man Störe auch in Aquakulturen nachzüchten, doch geschieht dieses meines Erachtens in den allermeisten Fällen leider aus den falschen Beweggründen. Denn es geht meist nicht um die Arterhaltung, sondern nur um die Profitsteigerung durch Kaviargewinnung. So kann man manchen Zuchttieren bis zu fünfmal(!) die Eier entnehmen, nur um daraus einen

zweifelhaften Genuss für dekadente Gourmets herzustellen. Danach werden die Tiere dann meist weggeworfen, da man ihr Fleisch nicht wirklich vermarkten kann. Denn Störfleisch hat eher eine knorpelige Konsistenz und hat so gut wie keinen Eigengeschmack. Ein weiteres Gefährdungspotential einheimischer Störarten geht von Besatztieren aus, die man legal in Baumärkten und Zoohandlungen für Gartenteiche erwerben kann. Denn bei diesen Tieren handelt es sich dann oft um gebietsfremde Arten wie etwa den **Sibirischen Stör** *Acipenser baeri* , welche von „Tierfreunden" in die freie Wildbahn entlassen werden, wenn sie dem Teich entwachsen sind. Zum einen können solche Exemplare Krankheiten übertragen, zum anderen aber besteht auch die Möglichkeit, dass sie sich mit den traurigen wildlebenden Restbeständen heimischer Störarten bastardisieren und so das Genpotential ganzer Populationen schädigen. Bestenfalls sind dann so entstandene Hybride unfruchtbar, schlimmstenfalls vermehren sie sich weiter und zerstören die letzten autochthonen Bestände. Abschließend sei angemerkt, dass es dringend an der Zeit wäre, den Kaviarhandel ganz grundlegend zu ächten und seine Betreiber zu kriminalisieren, entsprechend etwa dem internationalen Elfenbeinverbot. Denn gerade wegen der Kaviarerzeugung in Aquakulturen ist es de facto unmöglich geworden, Produkte von wild gefangenen Stören von solchen aus künstlicher Erzeugung zu unterscheiden. Das heißt, dass diese Aquakulturen letztlich die kommerzielle und illegale Jagd auf die letzten Störe noch befördern und überhaupt erst möglich machen. Erst ein völliges Verbot könnte den Raubbau obsolet werden lassen!

Der **Sibirische Stör** stammt ursprünglich aus den sibirischen Flüssen Asiens und wurde durch Fischzuchten und Besatzmaßnahmen in unsere Gewässer verbracht. Inzwischen gibt es frei lebende Exemplare an der französischen Atlantikküste und in der Ostsee. Ob sich diese bereits als Population etabliert haben bleibt abzuwarten. Dieser Stör wird etwa zwei Meter lang und wird auch gerne in Teichen aufgezogen. Von anderen Stören kann man ihn vor allem anhand der wenigen kleinen Seiten- und Rückenschilder unterscheiden. Da die Art regelmäßig nachgezüchtet wird, ist sie als solche nicht bedroht. Bedenklich ist jedoch, dass sich eingeschleppte Arten manchmal mit einheimischen Arten kreuzen, so dass Hybride entstehen, welche die Merkmale mehrerer Arten in sich vereinen. Diese kann man dann kaum noch eindeutig einer Art zuordnen, weshalb die Bestimmung des hier abgebildeten Exemplars als Sibirischer Stör nur unter Vorbehalt erfolgen konnte. Leider sind bei Fischen nicht alle entstandenen Hybride unfruchtbar, wodurch dann leider das Genpotential der endemischen Fischarten zerstört und verfälscht wird. Das kann für manche seltene Tierart eine größere Bedrohung als Umweltverschmutzung oder Überfischung sein! Deshalb sollte man zu groß gewordene Aquarientiere bitte **_niemals_** in die Freiheit entlassen. Jungtiere des Sibirischen Störs kann man gut in entsprechend großen Aquarien halten. Man kann sie ausgezeichnet mit speziellen Futterpellets ernähren, welche sofort zum Grund absinken, wo die Fische sie dann mit ihrem unterständigen Maul regelrecht einschlürfen. Ansonsten fressen diese Störe gerne kleine Fische und Wirbellose aller Art.

# Waxdick, *Acipenser gueldenstaedti* Brandt & Ratzeburg, 1833

**Bei großen adulten Exemplaren dieser Art erscheinen die seitlichen Knochenschilde etwas platter, so dass der Fisch insgesamt einen erheblich „glatteren" Eindruck macht.**

Der **Waxdick** hat seinen Ursprung im Donaudelta, im Schwarzen und Kaspischen Meer sowie im Asowschen Meer. Er erreicht eine Länge von bis zu 230 Zentimetern und kann etwa 115 Kilogramm Gewicht erreichen. Eine Lebenserwartung von 46 Jahren wurde belegt. Da diese Art durch Aquakulturen weit verbreitet wurde, ist es denkbar, dass ausgesetzte Exemplare auch im Mittelmeer sowie in Nord- oder Ostsee aufgefunden werden könnten. Leider paart sich der **Waxdick** auch mit dem **Gemeinen Stör**, so dass er dessen Genpool gefährdet. Bitte setzen Sie _**niemals(!)**_ solche Tiere aus einer missverstandenen Tierliebe heraus in anderen Gewässern aus, da man damit nicht wieder gut zu machende Schäden an den endemischen Arten verursachen kann!

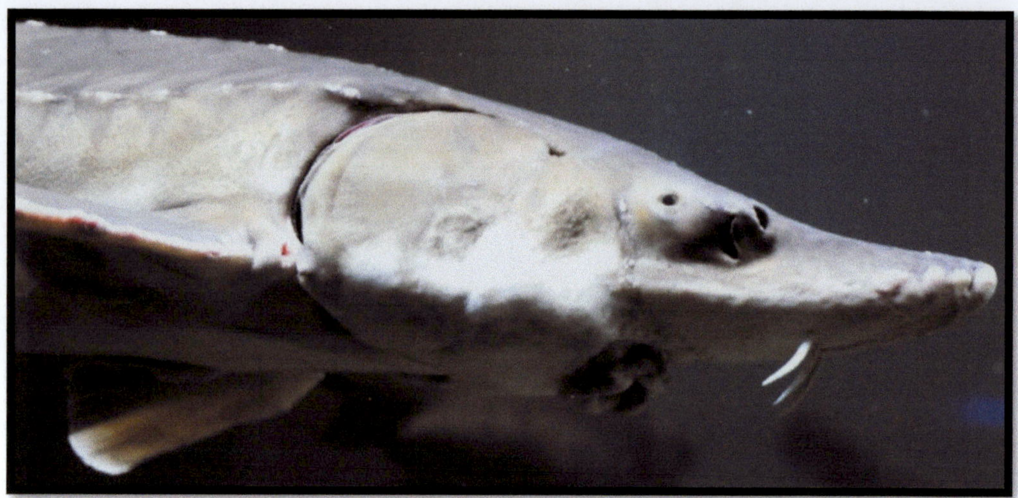

Kopfporträt des Gemeinen Störes. Die Barteln dienen dem Aufspüren der Beutetiere, die dann geschickt mit dem unterständigen Maul eingeschlürft werden.

Der Gemeine Atlantische Stör ist ein mahnendes Beispiel für die völlig sinnfreie Ausrottung einst  häufiger Fischarten durch übermäßige Fischerei und Totregulierung ihrer Laichgebiete. Die eigentliche Ursache war wie immer menschliche Profitgier. Daher sollte der internationale Kaviarhandel endlich total geächtet werden! Diese Maßnahmen sollten ebenso wie das internationale Elfenbeinhandelsverbot durchgesetzt werden. Im Zuge dieser Maßnahmen müsste auch die Gewinnung von Kaviar durch Aquakulturen verboten werden, da selbst echte Öko-Label leider immer wieder gefälscht und verwässert werden…

Der **Gemeine** oder **Atlantische Stör** war einst so häufig und weit verbreitet, dass man in Schleswig-Holstein sogar einen Fluss nach ihm benannte. Man fand diesen imposanten Fisch, der eine Gesamtlänge von bis zu 6 Metern, ein Gewicht von etwa 400 Kilogramm und ein Lebensalter von einhundert Jahren erreichen kann, ursprünglich an fast allen europäischen Küsten inklusive des nördlichen Mittelmeeres und des Schwarzen Meeres. Inzwischen findet man nur noch sehr wenige adulte Tiere, und es gibt nur noch eine einzige sich reproduzierende Population in der französischen Gironde. Dem Stör wurden zwei Dinge zum Verhängnis. Zum einen stellte man mit schweren Stellnetzen vor allem den zum Laichen in die Flüsse aufsteigenden Weibchen nach, um den Kaviar hochpreisig vermarkten zu können. Damit wurde der Nachwuchs des Störs nachhaltig vernichtet. Zum anderen verbaute man auch die Laichwege der Störe, so dass sie nicht mehr in Ursprungsflüsse aufsteigen konnten. Noch in den 1930er Jahren waren große Störe auf dem Hamburger Fischmarkt ein regelmäßiger Anblick, doch bereits in den 1950er Jahren wurden Störe kaum noch gefangen. Heutzutage wird diese Art als vom Aussterben bedrohte Art geführt und ist fast überall de facto bereits ausgestorben. Da man vor einigen Jahren feststellte, dass es auch in Frankreich nur noch eine einzige sich reproduzierende Population gibt, begann man in den 1990er Jahren mit der gezielten Nachzucht in Aquakulturen, um die Art zu erhalten. Da bereits einige Nachzuchten wieder in Nord- und Ostsee ausgesetzt wurden, gibt dieses einen Anlass zur Hoffnung. Doch der stetige Anstieg der Wassertemperaturen in Nord- und Ostsee könnte diese Bemühungen wieder zunichtemachen, da der Gemeine Stör Wassertemperaturen von 10-18° Celsius für die Abwicklung seines Lebenszyklus benötigt. Ein weiteres Problem ist das Aussetzen weiterer in Aquakulturen gezogener Störarten durch Liebhaber, denen ihre Pfleglinge zu groß geworden sind. Zum einen können solche Tiere Krankheiten übertragen, zum anderen können sie sich in einigen Fällen auch mit den einheimischen Stören verpaaren, so dass Hybride entstehen, die unter Umständen auch fertil sein können und so das Genpotential des einheimischen Störes verfälschen können. Eigentlich macht das Befischen von Stören gar keinen Sinn, weil das Fleisch dieser Tiere sehr wässrig ist und kaum Eigengeschmack hat. Daraus kann man unschwer folgern, dass es nur um Kaviargewinnung geht, von der man sich exorbitante Gewinne erhofft. Manche Kaviarsorten sollen bis zu 30.000 € für ein Kilogramm einbringen, was einen erstaunlichen Preis für Fischeier darstellt. Da sich diesen „Genuss" ohnehin nur eine kleine dekadente Elite leisten kann, würde ich dafür plädieren, den Kaviarhandel weltweit zu ächten. Es ist nicht akzeptabel, dass mit Störprodukten immer noch Handel getrieben wird, obwohl der Bedrohungsstatus allgemein bekannt sein dürfte. Dieses Beispiel illustriert, wie sehr es unsere korrupten Eliten geschafft haben, sich Politik und Gesetzgebung durch ihre Lobbyarbeit gefügig zu machen. Es lohnt sich also, sich für Artenschutz einzusetzen. Das könnte dann nämlich auch den Geringverdienern eine gewisse Genugtuung verschaffen, wenn man es durch Unterschriftensammlungen und Protestaktionen schafft, gewissen Bevölkerungsteilen, die Umweltschutz als für nicht nötig erachten, ihre dekadenten Genüsse wegzunehmen! Werden auch Sie aktiv für aussterbende Arten! Es lohnt sich, insbesondere für unsere Kinder.

# Hornhechte - *Belonidae*

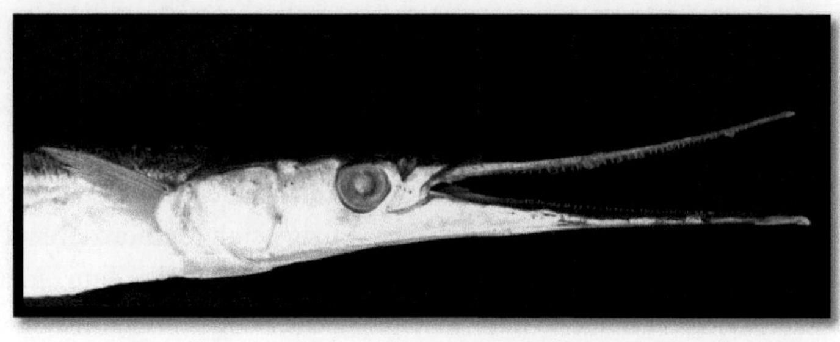

**Hornhechte** haben einen pfeilartigen und schlanken Körperbau, der es ihnen ermöglicht, mit sehr wenig Wasserwiderstand durch das Wasser zu gleiten. Obwohl viele Arten dieser Familie mit Längen von etwa einem Meter recht große Fische sind, werden sie dennoch von ihren Beutetieren kaum gesehen, da sie von vorne betrachtet lediglich als winziger ovaler Fleck zu sehen sind. Kommt dieser Fleck dann rasch näher, ist für den Beutefisch bereits alles zu spät. Die Beute wird dann mit den schnabelartigen Kiefern ergriffen, mit den kleinen Zähnchen fixiert und dann mit dem Kopf voran verschluckt. Dabei packt der Hornhecht sein Opfer meist quer zur Körpermitte und dreht es dann erst durch seitliche Bewegungen seiner Kiefer in die richtige Position zum Verschlucken. Man findet Vertreter der Hornhechte in allen Weltmeeren, wobei man die größten Vertreter in den tropischen Gewässern findet. Manche Arten sind dabei auch in Brack- und Süßwasser eingedrungen, wie etwa der **Süßwasserhornhecht** *Xenentodon cancila*. Diese Art aus Indien kann man manchmal für die Süßwasseraquaristik im Handel bekommen, und sie wurde bereits nachgezüchtet. Dabei legen die Tiere ihre Eier zwischen Pflanzenteilen ab. Die Aufzucht der Jungtiere mit kleinen Wasserflöhen und später kleinen Guppys und anderen Futterfischen ist problemlos möglich. Das Hauptproblem bei der Haltung dieser Fische ist, dass sie sehr viel Schwimmraum benötigen. Darüber hinaus muss man auch dazu in der Lage sein, ihnen lebende Beutetiere anbieten zu können, was nicht immer einfach ist. Marine Hornhechte können selbstverständlich genauso gehalten und aufgezogen werden wie ihre Verwandten aus dem Süßwasser, doch werden sie erheblich größer und benötigen so viel Platz, dass eine Haltung öffentlichen Schauaquarien vorbehalten bleibt. Hornhechte kann man in Schwärmen oder einzeln antreffen. Interessant ist die Tatsache, dass sie in tropischen Gebieten gezielt Korallenriffe anschwimmen, um sich dort durch kleine Putzerfische von lästigen Parasiten reinigen zu lassen. Abschließend sei noch erwähnt, dass Hornhechte auch gerne als Speisefische verwendet werden, wobei sich bei einigen Arten die Gräten nach dem Garen grün färben. Deshalb sind sie auf der Beliebtheitsskala der Speisefische ziemlich weit unten angesiedelt worden, obwohl ihr Fleisch als wohlschmeckend gilt. Trotzdem erfreuen sich Hornhechte vor allem bei Meeresanglern großer Beliebtheit, da sie sich mit dem Angler spannende Drills liefern und dabei auch aus dem Wasser springen können. Hornhechte kommen oft einzeln oder schwarmweise in Küstennähe und können oft vom Ufer aus geangelt werden. Egal ob auf Korfu oder im Hafen von Eckernförde – Hornhechte scheinen im Sommer fast überall präsent zu sein. Manchmal kann man am Strand sogar Tiere im Spülsaum auffinden, die nach dem Laichen verendet sind.

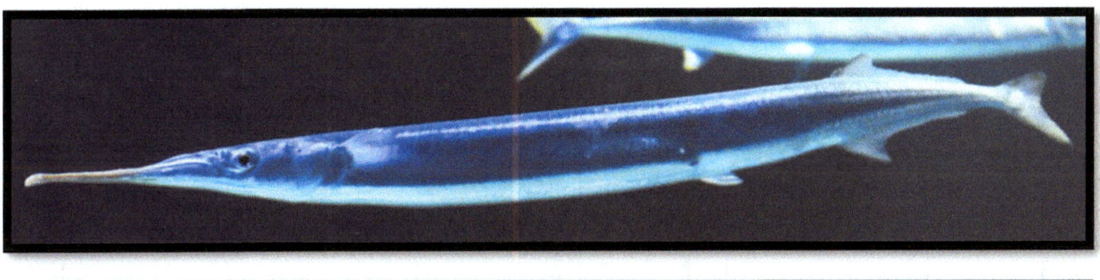

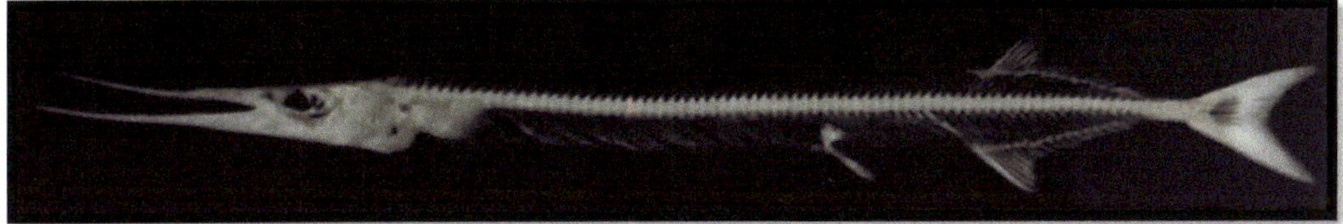

**Skelett eines Hornhechtes**

Der **Hornhecht** wird maximal 90 Zentimeter lang und kann 1,3 Kilogramm Gewicht erreichen. Er kommt sowohl im Ostatlantik wie auch an den Küsten des Mittel- Schwarzen Meeres vor. Die Kiefer dieses Fisches erinnern an den Schnabel eines Storches oder Reihers. Dieser "Schnabel" besteht aus Kieferknochen, von denen der obere Part über den unteren ragt und wie ein Scharnier schließt. Hornhechte fressen kleine Heringe und Sardellen, denen sie im Schwarmverband dicht unter der Meeresoberfläche nachjagen. Dabei werden die Beutefische zunächst quer zur Körpermitte gepackt und mit den spitzen Zähnchen festgehalten. Danach werden Ober- und Unterkiefer in der Horizontalen etwas auseinander gedreht, so dass der Beutefisch Kopf voran verschluckt werden kann. Hornhechte gehören einer Fischfamilie an, von denen manche Vertreter reine Süßwasserbewohner sind. Hornhechte sind in Aquarien gut haltbar, wenn man ihnen genügend Platz zum Herumschwimmen und lebende Beutefische bieten kann. Vor allem in Algenbeständen kann man im Sommer Jungfische mit dem Rahmenkescher fangen, doch ist ihre Aufzucht nicht einfach, da sie zunächst kleine Krebse fressen und danach kleine Futterfische benötigen. Auch muss ein Aquarium für Hornhechte gut abgedeckt sein, da sie hervorragende Springer sind. Diese Eigenschaft macht sie beliebt bei den Meeresanglern, welche ihnen mit ihrem Gerät an allen Küsten Europas nachstellen. Hornhechte sind auch als Speisefische verwertbar, doch haben ihre Gräten einen grünen Farbstoff, der diese beim Kochen oder Braten grün färbt. Deshalb sind sie trotz ihres guten festen Fleisches als Speisefisch nicht wirklich gefragt.

**Schleimfische** findet man in allen Weltmeeren und es gibt mindestens 300 verschiedene Arten an subtropischen und tropischen Küsten. Obwohl die meisten Arten mit Längen unter 10 Zentimetern recht klein sind, werden  sie in manchen subtropischen und tropischen Ländern zusammen mit anderen kleinen Arten(wie etwa Ährenfischen) als Speisefische genutzt. Einige wenige Arten findet man auch in Brack- und Süßwasser, wie etwa den **Gardasee-Schleimfisch** *Salarias fluviatilis*. Ihnen allen ist es gemeinsam, dass sie eine schleimige schuppenlose Haut besitzen. Der dicke Schleimmantel dient dazu, Verletzungen durch scharfkantige Steine oder Korallen zu vermeiden. Auch wirkt dieser Schleim antibakteriell, weshalb Schleimfische in Aquarien selten an Hautparasiten erkranken. Darüber hinaus haben sie keine Schwimmblase, da sie eine sehr bodenorientierte Lebensweise führen. Die meisten Arten leben in der Gezeitenzone, wo sie Reviere gegen Artgenossen verteidigen und sich zwischen Steinen und in kleinen Löchern vor ihren zahlreichen Feinden verstecken. Manche Arten ernähren sich nur vegetarisch von Algen, welche sie hier reichlich vorfinden und dann abweiden. Es gibt aber auch Vertreter, die kleine Krebstiere und ähnliches fressen.  Trotz der Kleinheit vieler Arten kann man die meisten leider nur einzeln im Aquarium pflegen, da sie Artgenossen nicht in ihren Revieren akzeptieren, welche sie stark verteidigen. Das führt in der Regel dazu, dass das unterlegene Tier das Aquarium per Hechtsprung verlässt oder totgebissen wird. Diese Fähigkeit des Springens findet man vor allem bei den Arten aus der Gezeitenzone, welche so bei Ebbe schon einmal ihren Fluttümpel wechseln können, um Feinden, der Austrocknung oder Rivalen ausweichen zu können. Daher sollte ein Aquarium mit Schleimfischbesatz stets gut abgedeckt werden. Viele Schleimfische haben einen auffälligen **Sexualdimorphismus**, bei welchem die Männchen Kopftentakeln tragen oder beide Geschlechtspartner verschiedene Färbungen besitzen. Allerdings leben die meisten Schleimfische nicht dauerhaft als Paare zusammen, weshalb eine paarweise Haltung in den meisten Fällen sehr schwierig ist. Hierfür wären riesige Aquarien mit mehreren Quadratmetern Grundfläche nötig, welche sich wohl die wenigsten in ihre Wohnung stellen könnten. Das Balz- und Paarungsverhalten ist jedoch sehr reizvoll zu beobachten, weshalb es durchaus Sinn macht, solche Paarbildungsversuche zu starten. Allerdings sollte man dann mehrere Aquarien parat haben, um die Tiere im Bedarfsfall wieder voneinander trennen zu können. Im Urlaub einen Schleimfisch zu fangen kann eine große Herausforderung sein, da Schleimfische intelligent sind und Fluchtdistanzen einhalten. Man verwende am besten einen mittelgroßen Kescher, den man in der Nähe des Wohnlochs deponiert. Und dann heißt es: Viel Geduld bei der Eselei! Im Sommer 2016 konnte ich auf der ostfriesischen Insel Baltrum im Seglerhafen einen **Schleimfisch** der Art *Parablennius gattorugine* auffinden, der etwa 5 Zentimeter groß war. Eigentlich sollte diese Art nur bis zur niederländischen Küste vorkommen, hat nun aber auch die südliche Nordsee für sich erschlossen. Ein weiterer Beleg für den fortschreitenden Klimawandel.

Den **Gestreiften Schleimfisch** findet man in Teilen des Schwarzen Meeres, im Mittelmeer und im Ostatlantik bei den südlichen britischen Inseln. Außerdem kann man sie neuerdings auch in der südlichen Nordsee bei den ostfriesischen Inseln antreffen, und es gibt auch unbestätigte Meldungen von der Insel Helgoland. Die Art kann maximal eine Länge von bis zu 30 Zentimetern erreichen, wird aber meist nur etwa halb so groß. Sie kommen assoziiert zu Seegraswiesen oder Felsenküsten vor, wobei man die Jungtiere bereits in der flachen Gezeitenzone auffinden kann, während adulte Exemplare auch bis in 30 Meter Tiefe angetroffen werden können. Sie ernähren sich von Algen und den darauf lebenden Kleintieren. Die Männchen besetzen Höhlen, in welchen sie nacheinander mit mehreren Weibchen laichen, um dann später die Brut zu bewachen. Diese schwimmt dann nach wenigen Wochen frei im Wasser und lebt planktonisch, bis die fertig umgewandelten Jungfische zum Bodenleben übergehen. Diesen Lippfisch findet man gelegentlich in der südlichen Nordsee, was die Erwärmung der Nordsee faunisch eindeutig belegt. So insbesondere vor der niederländischen Küste. Hier leben diese Tiere entweder an den Betonsockeln der Offshore-Windkraftanlagen oder auf Müllansammlungen. Denn in der südlichen Nordsee mangelt es eigentlich an geeigneten Felsenhabitaten, die für diesen Schleimfisch geeignet wären. Die Art ist im Aquarium haltbar, ist hier jedoch relativ scheu, da sie dämmerungs- und nachtaktiv lebt. Sie ist sehr ausdauernd und lange haltbar, sollte allerdings stets einzeln gehalten werden, da sie sehr territorial veranlagt ist und sonst aggressiv gegen ihre Artgenossen ist. Auch eine dauerhafte Paarhaltung ist bei dieser Art leider nicht möglich.

Die Familie der Meeraale umfasst ausschließliche marine Vertreter, von denen es weltweit mindestens 100 verschiedene Arten gibt. Die meisten besitzen noch Brustflossen und darüber hinaus ein gut bezahntes Gebiss, mit dem sie ihre Beutetiere bei ihren nächtlichen Raubzügen gut festhalten können. Sie sind sehr schleimig und können sich durch lockere Sedimentböden arbeiten oder auch durch enge Ritzen und Spalten zwängen, um sich vor Feinden zu verstecken oder um Beute zu machen. Die Biologie vieler Arten ist noch weitgehend unbekannt, da sie ihr Laichgeschäft oft in tiefen Meeresarealen abwickeln, welche nur mit sehr speziellen und teuren Ausrüstungen erforscht werden können. Nach dem Laichen sterben die Alttiere ab.

## Meeraal oder Conger, *Conger conger* Linnaeus, 1758

Der **Meeraal** oder auch **Conger** kommt von Island im Norden bis zu den norwegischen und britischen Küsten vor, ist aber auch genauso an den nordafrikanischen und Mittelmeerküsten zuhause. Er wird maximal etwa 3 Meter lang im weiblichen Geschlecht, während die Männchen nur etwa einen Meter Länge erreichen. Im Gegensatz zum **Europäischen Aal** *Anguilla anguilla* wandert er nicht ins Süßwasser ein, sondern ist ein reiner Meeresbewohner. Vom Aal kann man ihn sehr leicht unterscheiden, da er einen erheblich breiteren Kopf besitzt, und außerdem ein gut bezahntes Gebiss hat. Er ist ein starker Räuber, der allem den Garaus macht, was er überwältigen kann. Als Habitat bevorzugt er Höhlen und Schiffswracks, und insbesondere Wracktaucher treffen ihn häufig an. Dabei ist er ein sehr ernst zu nehmender Geselle, der empfindlich beißen kann, wenn man ihn nicht mit dem gebührenden Respekt behandelt. Leider hat sich nämlich an einigen Tauchplätzen die Unsitte breitgemacht, Meeraale anzufüttern, was den Fischen die natürliche Scheu vor dem Menschen genommen hat. Wird der Meeraal dann durch irgendetwas provoziert, kann er kräftig zubeißen. Wenn Meeraale geschlechtsreif werden, fallen ihnen die Zähne aus, und sie nehmen keine Nahrung mehr auf. Daher sind sie von öffentlichen Schauaquarien auch nur einige Jahre haltbar. In der Natur laichen sie in bis jetzt nicht genau bekannten Tiefen ab, doch weiß man, dass ein einziges Weibchen zwischen 3 und 8 Millionen Eier abgeben kann. Meeraale können manchmal beim Menschen die gefürchtete *Ciguatera*, die **Fischvergiftung**, auslösen, wenn sie unsachgemäß zubereitet oder transportiert wurden. Der Meeraal wird sowohl frisch als auch geräuchert gegessen. Bei frischen Exemplaren ist das näher dem Kopf gelegene Fleisch jedoch das bessere, weil es im Gegensatz zum Fleisch des Schwanzteiles kaum kleine „Quergräten" enthält. Halten kann man Meeraale nur in besonders großen Aquarien mit entsprechenden Verstecken. Als Mitpfleglinge eignen sich nur andere Räuber entsprechender Größe, wie etwa Rochen, Haie, Zackenbarsche oder Wolfsbarsche. Man beachte außerdem, dass Meeraale eher zu den scheuen nachtaktiven Fischen zählen, was eine lange Eingewöhnungszeit bedeuten kann.
Ob Fleisch und Körperflüssigkeiten des Congers in rohem Zustand giftig sind wie beim Aal, ist leider unklar. Es ist aber nicht ganz auszuschließen, da sowohl Aale als auch die Meeraale in den weiteren Verwandtenkreis der giftigen Muränen gehören. Aufgrund seiner Größe sollte der Meeraal nur von öffentlichen Aquarien gemeinsam mit anderen Großfischen gepflegt werden.

Um den Meeraal in voller Länge fotografieren zu können, musste die Dekoration vorher aus dem Becken entfernt werden.

Danach begann der Meeraal, sich eine Höhle zu graben, wobei der Kopf im Sand verschwand.

Um dann einzelne Muscheln und Steine mit dem Maul wegzuräumen. Ein sehr bemerkenswertes Verhalten für einen Fisch, was man durchaus als intelligent bewerten kann.

Diese besonderen Fische besitzen keine Bauchflossen, und die Flossensäume ihrer Rücken- und Afterflossen umschließen ihren Körper, so dass sie genau wie auch die Muränen keine separate Schwanzflosse mehr haben. Ihr ganzer Körper ist mit einer schützenden Schleimschicht überzogen, welche zum einen potentielle Fressfeinde am Zugriff hindert, den Aal aber zum anderen auch vor zahlreichen Parasiten schützt. Aale sind vor allem Räuber und Aasfresser, die sich als Opportunisten an allem gütlich tun, was sie überwältigen können. Selbst sind sie eine sehr problematische Beute für andere Räuber, denn ihr Blut ist giftig. Dadurch genießen sie einen weiteren passiven Schutz gegen Feinde aller Art. Leider sind insbesondere die europäischen Aale nicht immun gegen die Parasiten anderer Aalspezies aus anderen Teilen der Welt, die wegen der allgemeinen Überfischung bereits in unsere Gewässer verbracht wurden. Das hat vor allem in manchen Binnengewässern zu dramatischen Verlusten an den Beständen einheimischer Aale geführt, die keinerlei Immunabwehr gegen eingeschleppte Parasiten besaßen. Solche befallenen Tiere erkennt man daran, dass sie sich sterbend durchs Flachwasser schlängeln und sich sogar mit der Hand einsammeln lassen, ohne auf Fluchtdistanz zu gehen. Sowohl die europäischen als auch die amerikanischen Aale wandern als erwachsene Tiere ins Sargassomeer in der Karibik, um dort zu laichen. Die Weidenblatt-Larven der Aale wandern dann später mit dem Golfstrom entweder zurück an die amerikanischen oder die europäischen Küsten. Gegen Ende ihrer Reise wandeln sie sich dann in kleine pigmentlose Glasaale um, die völlig durchsichtig sind. Wegen dieser speziellen Vermehrungsweise können Aale bisher leider noch nicht in Aquakulturen vermehrt werden, weshalb man hier nur wild gefangene Glasaale aufziehen kann. Dieses wird auch regelmäßig praktiziert, um so Besatzfische für Angelteiche und andere Aquakulturen zu gewinnen. Leider hat hierbei nur der Kommerz, nicht aber die Arterhaltung Vorrang, so dass die einst sehr häufigen Aale überall in der Natur auf dem Rückzug sind. Deshalb hat sogar die Handelskette EDEKA vor einigen Jahren den Handel mit Aalprodukten komplett eingestellt. Daher kann man selbst beim besten Willen Aalen aus Aquakulturen kein biologisches oder ökologisches Label zugestehen. Somit ist es am wirksamsten, man verzichtet freiwillig auf Aalprodukte. Denn wenn dies mehr Menschen als bisher täten, würde die Aalwirtschaft unrentabel, was den strapazierten Aalbeständen sicherlich mehr helfen würde als legalistische Bemühungen von Umweltverbänden oder Regierungen. Im Übrigen sei angemerkt, dass das Fleisch von Aalen mit zu den fettesten Sorten von Fischprodukten gehört und auch entsprechend ungesund ist. Man tut also etwas Gutes für die Umwelt und für das eigene Herz, wenn man auf diesen „Genuss" verzichtet. Darüber hinaus führe man es sich vor Augen, was Aale in ihrer Funktion als Aasfresser so alles verspeisen: Tote Fische und Krebse, tote Säugetiere und sogar tote Menschen, in deren Körper sie durch alle erdenklichen Öffnungen eindringen, um das Innere zu vertilgen… Wenn man das vor seinem geistigen Auge Revue passieren lässt, dann sollte einem doch eigentlich jeglicher Appetit auf Aal vergehen – oder etwa nicht?

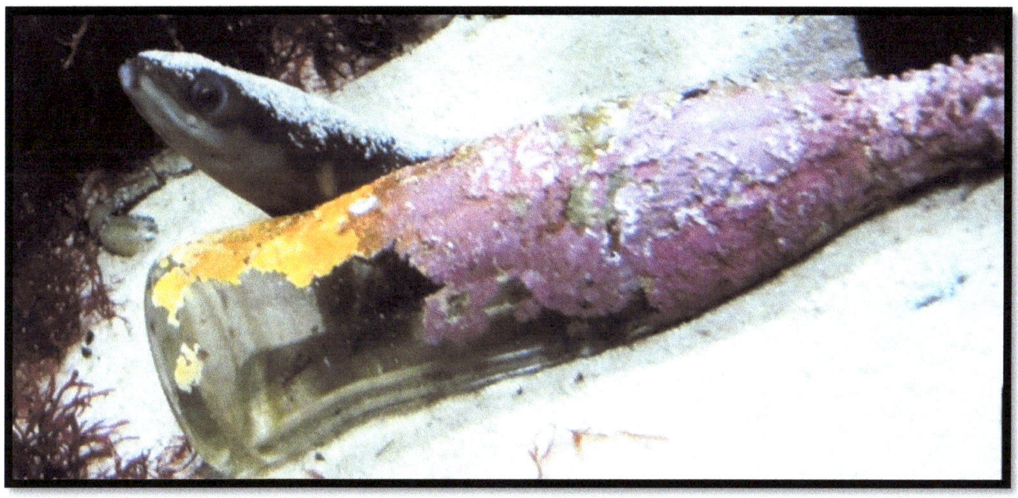

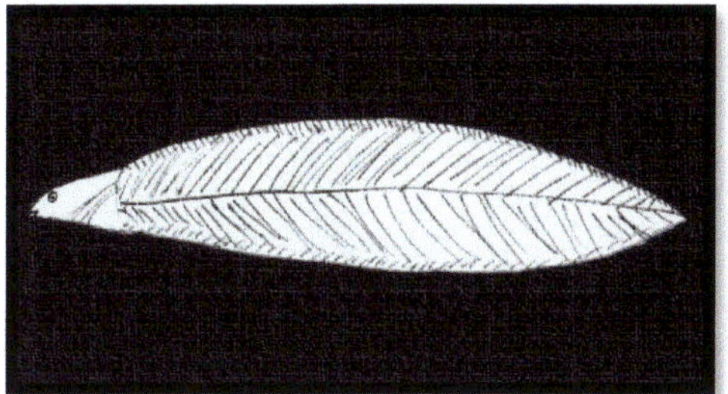

*Leptocephalus* (Weidenblattlarve)

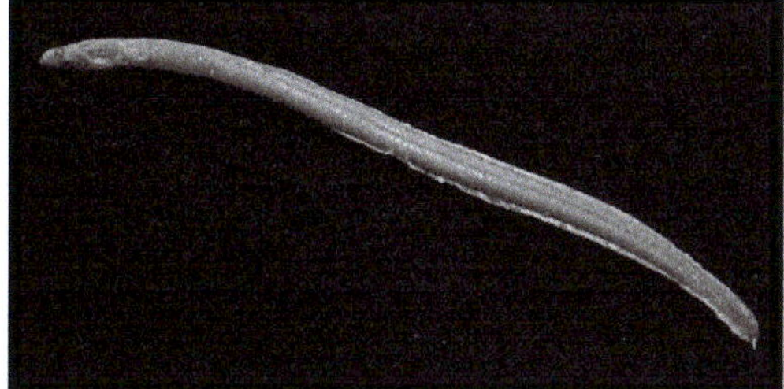

**Konservierter Glasaal, 70 Millimeter**

Den **Europäischen Aal** findet man im Mittelmeer, im Schwarzen Meer und auch in Nord- und Ostsee. Der **Aal** ist ein **katadromer** Wanderfisch, der zum Laichen in die Sargasso-See wandert. Deshalb kann man ihn ganzjährig sowohl im Süß-, als auch im Meerwasser antreffen. Im Süßwasser nennt man ihn **Gelbaal**, im Seewasser bezeichnet man den Aal als **Blankaal**. Männchen erreichen Längen von etwa 50 Zentimetern, Weibchen dagegen können bis zu 130 Zentimeter lang werden. Aale sind Allesfresser, die nicht nur kleine Fische und Krebse, sondern auch Aas fressen. Günther Grass schildert in seinem Roman "Die Blechtrommel", wie ein Pferdekopf im Fluss versenkt wurde, um die Aale zu fangen, die sich dann darin und daran gütlich tun. Diese Aalfangmethode ist nicht nur Fiktion eines Romans, sondern war früher allgemein verbreitet. Eine weitere Methode des Aalfangs bestand darin, Aale mit bunten Wollfäden zu ködern. Diese verhaken sich an den Schlundzähnen des Aals, so dass man ihn daran aus dem Wasser heben kann. Die Aale spucken die Fäden erst am Land wieder aus, und sie sind auch in der Lage, tief geschluckte Angelhaken wieder auszukauen. Heutzutage werden Aale meistens mit beköderten Reusen oder mit Angeln gefangen. Darüber hinaus werden Aale vor allem in südeuropäischen Ländern schon als juvenile Glasaale beim Aufsteigen in die Flüsse abgefangen, um diese entweder als Besatzfische für Angelteiche zu vermarkten oder um sie direkt als Delikatesse zu nutzen. Ein Raubbau, der für die europäischen Bestände des Aals dramatische Folgen hatte. Aale haben einen sehr empfindlichen Geruchssinn, mit dem sie ihr Heimatgewässer untrüglich orten können, auch wenn sie Tausende von Kilometern davon entfernt sind. Man hat herausgefunden, dass ihr Geruch so empfindlich ist, dass sie einen Fingerhut voll Rosenöl, verdünnt mit der 58fachen Menge des Wasservolumens des gesamten Bodensees, immer noch riechen können. Darüber hinaus hat man herausgefunden, dass Aale elektrische Felder orten können. Möglicherweise finden sie mit der Kombination dieser beiden Methoden ihre Laich- und Heimatgewässer. Der Lebenszyklus eines Aals beginnt im karibischen Sargassomeer: Aus den Eiern schlüpfen winzige **Weidenblattlarven**, die man als *Leptocephalus* **(lat.="schmaler Kopf")** bezeichnet. Diese schwimmen mit dem Golfstrom nach  Europa. Kurz bevor sie die Flussmündungen erreichen, wandeln sie sich dann in durchsichtige kleine Aale um, die man in diesem Stadium als **Glasaale** bezeichnet. An dieser Stelle sei darauf hingewiesen, dass Aale zwar ausgezeichnete Speisefische sind, dass ihr Blut jedoch giftig ist. Deshalb darf man Aal **<u>niemals roh</u>** genießen. Aal kann man räuchern, kochen oder braten. Aale haben ein besonderes Nervensystem, weshalb sie relativ lange zucken können, nachdem sie getötet wurden. Deshalb müssen Angler sie nach Vorschrift auch mit einem Kreuzschnitt ins Genick töten. Aale sind ausgezeichnete Aquarientiere, die viele Jahre lang erfolgreich gehalten werden können. Eine Haltungsdauer von

88 Jahren soll bereits belegt worden sein. Das ist insbesondere deshalb eine erstaunlich lange Zeit, weil Aale in der Regel im Alter von 6-7 Jahren die Geschlechtsreife erlangen können, und danach anfangen, in ihre Laichgebiete abzuwandern. Für eine dauerhafte Aquarienhaltung müssen einige Dinge sorgfältig geplant und berücksichtigt werden. Zunächst einmal sollte bedacht werden, dass Aale eine extrem schleimige Haut besitzen, die es auf jeden Fall unmöglich macht, die Tiere mit den Händen festzuhalten. Daher muss ein Aal mit einem großen Kescher gefangen, oder in einen Eimer bugsiert werden. Das Aquarium muss gut abgedeckt sein, da Aale Meister darin sind, den Behälter durch kleinste Spalten zu verlassen. Deckscheiben müssen durch Steine oder ähnliches beschwert werden. Im Aquarium sind sie viele  Jahre gut haltbar, doch sollte man stets berücksichtigen, dass sie große Raubfische sind, die alles, was sie von ihren Mitbewohnern als Beute bewältigen können, auch fressen. Dieses gilt insbesondere für alle Arten von Krebstieren, die sich dann und wann häuten müssen, und dann vom Aal erbeutet werden. Aber auch für kleinere Fische, auch wenn diese uns noch so flink erscheinen. Denn Aale jagen bevorzugt nachts, wodurch sich solche Vorgänge des „Verschwindens" anderer Besatztiere schnell der Wahrnehmung des Aquarienfreundes entziehen können. Ideal wäre eine Haltung mit anderen Räubern, deren Futterreste die Aale verwerten können.

Alle **Heringsfische** zeichnen sich vor allem durch mittelgroße silberne Schuppen aus, die sich bei gefangenen Exemplaren sehr schnell ablösen und dann den raschen Tod des Fisches verursachen. Sie haben **Kiemenreusendornen**, mit denen sie das Wasser nach kleinen Krebstieren durchsieben, von denen sie sich ernähren. Alle Arten leben stets in riesigen Schwärmen und sind oft eine wichtige Nahrungsquelle für zahlreiche andere Tiere wie etwa große Raubfische und selbst Wale. Oft sind Heringsfische Gegenstand zahlreicher großer und kleiner Fischereibetriebe und Verarbeitungsindustrien.

## Finte, *Alosa fallax* (Lacepede, 1803)

Die **Finte** ist ein **anadromer** Wanderfisch, der eine maximale Länge von etwa 60 Zentimetern und ein Gesamtgewicht von bis zu 1500 Gramm erreichen kann. Man findet sie vom nördlichen Norwegen bis zum Mittel- und Schwarzen Meer. Leider ist diese Art infolge Verbauung und Regulierung der Laichwege inzwischen relativ selten geworden. Die Finte hat einen großen und mehrere kleine schwarze Flecken auf der Seitenlinie, welche jedoch erst Stunden nach dem Ableben der Tiere deutlich zu erkennen sind. Frischtote Exemplare leuchten schwach violett. Vom ähnlichen **Maifisch** *Alosa alosa* kann man die Finte nur durch eine Zählung der Schuppenreihe in der Seitenlinie unterscheiden, wobei die Finte hier mit 60 – 65 Schuppen weniger Schuppen als der Maifisch aufweist, denn dieser hat hier wenigstens 70-80. Finten erreichen mit einem Alter von etwa zwanzig Jahren ein recht hohes Alter für einen Heringsfisch. Zum Laichen wandern sie in die Flussmündungen ein, was ihnen an vielen Orten leider mit Schleusen und Wehren unmöglich gemacht wurde. In den letzten Jahren wurde jedoch damit begonnen, Fischtreppen und ähnliche Vorrichtungen anzubauen, um die Wiederansiedlung von Wanderfischen zu ermöglichen.

Einen lebenden Hering zu fotografieren stellt die Königsdisziplin der Aquarienfotografie dar, weil die Tiere immer in Bewegung sind. Und weil der Blitz der Kamera vom Schuppenkleid des Fisches genauso reflektiert wird wie von der Aquarienscheibe.

Ein frischtoter Hering kurz nach dem Fang mit ausgestülptem Maul. Das Maul wird wie eine Fangreuse eingesetzt, um kleine Copepoden und andere Kleintiere einzuschlürfen. Diese werden dann mit den rechenartigen Kiemendornen festgehalten und dann verschluckt.

Der **Hering** ist ein pelagischer Schwarmfisch, der immer in Bewegung ist. Er wird maximal etwa 40 Zentimeter lang und kann bis zu 25 Jahre alt werden. In der Natur jagen sie bathypelagisch lebende Copepoden, denen sie bei ihren Wanderungen im Tag-Nacht-Rhythmus von der Oberfläche in tiefere Regionen folgen. Beim Wiederaufstieg aus der Tiefe müssen die Heringe dann kleine Gasblasen aus ihrer Schwimmblase ausatmen, damit der Druckunterschied sie nicht zerreißt. Diese Bläschen verursachen ein Blubbern an der Wasseroberfläche, an welchem die Fischer früher die Heringsschwärme ausmachten. Lebende Heringe für die Aquarienhaltung zu beschaffen ist schwierig, weil alle heringsartigen Fische sehr empfindlich gegen den Verlust von Schuppen sind. Dieses quittieren sie meist mit dem Ableben. Daher ist es sinnvoller, sich Heringslaich aus Algenbeständen zu beschaffen und die Jungtiere aufzuziehen. Sie benötigen geräumige Großbecken, in denen idealer Weise eine starke Strömung herrscht, gegen die sie auch anschwimmen können. Anderenfalls könnten sie sich Einrichtungsgegenständen verklemmen. Heringe sind ausgezeichnete Speisefische, deren Hauptvorteil darin liegt, dass man sie auf vielfältige Weise zubereiten oder haltbar machen kann. Die Überfischung von Heringsbeständen hat dazu geführt, dass sich die Futterkonkurrenten des Herings, wie **Sardine *Sardina pilchardus*** und **Sprotte *Sprattus sprattus*** stärker vermehren. Früher wurden Heringe oft in Salzlake eingepökelt und der armen Landbevölkerung zum Essen gegeben. Hätte man den Landarbeitern gesagt, dass Heringe eine Delikatesse sind, so hätte man gewiss mit seinem Leben gespielt, da sie oft sieben Tage in der Woche Hering aus dem Fass zu essen bekamen…

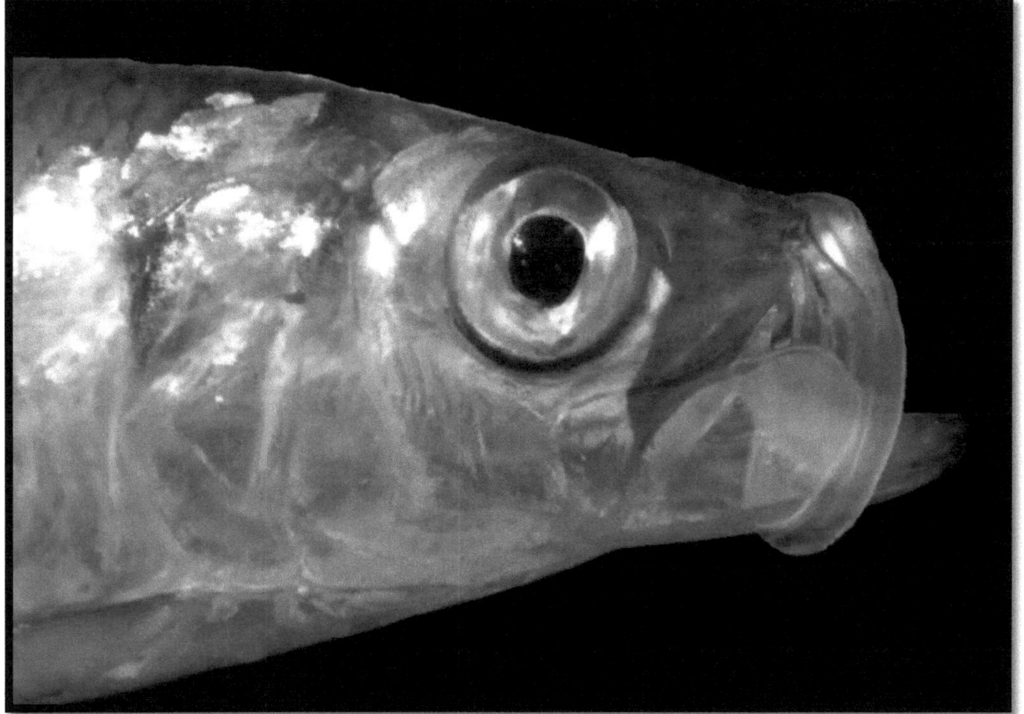

**Hier ein Heringskopf mit ausgestülptem Maul in Großaufnahme.**

Die **Sprotte** ist die kleinste der heringsartigen Fischarten der Nordsee. Sie erreicht nur eine Länge von etwa zehn Zentimetern. Trotzdem ist diese Art wirtschaftlich nicht ganz unbedeutend, denn sie wird in geräucherter Form als **„Kieler Sprotte"** vermarktet. Dabei werden wegen der Kleinheit der Tiere die Eingeweide vor dem Räuchern nicht entnommen, was sogar einer Ausnahmegenehmigung seitens der EU bedurfte, da Speisefische laut Gesetz immer ausgenommen auf dem Markt angeboten werden sollen. Eine meines Erachtens nach völlig unsinnige Vorschrift, weil so nicht mal mehr der Biolehrer Fische zum Aufschneiden und Untersuchen für seine Schulklasse bekommen kann…Sprotten werden von den Krabbenfängern in den Sommermonaten relativ häufig gefangen, aber dann meist als unerwünschter Beifang entsorgt. Sie eignen sich auch hervorragend als Fischfutter oder Angelköder. Wie alle Heringsfische sind sie sehr empfindlich gegen den Verlust einzelner Schuppen und können deshalb leider nicht lebend für aquaristische Zwecke angelandet werden. Große Sprotten und kleine Heringe sehen sich auf den ersten Blick ähnlich, doch haben Sprotten am Kiel ihres Bauches spitz hervorstehende Schuppen, was man bei toten Exemplaren vorsichtig erfühlen und dann auch sehen kann. Auch ist ihr Körper insgesamt betrachtet etwas hochrückiger und gedrungener. Unter Umständen kann man Sprotten während der Sommersaison mit einem Senknetz lebend aus dem Hafenbecken holen, doch sind diese filigranen Fische zu empfindlich, als dass man eine Chance hätte, sie lebend durchzubringen. Abschließend sei noch angemerkt, dass die so genannte **„Kieler Sprotte"** eigentlich Eckernförder Sprotte heißen müsste, da sie nämlich in Eckernförde, und nicht in Kiel, verarbeitet werden. Aber Kiel klingt wohl besser als Eckernförde. Reines Marketing geräucherter „Fischarten"!

Die **Sardine** ist ein häufiger Schwarmfisch, den man im Mittelmeer, im Ostatlantik und in der südlichen Nordsee antreffen kann. Sardinen erreichen eine Länge von etwa 25 Zentimetern und können von den anderen Heringsfischen ihres Verbreitungsgebietes leicht unterschieden werden. Denn ihr Körperbau ist bei guter Ernährungslage sehr stämmig und dicklich, sie weisen markante kleine schwarze Pünktchen auf den Seiten auf und haben außerdem ein charakteristisches sternförmiges Muster auf den großen Kiemendeckeln. Außerdem haben sie relativ große Schuppen, wobei sie etwa dreißig Schuppen in der Seitenlinie aufweisen. Sardinen lieben wärmeres Wasser, weshalb man sie in der Nordsee nur bei entsprechend gestiegenen Temperaturen antrifft. Im Frühjahr wandern sie vom Ärmelkanal kommend Richtung Skagerrak, im Herbst kehren sie dann wieder in den Süden zurück. Dieses Wanderverhalten hängt mit ihrer Fortpflanzung und mit der Vermehrung des Planktons im Frühling zusammen. Infolge der Erwärmung der Nordsee ist damit zu rechnen, dass Sardinen hier künftig häufiger von den Kuttern gefangen werden können. Sardinen sind wie alle Heringsfische nur schwer in Gefangenschaft am Leben zu erhalten, sind aber eingefroren ein sehr wertvolles Fischfutter. Wenn man die Möglichkeit hat, von einem Fischhändler oder einem Kutter frische Sardinen zu bekommen, so sollte man sich diese unbedingt mit etwas Butter anbraten und dann mit Zitronensaft anrichten, denn sie sind hervorragende Speisefische. Ob man die Gräten mitisst oder nicht bleibt jedem selbst überlassen, doch hängt das auch von der Zubereitung ab.

**Anchovis** oder auch **Sardellen** sind eine eigene heringsähnliche Fischfamilie, die etwa 140 Arten umfasst. Von den **Heringen (*Clupeidae*)** unterscheiden sie sich vor allem durch die tief durchgezogene Maulspalte, die unter und bis hinter das Auge verläuft. Darüber hinaus ist ihr Fleisch stets sehr salzig. Sie werden kommerziell genutzt.

## Sardelle, *Engraulis encrasicola* (Linnaeus, 1758)

Die **Sardelle** erreicht eine maximale Länge von etwa 20 Zentimetern, doch bleibt sie meist etwas kleiner. Ähnlich den Sardinen gehören Sardellen zu den wärmeliebenden Arten, die ihren Hauptverbreitungsschwerpunkt im Mittelmeer und im Ostatlantik südlich des Ärmelkanals haben. Bei entsprechenden Wassertemperaturen und bei einem guten planktonischen Nahrungsangebot ziehen sie dann im Frühjahr ab April Richtung Norden, wobei sie im Ausnahmefall auch das Skagerrak, die dänische Beltsee und schottische Gewässer erreichen können. Vor noch nicht einmal zwanzig Jahren kamen sie im Frühling so häufig in der südlichen Nordsee vor, dass man sich in manchen Häfen sogar auf ihre industrielle Verarbeitung eingerichtet hatte. Inzwischen werden sie jedoch nur noch ausnahmsweise angelandet, wobei die angelandeten Mengen eine industrielle Weiterverarbeitung nicht rechtfertigen. Sardellen haben wohlschmeckendes, aber leider sehr salziges Fleisch, was sie als Fischfutter weitgehend ungeeignet macht. Frisch gefangene Exemplare haben ein stahlblaues leuchtendes Schuppenkleid(siehe Bild oben). Vom Kutter gefangene Exemplare überleben den Fang leider nicht lange und sind in jedem Falle Todeskandidaten, auch wenn der Krabbenfänger sie nach dem Fang wieder über Bord wirft. Das liegt daran, dass sie wie alle Heringsfische den Verlust einzelner Schuppen nicht verkraften können. In Europa gibt es diverse lokale Rassen der Sardelle und weltweit soll es ungefähr 140 verschiedene Arten geben. Das hier abgebildete Exemplar wurde im April 2014 vor der Insel Juist von einem norddeicher Kutter gefangen. Insgesamt landeten hier mehrere Kutter in dieser Saison einige hundert Sardellen an. Ähnlich sah die Situation auch im Frühjahr 2015 aus, da der vorangegangene Winter sehr warm war. Gleichzeitig fingen die Kutter auch vereinzelt den **Ährenfisch *Atherina presbyter***, der ebenfalls ab April aus Richtung Ärmelkanal in nördlichere Gefilde vorstößt. In der Rückbetrachtung muss man sagen, dass diese Tiere viel zu früh Richtung Norden wanderten, was die These der zu raschen Klimaerwärmung eindeutig stützt.

Diese Fischfamilie umfasst diverse Arten, die man in subtropischen und tropischen Gewässern findet. Sie besitzen stets zwei Rückenflossen, eine gegabelte Schwanzflosse, eine sehr schmale Schnauze und anstelle der fehlenden Seitenlinie ein etwas breiteres silbernes Band, welches sich vom Kopf bis zum Schwanz hinzieht.

## Priester- oder Ährenfisch – *Atherina presbyter* Cuvier, 1829

Der **Gemeine Ährenfisch** ist ein häufiger Schwarmfisch, der in Küstennähe lebt und etwa 20 Zentimeter Gesamtlänge erreicht. Wegen seiner schräg im Wasser stehenden Haltung wird er auch als **Priesterfisch** bezeichnet, da er in dieser Haltung einen nach oben „betenden" Eindruck beim Beobachter hinterlassen kann. Ähnlich wie manche freischwimmenden Grundeln stehen auch diese Fische gerne etwas schräg im freien Wasser, um auf kleine Krebse zu lauern. Die Hauptpopulation dieser Art laicht im Ärmelkanal ab, wo sie ihre 2 Millimeter großen Eier an Seegras und Algen anheften. Später wandern die Ährenfische dann in Richtung Norden weiter, wo sie sogar das Kattegatt und die dänische Beltsee erreichen können. Dabei dringen sie manchmal auch in Ästuarien und Häfen ein, um hier Jagd auf kleine Krebse und die Larven anderer Fische zu machen. Ährenfische sind ein wichtiger Beutefisch größerer Fische und von Seevögeln. Deshalb verwenden Meeresangler sie gerne als Köder. In mediterranen Ländern werden Ährenfische auch für die menschliche Ernährung verwendet, wobei man die Fische komplett inklusive Innereien und Gräten verwendet. Im Mittelmeer kann man sie häufig bereits im Flachwasserbereich antreffen. Dort bilden sie Schwärme, die jedoch immer eine möglichst große Fluchtdistanz einhalten, so dass es schwierig ist, sie mit einem Kescher einzufangen. In der Nordsee werden sie im Frühjahr ab März je nach Verlauf des vorigen Winters gelegentlich als Beifang der Krabbenfischerei angelandet, sind aber wirtschaftlich unbedeutend.

# Lachsfische - *Salmonidae*

**Lachsfische** besitzen nur sehr kleine Schuppen und stets eine kleine Fettflosse auf dem Schwanzstiel. Sie haben eine feine Bezahnung, die dafür geeignet ist, kleine Fische und Krebstiere zu erbeuten; im Süßwasser gehören auch Insekten zur regelmäßigen Beute der Salmoniden. Viele Arten wie **Forellen**, **Lachse** und **Stinte** sind auch wirtschaftlich bedeutsame Fische oder beliebte Angelfische. Die meisten Arten können heutzutage in Aquakulturen künstlich vermehrt werden, was den Druck etwas von den wild lebenden Populationen nimmt.

## Meerforelle, *Salmo trutta trutta* Linnaeus, 1758

Die **Meerforelle** ist die Salzwasservariante unserer **Bachforelle**. Im Höchstfall kann die Meerforelle 140 Zentimeter lang werden und ein Gewicht von 10-15 Kilogramm erreichen. Forellen gibt es vom Baltikum bis zum Mittel- und Schwarzen Meer in Süßwasser-, Meerwasser- und Wanderbeständen. Auch gibt es Populationen in Flüssen, die nicht ins Meer wandern. Die Meerforelle ist eine **anadrome Wanderform,** die im Meer lebt und wie der **Lachs *Salmo salar*** in den Kiesbetten der Flüsse laicht. Für solche Tiere ist Überfischung kein Problem, da sie in der Lage sind, Fischfang durch Unmengen von Nachwuchs auszugleichen. In der Hauptsache werden die Bestände anadromer Fische durch das Verbauen der Laichwege und durch die Verschmutzung und Zerstörung der Laichgewässer gefährdet. Auch Pestizideinträge durch die Landwirtschaft können sich fatal auswirken. Meeresangler stellen diesen kapitalen Fischen gerne nach, denn Forellen sind ausgezeichnete Speisefische, die sowohl gekocht, als auch gebraten oder geräuchert ein echter Genuss sind. Glücklicherweise werden Forellen(auch Meerforellen), bereits in großer Zahl in Aquakulturen gezüchtet, so dass die Art als solche nicht unmittelbar bedroht ist. Trotzdem sollte alles dafür getan werden, um die wildlebenden Bestände dieser Art zu erhalten. Ein weiteres Problem ist es, dass Forellen in der Vergangenheit auch in andere Erdteile verbracht wurden, um sie dort für den Menschen nutzbar zu machen. Dadurch kam es in den betroffenen Gebieten zu massiven Faunenverfälschungen und Ökoschäden, da Forellen als aktive Raubfische die endemische Fauna erheblich beeinträchtigten.

# Lachs, *Salmo salar*  Linnaeus, 1758

Der **Atlantische Lachs** kann eine Länge von bis zu einem Meter fünfzig und ein Gewicht von etwa 45 Kilogramm erreichen. Er war ursprünglich weit verbreitet und in allen größeren Flüssen Nordeuropas regelmäßig anzutreffen. Lachse sind anadrome Wanderfische, welche zum Ablaichen aus dem Meer in die Flüsse aufsteigen, um in deren kleineren Seitenarmen und Bächen für Nachwuchs zu sorgen. Noch im 19. Jahrhundert waren Lachse so häufig, dass etwa in den Arbeitsverträgen von Kölner Angestellten zu lesen war, dass diese nicht mehr als 5mal pro Woche Lachs essen mussten. Durch industrielle Wasserverschmutzung und das Verbauen der Laichwege wurde der Lachs fast völlig ausgerottet, doch gelang es zumindest, die Art in Aquakulturen nachzuzüchten. Inzwischen hat man damit begonnen, Brütlinge dank gestiegener Wasserqualitäten in den großen Flüssen Rhein und Elbe wieder auszusetzen, und erste Erfolge von zum Laichen aufgestiegener adulter Lachse wurden bereits registriert. Hierfür musste man an vielen Stellen spezielle Fischtreppen installieren, um den Lachsen den Aufstieg in ihre  Laichgewässer zu ermöglichen. Es wird jedoch noch viele Jahre dauern, bis sich Populationen etabliert haben, die sich ohne menschliches Zutun von selbst erhalten können. Da der Lachs ein sehr begehrter Speisefisch ist, wird er mittlerweile auch in anderen Erdteilen in marinen Aquakulturen aufgezogen, so insbesondere in Chile und den USA. Als umweltbewusster Verbraucher sollte man solche Angebote aus Übersee meiden, weil dort zum einen die endemische Natur durch die Lachsfarmen nachhaltig zerstört wird, und weil zum anderen die Transportwege inakzeptabel lang  sind. Man kann das nur als eine der übelsten Arten von Globalisierung bezeichnen. Wild gefangene Lachse werden gelegentlich auch angeboten, doch sind diese in der Regel mindestens doppelt so teuer wie die Nachzuchten aus Aquakulturen. Durch das persönliche Konsumverhalten kann hier jeder einzelne politischen Einfluss ausüben!

## Nordseeschnäpel, *Coregonus oxyrinchus* Linnaeus, 1758

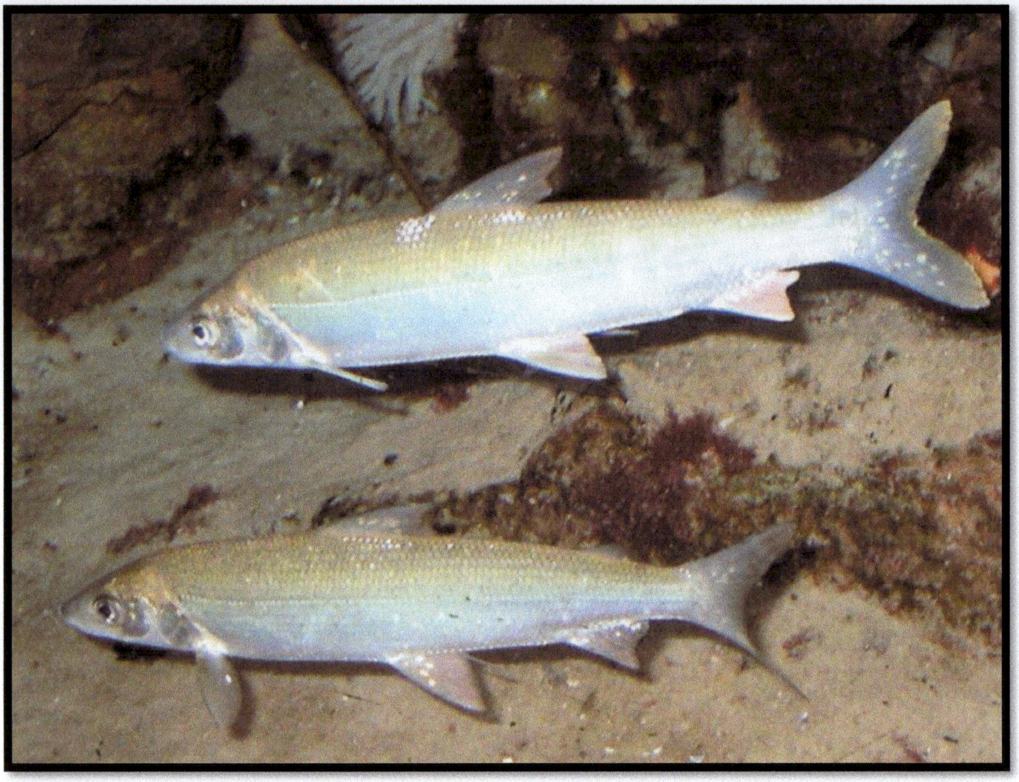

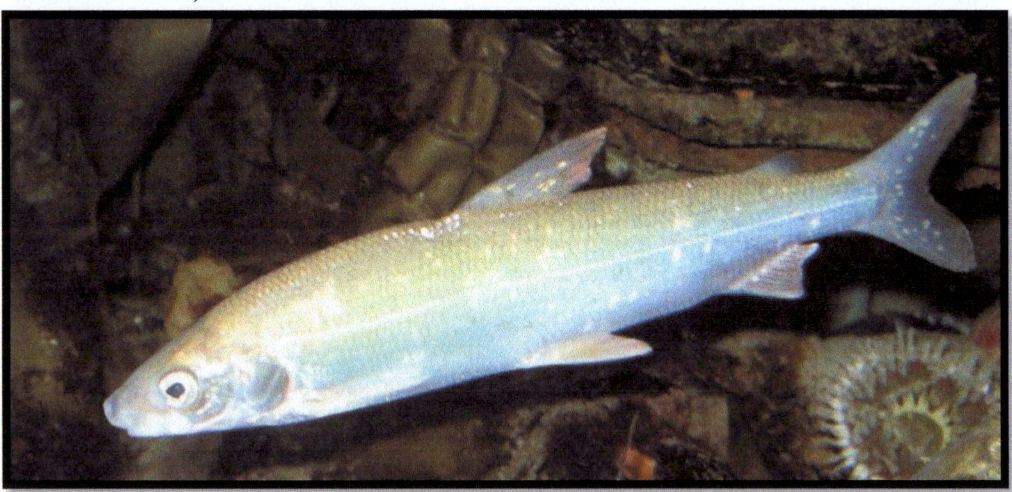

**Die Nordseeschnäpel gelten in der Nordsee als ausgestorben. Sie werden jedoch nachgezüchtet und man versucht, sie durch Besatzmaßnahmen wieder in der Nordsee heimisch zu machen.**

Ein ähnlich universell vorkommender Wanderfisch wie die Meerforelle ist der ebenfalls zu den **Lachsfischen (*Salmonidae*)** gehörende **Nordseeschnäpel**. Dieser Fisch kann bis zu 2 Kilogramm schwer und etwa 50cm lang werden. Er ist im Nordostatlantik, um England und Skandinavien herum, sowie in der Ostsee und an der deutschen Nordseeküste weit verbreitet. Dabei gibt es wie bei der (Meer-) Forelle sowohl Süßwasser- wie auch Meerwasserpopulationen. Dabei gibt es auch nicht wandernde Bestände im Süßwasser. Man sollte es kaum glauben, dass ein so weit verbreiteter Fisch wie der Schnäpel in seiner Existenz bedroht sein könnte, doch die Internetplattform fishbase.org[1] gibt an, dass die marinen Bestände dieses Fisches möglicherweise bereits erloschen sind. Der offizielle Status lautet: „Seit 1940 in der Nordsee ausgestorben". Doch wie konnte es soweit kommen? Schnäpel sind genau wie Lachse und Meerforellen anadrome Wanderfische, die als Erwachsene im Meer leben, die aber andererseits ins Süßwasser eindringen müssen, um sich fortzupflanzen. Dabei legen sie ihre Eier auf den Kiesbetten kleiner Flüsse und Bäche ab. Und genau an diesem Punkt setzt das Problem ein: Der Mensch "Homo sapiens"[2], war natürlich so klug,

mit Schleusen und Wehren die Laichwege der Schnäpel zu verbauen. Zusätzlich wurden die natürlichen Mäander von Flussläufen begradigt, die Fließgeschwindigkeiten des Wassers erhöht und somit wurden die natürlichen Kiesbetten und Laichplätze der Schnäpel regelrecht weggespült. Bestandseinbrüche der marinen Schnäpel waren die Folge. Trotzdem wurden die Schnäpel noch

nicht ganz ausgerottet, da diese Tiere Begehrlichkeiten als Speisefische erweckten. Man begann sie in Aquakulturen künstlich zu erbrüten, und so wird dieser Fisch der Nachwelt erhalten bleiben. Schnäpel sind beliebte Angelfische und man kann sie sowohl geräuchert als auch frisch genießen. Es ist wirklich ein eigenartiges Phänomen, dass für Arten, die sich wirtschaftlich verwerten lassen, alles für die Arterhaltung getan wird. Es ist wirklich seltsam, dass immer da, wo kommerzielle Interessen gegeben sind, plötzlich investiert wird. Das geht sogar so weit, dass durch aufwändige Renaturierungsmaßnahmen versucht wird, Gewässer in den ursprünglichen Zustand zurück zu versetzen. Auch werden neben Staustufen und Wehren Fischtreppen für die Laichfische gebaut. Allerdings ist dann der Aufbau eines neuen Fischbestandes ein sehr aufwändiges Unterfangen, weil nur ein Prozent der in den neugeschaffenen Laichgründen ausgesetzten Bruten als erwachsener Fisch wieder zum Laichen in dieses Gewässer aufsteigt. Solche Projekte sind sehr teuer und müssen über viele Jahre hinweg beobachtet und kontrolliert werden. Wie günstig wäre es dagegen, solche Maßnahmen gar nicht erst durchführen zu müssen, weil man alles so belassen hat, wie es in der Natur sein sollte…

---

[1] www.fishbase.org ***Coregonus oxyrinchus***, Stand November 2018
[2] ***sapiens*** = lat. der Weise, der Verständige

**Rechts:**
**Stint – Kopfporträt mit bezahntem Zungenbein. Mit dieser Apparatur sammelt der Stint kleine Krebstiere aus dem freien Wasser ein und hakt sie fest, bevor er sie verschluckt.**

Die **Stinte** wurden früher zur Familie der **Lachsfische(***Salmonidae***)** gerechnet, doch hat man sie aufgrund einiger spezieller Merkmale nunmehr in eine eigene Familie mit sechs Gattungen und 15 bisher bekannten Arten gestellt. Besondere Kennzeichen der Stinte sind das bezahnte Zungenbein, der markante Körperschleim und Geruch(das griechische Wort **„***osme***"** bedeutet **„schlechter Geruch"!**), sowie das gerade silbrige Band in der Körpermitte, welches an die Familie der **Ährenfische(***Atherinidae***)** erinnert. Stinte sind Schwarmfische, von denen es relativ wenige Arten gibt, die jedoch in extrem hoher Individuendichte auftreten und lokal wichtige Wirtschaftsfische sind.

## Stint, *Osmerus esperlanus* Linnaeus, 1758

**Lebender Stint im Aquarium, etwa 20 Zentimeter lang. Stinte sind leider nicht gut haltbar und überleben den Fang durch einen Kutter meistens nicht lange. Im Herbst kann man Glück haben und Stinte an bestimmten Buhnen bei ablaufendem Wasser mit dem Kescher einfangen. Noch bevor man den Fang zu sehen bekommt, kann man ihn wegen seines intensiven Geruchs nach Gurke schon riechen – denn bei Stress sondert der Stint besonders viel Schleim ab. Dieser enthält Hormone, welche seine Artgenossen vor der Gefahr warnen sollen.**

**Der gesamte Bauchraum der Stintweibchen ist in der Laichzeit voller Eier**

Der **Stint** ist ein kleiner Küstenfisch, der maximal 35 Zentimeter Länge erreichen kann. Er ist an Nord- und Ostsee weit verbreitet, und als Folge der letzten Eiszeit gibt es auch einige reine Süßwasserbestände in verschiedenen Seen. Frisch gefangene Stinte riechen nach frischer Gurke, was diese Fische unverwechselbar macht. Stinte können etwa 6 Jahre alt werden und werden im Meer etwa mit 3-4 Jahren geschlechtsreif, im Süßwasser bereits mit 1-2 Jahren. Stinte sind häufige anadrome Schwarmfische, die zum Ablaichen von März bis Mai in die Flussmündungen einwandern und hier auf sandigen und kiesigen Flächen ablaichen. Sie sind durch Gewässerregulierungsmaßnahmen des Menschen nicht oder kaum betroffen worden wie andere Wanderfische, weil sie in den Ästuarien und nicht in den kleinen Zubringerflüssen ablaichen. Fast der gesamte Bauchraum des Stintweibchens ist dann voller Eier. Ein Weibchen kann bis zu 50.000 gelbliche Eier von etwa 0,6 - 0,9mm Durchmesser ablegen, aus denen nach 3-5 Wochen die Brut schlüpft. Stinte werden lokal befischt und vor Ort als Spezialität vermarktet. Nach einem strengen Winter kann es vorkommen, dass ihre Laichwanderung sich um einige Wochen nach hinten verschiebt, so dass die Fischer leer ausgehen. Stinte werden aber auch von Krabbenfischern regelmäßig in geringen Zahlen als Beifang angelandet. Gelegentlich kommen Stinte auch in Häfen, in die sie auf der Jagd nach kleinen **Hüpferlingen(*Copepoda*)** und **Schwebegarnelen (*Mysis*)** einwandern. Da sie nur diese kleinen Krebschen fressen, kann man sie auch kaum mit der Angel, dafür aber mit einer Ködersenke fangen. Stinte sind ein ausgezeichnetes Futter für andere Fische, und insbesondere ihre Eier können als proteinreiche Nahrung verfüttert werden. Stinte müssen regelrecht im Futter stehen, um ihren hohen Energiebedarf angemessen decken zu können. Eine besondere Anpassung an diese Art des Nahrungserwerbes ist das bezahnte Zungenbein des Stintes. Aufgrund seiner Nahrungsansprüche gehört der Stint zu den Fischen, die nur sehr schwierig im Aquarium am Leben erhalten werden können.

## Dorschfische - *Gadidae*

Allen Dorschfischen ist es gemeinsam, dass sie stets drei Rückenflossen und eine glatte schleimige Haut mit winzigen Schuppen besitzen. Darüber hinaus haben sie eine typische Kinnbartel. Sie alle sind Raubfische, von denen einige Schwarmfische und andere Einzelgänger sind. Im Mittelmeer leben diese kälteliebenden Fische vor allem in tieferen Wasserschichten. Manche Arten – wie etwa Franzosendorsch und Wittling – sind im mediterranen Raum geschätzte Speisefische, welche auch in geringer Größe gerne verzehrt werden.

## Wittling oder Merlan, *Merlangius merlangus* (Linnaeus, 1758)

Frischtoter Wittling, gleich nach dem Fang.

Lebender Wittling im Aquarium.

Der **Wittling** oder **Merlan** ist ein kleiner Verwandter des Dorsches, der etwa 70 Zentimeter Länge erreichen kann. Der Wittling ist an den nordeuropäischen Küsten, in der Adria, in der Ägäis und im Schwarzen Meer weit verbreitet, und wird an unseren Küsten von Krabbenkuttern meistens beim Einholen der Netze mitgefangen, da Wittlinge sich oft auch in Oberflächennähe aufhalten. Lokal gelten sie als Spezialität und werden auch von den entsprechenden Restaurants nach örtlichen Rezepten zubereitet. Sie haben gutes Fleisch und gehören zu den besten Speisefischen des nordatlantischen Raumes. Vor allem in Frankreich werden sie als Merlan vermarktet, was zu einiger Verwirrung hinsichtlich ihres deutschen Namens führen kann, doch sind sowohl die Bezeichnung Wittling als auch der Name Merlan korrekt. Junge Wittlinge schützen sich vor Fressfeinden, in dem sie sich zwischen den nesselnden Tentakeln von Quallen aufhalten. Offensichtlich besitzen sie, ähnlich wie die tropischen Anemonenfische, einen natürlichen Nesselschutz in ihrer Haut, der sie vor dem Gift der Meduse schützt. Wittlinge ernähren sich von kleinen Krebsen und Fischbruten, die sie in Küstennähe erbeuten. Des Weiteren fressen sie aber auch die pflanzenähnlichen Kolonien von

**Hydroidpolypen**, wie ich bei einer Untersuchung des Mageninhaltes toter Exemplare festgestellt habe. Insbesondere Krabbenfischer klagen häufig über diese **Hydroidpolypen**(das so genannte „**Neptunsgras**"), da diese ihnen ihre Krabbensiebe verstopfen können. Möglicherweise sind fehlende Wittlingsbestände für diesen Missstand verantwortlich zu machen. Also erschwert sich der Mensch so durch die Überfischung der einen Art die Fischerei auf die andere. Man kann Wittlinge zwischen 5 und 200 Metern Tiefe antreffen, jedoch nicht in der Gezeitenzone. Im Alter von 2-4

Jahren und einer Länge von nur 30 Zentimetern werden Wittlinge bereits geschlechtsreif, und können zwischen einhunderttausend und einer Million Eier laichen. Die Jungtiere leben zunächst freischwimmend, und gehen erst ab einer Größe von 5 Zentimetern zum Bodenleben über. Aufgrund ihrer hohen Produktivität müssten Wittlinge eigentlich die Fische sein, die am meisten von der Überfischung der Bestände ihrer Fressfeinde profitieren, doch werden auch sie vor allem in England und Frankreich stark befischt, da sie dort populäre Speisefische sind. Wittlinge sind exzellente Besatztiere für große Seewasseraquarien. Sie sind sehr lange und viele Jahre haltbar, sofern man ihnen Becken mit entsprechender Größe und genügend Schwimmraum anbieten kann. Dabei kann man sie sowohl einzeln als auch in kleinen Gruppen dauerhaft pflegen und halten. Die einzige Schwierigkeit besteht darin, Wildfänge zu bekommen, die den Fangstress überlebt haben. Denn auf Netzdruck reagieren sie sehr empfindlich und mit entsprechend geringen Überlebenschancen. Aufgrund eigener Erfahrungen mit dieser Art kann ich sagen, dass für eine Eingewöhnung besonders kleine Wittlinge die geeignetsten sind, die in möglichst flachem Wasser bis höchstens drei Metern Tiefe gefangen wurden. Am besten, der Fischer hat sie auf den letzten Hol an der Meeresoberfläche beim Einholen des Netzes miteingesammelt. Sie sollten jedoch nicht größer sein als 10 Zentimeter, denn sonst könnten sie trotzdem Schäden an inneren Organen vom Druck des Fangnetzes erlitten haben.

Dorsche mit intensiv gelbgoldener Färbung bezeichnen Angler auch gerne als „Tangdorsche".
Dies ist aber keine wissenschaftliche Begrifflichkeit!

Der **Kabeljau** oder **Dorsch** ist ein bis zu 1,50 Meter langer Raubfisch, der 40 Kilogramm schwer werden kann. Er ist ein sehr wichtiger Speisefisch, der sich zwischen 5 und 600m Tiefe aufhält. Dabei kann man ihn sowohl in Bodennähe als auch freischwimmend im offenen Meer antreffen. Er ist ein Räuber, der andere Fische, Krebse und Muscheln erbeutet. Der Kabeljau ist eigentlich kein Schwarmfisch, kommt aber manchmal in großer Anzahl vor, wenn genug Nahrung vorhanden ist. Es gibt mehrere verschiedene Populationen, die sich in bestimmten Gebieten aufhalten und ablaichen. Im Ostseeraum werden übrigens die noch nicht geschlechtsreifen Tiere als Dorsch, die anderen als Kabeljau bezeichnet. Diese Sprachregelung hat ziemlich viel Verwirrung gestiftet, so dass manche inzwischen meinen, es handele sich um zwei verschiedene Fischarten. Die Aquarienhaltung von ausgewachsenen Kabeljauen ist aufgrund ihrer Größe nur in sehr großen Behältern möglich, und bleibt daher öffentlichen Schauaquarien vorbehalten. Sie sind nicht sehr wählerisch, was das Futter angeht, hier gilt für den Dorsch nur die Devise HSV = Haupt Sache Viel. Daher muss ein Dorschpfleger auch immer darauf achten, dass ihm seine Pfleglinge nicht die Hand mit weg fressen... Da die Dorschbestände stark überfischt wurden, und Dorsche nur noch selten von Krabbenfängern als Beifang erbeutet werden(was früher etwas anders war...), könnte es tatsächlich passieren, dass Dorsche eines Tages auf der Roten Liste der bedrohten Tierarten stehen.... Ein

weiteres Problem für den Dorsch ist, dass die fortschreitende Klimaerwärmung ihn immer weiter nach Norden abdrängt, da er eher zu den arktischen Fischarten gehört, die sich am

liebsten in Temperaturbereichen zwischen 2° und 10° Celsius aufhalten. Somit sind die Fischtrawler dazu gezwungen, immer weiter in den Norden zu fahren, um überhaupt noch Kabeljaue zu fangen. Dieses macht die Fischerei immer kostenträchtiger und risikoreicher, so dass es eines Tages passieren könnte, dass die Fischtrawler im Hafen verrotten müssen, weil die Fischerei unrentabel geworden ist. Glücklicherweise können Fische im Ozean durch Überfischung nicht so leicht ganz ausgerottet werden, da es technisch niemals möglich sein wird, alle Exemplare einer Art einzufangen. Die einzige Folge von der Überfischung eines Bestandes ist also das Zusammenbrechen der Fischereiwirtschaft. Appelle an die Adresse der Verantwortlichen sind leider vergeblich, wenn sie nicht vom leer gefischten Ozean selber kommen. Von der Fischfangindustrie wird hin und wieder gerne behauptet, dass sie ihre amtlich genehmigten Fangquoten gar nicht voll ausschöpfen würde. Das ist eine ganz besonders infame Verlogenheit, da die Bestände bereits so überfischt sind, dass die Quote nicht mehr erreicht werden kann. Das eigentlich Traurige daran ist aber, dass die Interessenverbände der Industrie nicht nur den Verbraucher, sondern letztlich auch sich selbst und ihre Angestellten täuschen, indem sie heucheln, sich für nachhaltige Fischerei einzusetzen. Enden wird das alles mit dem Verlust von Arbeitsplätzen und der Rendite.

## Seelachs, *Pollachius virens* (Linnaeus, 1758)

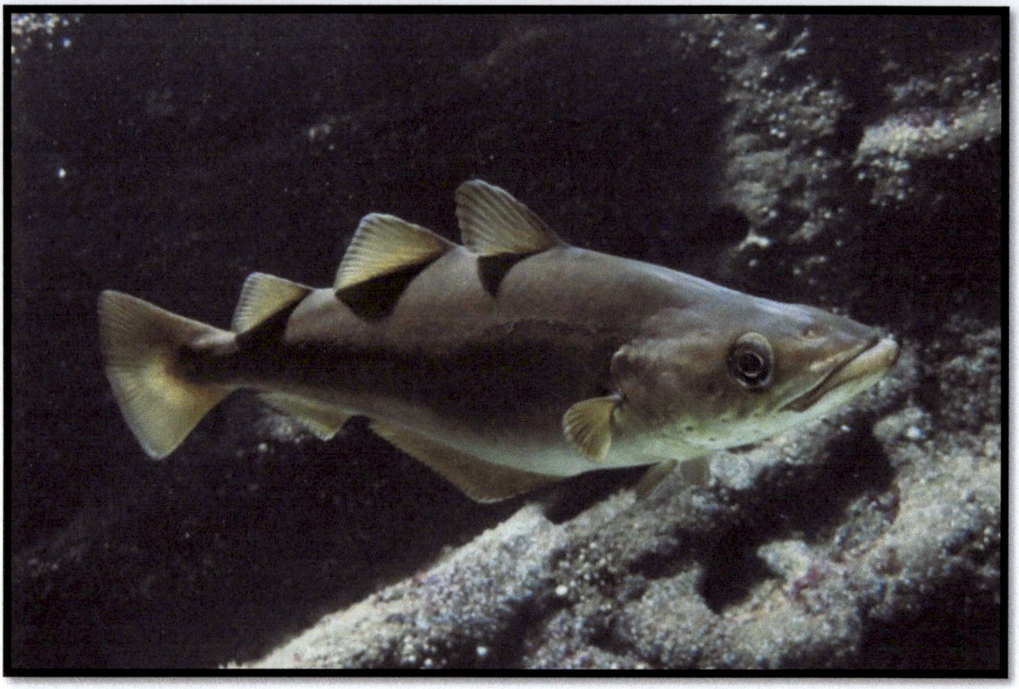

Der **Seelachs** oder auch **Köhler** kann bis zu 130 Zentimeter Länge erreichen und hält sich meist in Tiefen bis zu 250 Metern auf. Er wird erst im Alter von 5 bis 10 Jahren geschlechtsreif und hat dann eine Länge von ungefähr 70 Zentimetern. Der Seelachs kann ein Endalter von etwa 25 Jahren erreichen. Man findet ihn häufig zusammen mit seinem Verwandten, dem **Pollack *Pollachius pollachius***, mit dem er vor allem als Jungfisch im gleichen Schwarm unterwegs ist. Der Seelachs ist übrigens nicht mit den Lachsfischen verwandt, sondern gehört zu den Dorschartigen. Die Namensgebung erfolgte vor mehr als 100 Jahren aus reinem „Marketing", da Lachse sich besser und teurer verkaufen lassen als Dorsche…

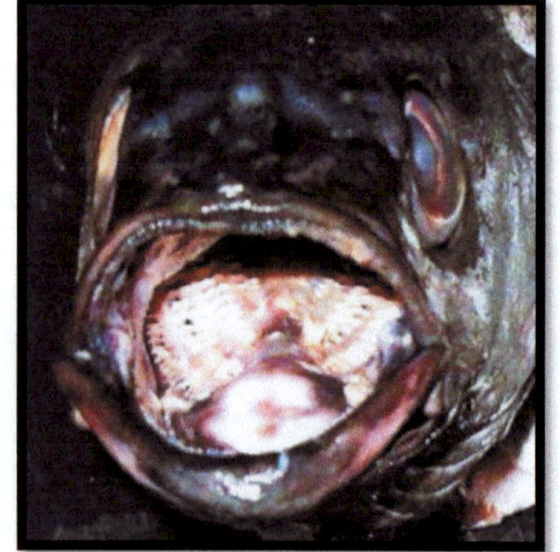

**Das Maul des Köhlers ist innen schwarz und mit Reusendornen ausgestattet. Letztere sollen das Entkommen einmal geschluckter Beutetiere verhindern. Die Schwarzfärbung ist ein typisches Merkmal vieler Tiefseefische, mit dem verhindert wird, dass etwa gefressene Leuchtsardinen von anderen Räubern gesehen werden können.**

Wie der Pollack hält er sich auch gerne in der Nähe von Wracks und Ölplattformen auf, wird als Schwarmfisch aber auch im offenen Wasser angetroffen. Der Seelachs ist ein arktisch orientierter Fisch, der vor allem in der nördlichen Nordsee angetroffen und gefangen wird. Der Name des Seelachses ist irreführend, denn er ist nicht mit den Lachsen verwandt, sondern gehört zur Familie der Dorsche. Der Seelachs ist einer der wirtschaftlich wichtigsten Speisefische der Nordsee, denn er hat qualitativ hochwertiges Fleisch, das zu Filet, zu Fischstäbchen oder auch zu den häufig gehandelten orange gefärbten Seelachsschnitzeln verarbeitet wird. Er ist besonders einfach zu filetieren, was ihn für diese Art der Verarbeitung prädestiniert. Wie der Pollack ist der Seelachs ein Raubfisch, der Jagd auf kleine Fische, Tintenfische und andere Wirbellose macht. Und wie der Pollack hat auch der Seelachs ein Maul, das innen schwarz gefärbt ist, um die Strahlen von leuchtenden Beutetieren abzuschirmen. Deshalb wird er manchmal auch als "Köhler[1]" bezeichnet. Vom Pollack kann man den Seelachs am besten durch seine Färbung unterscheiden, denn der Pollack hat eine eher grünliche Grundfärbung, während der Seelachs am Rücken rußig schwärzlich und am Bauch eher schmutzig weiß bis silbrig aussieht. Frisch gefangene Seelachse sehen fast schwarz aus. Seelachse leben in riesigen Schwarmverbänden, die sich besonders während der Laichzeit im Winter zusammenfinden. Dabei wandern sie in größere Tiefen und in Richtung Norden ab, ihre Wanderungen sind sehr lang und ausgedehnt, wobei sie sogar die nordamerikanischen Gewässer im nordwestlichen Atlantik erreichen. Seelachse sind keineswegs stumme Fische, denn sie können durch ihre Schwimmblase und durch Kontraktionen des gesamten Körpers Laute erzeugen, die ihnen helfen, ihre Artgenossen zu finden und miteinander zu kommunizieren. Wenn die Seelachse ihre Laichgebiete nördlich von Großbritannien und vor der norwegischen Küste erreicht haben, laichen sie bei Wassertemperaturen von 6° bis 8° Celsius in Tiefen von 200 Metern ab. Die Jungfische leben dann bis zu 3 Jahre in der Nähe der Küsten, wo sie sich überwiegend von kleinen Krebstieren und Fischbruten ernähren. Erst dann wandern sie in größere Tiefen ab. Seelachse sind noch nicht so stark von der Überfischung betroffen wie andere Fischarten, da sie sehr hohe Reproduktionsraten haben, um ihre Bestandsverluste wieder auszugleichen. Seelachse können sehr vielseitig vom Menschen genutzt und verwendet werden, und stellen auch selbst für andere große Raubfische und Meeressäuger eine wichtige Proteinquelle dar. Ganze Wirtschaftszweige basieren nur auf dieser einen Fischart, weshalb diese Ressource in der Zukunft sehr verantwortungsvoll genutzt werden sollte. Ohne diesen preiswerten Fisch wäre unser Fischkonsum um einiges ärmer, und der Raubbau an anderen Fischarten und an Tiefseefischen würde sich ganz erheblich beschleunigen. Deshalb sollte alles für eine nachhaltige Fischerei, gerade bei diesen "noch häufigen" Fischarten, unternommen werden. Dazu gehören insbesondere die Einhaltung von Schonzeiten, Kontrolle der Maschenweite der Netze und die Einhaltung der amtlich vorgeschriebenen Fangquoten. Als Verbraucher kann man ebenfalls einen Einfluss auf die Fischerei ausüben, in dem man sich über den Status der Übernutzung von Fischarten informiert und nur Arten kauft, die nicht von Überfischung betroffen sind. Im Zweifelsfall müsste man dazu bereit sein, auch auf liebgewordene Fischstäbchen zu verzichten. Gerade Kindern sollte man dieses vermitteln!

---

[1] Das Wort "Köhler" leitet sich direkt von dem Wort Kohle ab und wurde früher für den Berufsstand der Holzkohlenhersteller oder Händler verwendet

## Pollack, *Pollachius pollachius* (Linnaeus, 1758)

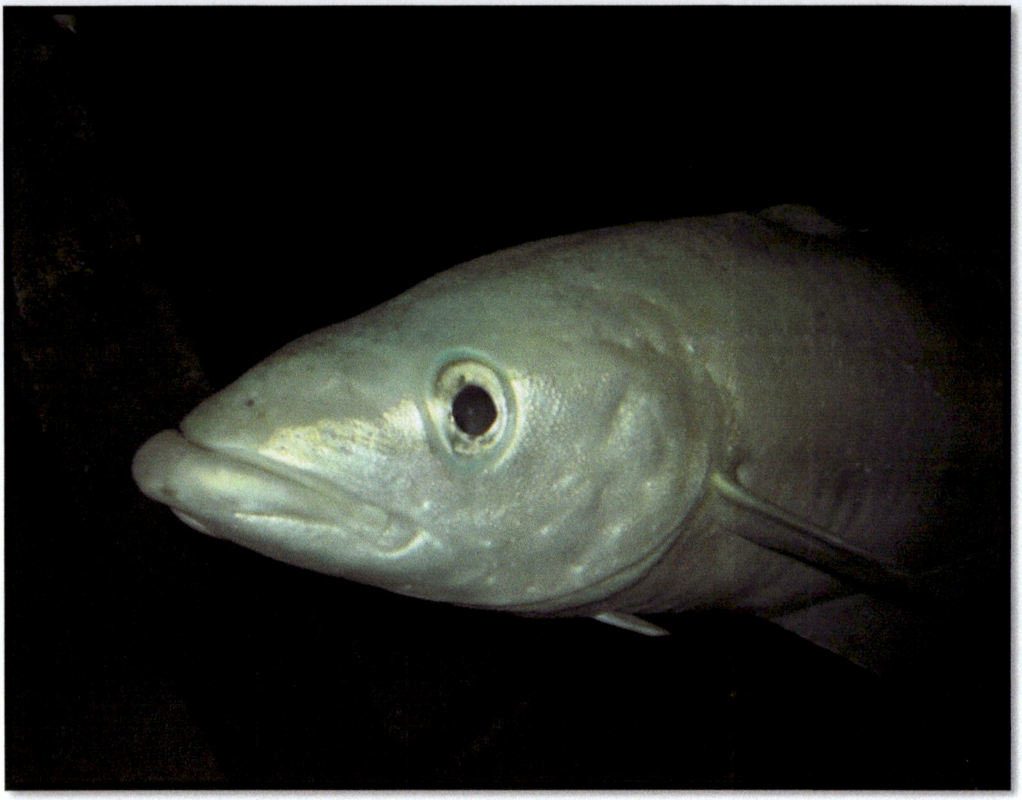

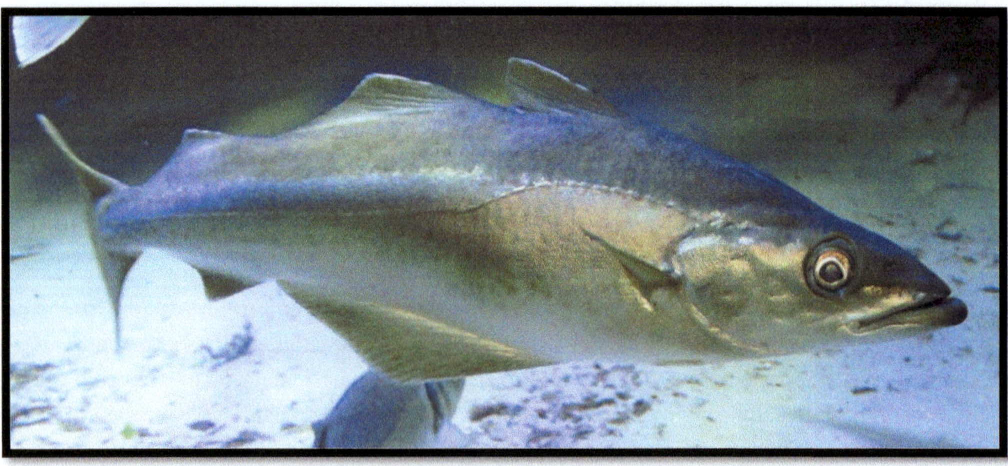

**Kopfporträt eines Pollacks. Dieses Exemplar wurde im Atlanticum Bremerhaven aufgenommen und war zu diesem Zeitpunkt etwa 15 Jahre alt.**

Der **Pollack** ist ein kapitaler Bursche aus der Familie der Dorschfische, der etwa 1,30 Meter lang werden kann. Er erfreut sich bei nordeuropäischen Meeresanglern großer Beliebtheit, die immer darauf hoffen, einen möglichst großen und schweren Fisch anzulanden. Jungtiere dieser Art leben zunächst als freischwimmende Schwarmfische  etwa 2-3 Jahre lang in Küstennähe, wo sie häufig zusammen mit gleichgroßen **Seelachsen (*Pollachius virens*)** im Schwarm schwimmen. Sehr große Exemplare halten sich gerne in der Nähe von Tiefwasserriffen und Wracks bis in ca. 200 Metern Tiefe auf, wo sie ruhig darauf warten, dass ihnen kleine Fische, Tintenfische und Krebse vor das Maul schwimmen. Weil sie dann eher als Einzelgänger leben, sind sie für die kommerzielle Fischerei nur ein Beifang, der anfällt, wenn Dorsche und Seelachse mit großen Trawlnetzen gefischt werden. Eine Besonderheit, die den Pollack geradezu unverwechselbar macht, und ihm auch seinen Namen gab, ist die schwarz gefärbte Kehle, bzw. sein innen völlig schwarzes Maul. Dieses hat die Funktion, das Leuchten von kleinen Tiefwasserfischen, wie z.B. von Leuchtsardinen, die der

Pollack gerade erst gefressen hat, nach außen hin abzuschirmen. Zum einen wird dadurch verhindert, dass andere Leuchtfische vor dem Räuber gewarnt werden können, zum anderen könnte natürlich auch ein durch Beutetiere leuchtender Raubfisch für noch größere Räuber selbst zur Beute werden. Das maximal veröffentlichte Alter des Pollacks wird in der Literatur mit 8 Jahren

angegeben, doch halte ich aufgrund persönlicher Recherchen das mögliche Lebensalter eines Pollacks für erheblich höher, insbesondere weil z.B. das hier abgebildete Exemplar aus dem Atlanticum in Bremerhaven ein höheres Alter besitzt, nämlich mindestens geschätzte 15 Jahre! Es gibt auch Quellen, die hier zwanzig und mehr Jahre angeben, doch ist die Verifizierbarkeit fraglich. Diese Alttiere sind übrigens auch die Exemplare, die für diese Art als "breeding-stock" gesehen werden müssen, da sie im Frühjahr in 100-200 Metern Tiefe ihrem Laichgeschäft nachgehen und durch die Produktion von sehr vielen Eiern für die Erhaltung ihrer Art sorgen. Die Larven schlüpfen bereits eine Woche nach der Befruchtung aus den Eiern und treiben dann pelagisch im Plankton. Man könnte den Pollack auch wie den **Leng *Molva molva*** als einen sozialen Einzelgänger charakterisieren, welcher mit gleich großen Tieren aus anderen Arten zusammenlebt. So werden unverbindliche Allianzen gebildet, die einen passiven Schutz gegen noch größere Räuber darstellen und den Beteiligten dazu verhelfen, Reviere gegen Eindringlinge zu behaupten.

Der **Franzosendorsch** gehört mit einer Endgröße von bis zu 45 Zentimetern zu den kleineren Dorscharten, und wird daher als Speisefisch nur in mediterranen Ländern genutzt, während die Nordeuropäer ihn als Beifang eher zu Fischmehl verarbeiten. Er kommt in der Nordsee, um England und Irland herum, sowie im westlichen Mittelmeer vor und gehört in der Nordsee zu den etwas selteneren Dorscharten. Daher ist er für Schauaquarien ein begehrter Fisch, der hier auch lange haltbar ist. Der Franzosendorsch lebt ebenfalls bodenorientiert und frisst hauptsächlich Garnelen, kleine Krebse, kleine Tintenfische und kleine Fische. Jungtiere halten sich oft in Ufernähe über Sandgrund auf, während Alttiere sich in größeren Tiefen bis zu 100 Metern aufhalten. Dabei bevorzugen sie besonders geschützte Plätze wie Felsenriffe und Schiffswracks. Franzosendorsche werden bereits im Alter von ein bis zwei Jahren geschlechtsreif und laichen dann im Winter südwestlich von den Britischen Inseln und im Mittelmeer ab. Im Aquarium kann dieser Fisch viele Jahre lang problemlos gehalten werden, wobei ihm auch eine Einzelhaltung nichts auszumachen scheint. Daher gehe ich davon aus, dass diese Art als erwachsenes Tier eher einzelgängerisch lebt. Wie beim Leng dürfte es sich hier um einen „sozialen" Einzelgänger handeln. In der südlichen Nordsee wird dieser Fisch gelegentlich von den Krabbenfängern als Beifang gefangen. Darüber hinaus lassen sich die Jungtiere des Franzosendorsches auf manchen ostfriesischen Inseln(insbesondere auf Borkum) während des Sommers auch mit Senknetzen in der Nähe von Buhnen oder Kaimauern fangen. Früher wurden Franzosendorsche als regulärer Beifang von den Krabbenfischern gefangen, heutzutage sind sie viel seltener geworden und werden nur noch selten und sehr vereinzelt mitgefangen.

Der **Zwerg-Dorsch** erreicht eine maximale Länge von höchstens 40 Zentimetern. Auf den ersten Blick ähnelt er dem **Franzosendorsch *Trisopterus luscus***, doch weist dieser stets einen markanten schwarzen Achselfleck an der Basis der Brustflosse auf. Außerdem ist der Zwergdorsch nicht ganz so hochrückig wie der Franzosendorsch. Obwohl der Zwerg-Dorsch meist in erheblich geringeren Größen gefangen wird, wird er als Speisefisch geschätzt und vermarktet. Oft sind so gehandelte Exemplare gerade einmal 10 Zentimeter lang! Ob es sich lohnt, solche kleinen Fische zu verzehren, mag der geneigte Gourmet selbst entscheiden, doch dürfte es sich dabei wohl eher um ein grätenreiches Vergnügen handeln…

Die großen Augen des Zwerg-Dorsches verraten den Bewohner großer Tiefen, denn er kann selbst in 400 Metern Tiefe noch gefunden werden. Dabei leben die Tiere entweder auf schlammigen Meeresböden, wo sie diversen Wirbellosen und kleinen Fischen nachstellen, oder in Felsspalten. Auch kann man sie manchmal schwarmweise im freien Wasser antreffen.

Von seiner Größe her wäre der Zwerg-Dorsch einer der geeignetsten Dorsche für die Aquarienhaltung, doch stellt die Beschaffung von lebenden Exemplaren ein echtes Problem dar. Denn solche „Tiefseebewohner" dürfen natürlich nicht gefangen und dann schnell an die Oberfläche gebracht werden. Vielmehr müssten sie wie ein Taucher nach dem Fang langsam dekomprimiert werden, damit die sich ausdehnende Schwimmblase den Fisch beim Auftauchen nicht schädigt. Deshalb wird man solche Fischarten auch in öffentlichen Aquarien leider nur sehr selten zu sehen bekommen.

Die Familie der **Seequappen** umfasst zurzeit 6 verschiedene Gattungen und 22 Arten. Früher wurden die Seequappen der Familie der **Dorsche**, den *Gadidae*, zugerechnet, doch hat man sie aufgrund einiger spezieller Merkmale wie etwa dem ersten frei stehenden Strahl der Rückenflosse einer eigenen Familie zugeordnet. Außerdem haben sie nicht nur eine Kinnbartel wie die Dorschartigen, sondern oft mehrere Barteln an Ober- und Unterlippe. Die **Gemeine Quappe** oder auch **Rutte** *Lota lota* ist die einzige Vertreterin ihrer Familie, die nur im Brack- und Süßwasser lebt. Alle anderen Arten leben im Brack- oder Seewasser. Da Arten wie die Gemeine Quappe zu den circumarktischen Arten gehören, ist die Klimaerwärmung besonders verhängnisvoll für sie. Denn dadurch verschwinden ihre Habitate, weil sie „zu warm" für sie werden. Deshalb ist speziell diese Art an vielen ehemals bekannten Stellen stark rückläufig, wird aber nachgezüchtet und ausgesetzt. Hält die Klimaerwärmung an, dann sind auch solche Erhaltungsbemühungen sinnlos, weil keine geeigneten Habitate mehr für die Art vorhanden sein werden. So hat sich etwa im Hitzesommer 2018 der Rhein stellenweise auf 28° Celsius erwärmt, die Ostsee auf 25° und die Nordsee auf etwa 22°. Solche Temperaturen setzen arktischen Fischarten wie den Quappen das Fanal und machen einen Wiederbesatz mit Nachzuchten auf die Dauer unmöglich. Daher scheint der Klimaschutz in Zukunft wichtiger zu sein als Artenschutzprojekte und Nachzuchten.

# Quappe oder Rutte, *Lota lota* (Linnaeus, 1758)

Die **Quappe** oder auch **Rutte** ist die einzige bekannte Art aus der Verwandtschaft der Dorschartigen, welche auch im reinen Süßwasser leben und sich vermehren kann. Man findet sie circumarktisch, vor allem auch in den gebirgigen Regionen Europas, Nordamerikas und Asiens. Die Quappe kann maximal etwa 150 Zentimeter lang werden, ist aber meist eher um die 40 Zentimeter lang. Man findet sie überwiegend im Süßwasser, aber stellenweise auch im Brackwasser von Flussmündungen. In Europa kann man sie etwa in der Mündung der Oder, im Rhone-Delta oder auch in der Mündung der Loire auffinden. Vor allem im Winter kann man sie aufgrund ihrer Laichwanderungen auch in Flussmündungen antreffen, was sich vor allem Sportangler zunutze machen. Wegen ihres Kältebedarfes kann man diese Art im Sommer eher kaum antreffen, dafür dann aber im Winter oder in großen Tiefen. Denn die Quappe kann sich auch in Tiefenbereiche von 700 Metern zurückziehen, wodurch es sehr schwierig wird, ihre Populationen zu überwachen oder nachzuweisen. Lokal sind die Bestände der Quappe vielerorts rückläufig, was an Umweltverschmutzung, Klimawandel und Überfischung liegen könnte. Deshalb werden Quappen auch lokal nachgezüchtet und in quappenarmen Gewässern ausgesetzt. In öffentlichen Aquarien bekommt man sie nur selten zu Gesicht, denn auch hier leben sie scheu und nachtaktiv, so dass man sie ohnehin kaum zu sehen bekommt. Mit fortschreitender Klimaerwärmung auf der Nordhalbkugel der Erde ist damit zu rechnen, dass von dieser einst weit verbreiteten und häufigen Art nur kleine Reliktbestände in extrem abgelegenen Habitaten übrig bleiben werden. Wie etwa im Ural, in Sibirien oder in Alaska.

# Leng, *Molva molva* (Linnaeus, 1758)

Der **Leng** kann eine Körperlänge von etwa zwei Metern erreichen, was ihn zum längsten Vertreter der dorschartigen Fische qualifiziert. Aufgrund von Revisionen wurde die Art nunmehr der Familie der Seequappen zugeordnet. Man findet ihn von Norwegen im Norden bis zum westlichen Mittelmeer, was insbesondere auch das tiefe Ionische Meer bei Griechenland mitumfasst.

Der Leng war früher ein unerwünschter Beifang der kommerziellen Fischerei und wurde nach dem Fang nicht verwertet, obwohl er  hervorragendes Fleisch hat. Mit der rapiden Abnahme von Dorsch- und Seelachsbeständen ging man jedoch dazu über, auch diesen Fisch zu verwerten, so dass man heute auf Wochenmärkten gelegentlich auch Filets des Lengs angeboten bekommt. In Nordeuropa wurde der Leng zu luftgetrocknetem Klippfisch verarbeitet und eingesalzen haltbar gemacht.

Aufgrund von Aquarienbeobachtungen würde ich den Leng als einen sozialen Einzelgänger charakterisieren, der mit gleichgroßen Fischen unverbindliche Allianzen eingeht und sich mit ihnen die gleiche Höhle teilt. Als Erwachsener lebt der Leng in Tiefen bis zu 1.000 Metern, wo er als Einzelgänger Wracks und Höhlen als Habitat erobert. Hier lauert er dann wie Meeraal, Zackenbarsch oder Muräne auf kleinere Fische, Tintenfische und Krebstiere. Aufgrund seiner ruhigen Lebensweise kann man jedoch davon ausgehen, dass er verhältnismäßig wenig Nahrung benötigt. Der Leng kann bis zu 25 Jahre alt werden, und besonders große Weibchen können bis zu 60 Millionen Eier von etwa 1mm Durchmesser produzieren.

Leider wird der Leng nur relativ selten in flachem Wasser als Beifang angelandet, so dass man in öffentlichen Aquarien nur selten Exemplare dieser Art zu sehen bekommt. Und selbst wenn dann mal ein lebender Leng in der Ausstellung vorhanden ist, führen auch solche Tiere meist ein nacht- und dämmerungsaktives Dasein, bei dem sie der Besucher nicht oft zu Gesicht bekommt. Möchte man ein solches Ausstellungstier fotografieren, sollte man am besten zu den Fütterungszeiten da sein, da Aquarientiere ihren Biorhythmus oft diesen Intervallen anpassen.

Die **Fünfbärtelige Seequappe** besitzt fünf Barteln, wovon eine auf dem Unterkiefer sitzt, die anderen dagegen auf dem Oberkiefer. Mit diesen Tastorganen spüren sie kleine Beutetiere auf. Dieser Fisch erreicht eine maximale Körperlänge von etwa 25 Zentimetern und ist damit wirtschaftlich unbedeutend. Sie lebt im Flachwasserbereich zwischen Algenbeständen bis in etwa 20 Meter Tiefe und ist auch ein regelmäßiger Beifang der Krabbenfischerei. Sie gehört zu den nachtaktiven Tieren und verhält sich im Aquarium ebenso. Ihre Farbe ist bronzefarben, ihre Schuppen sind sehr klein, und daher macht sie insgesamt eher einen aalartigen Eindruck, der durch ihre schlängelnde Schwimmweise noch verstärkt wird. Ihrem Laichgeschäft gehen die adulten Quappen mitten im Winter nach, wo sie in Tiefen deutlich unterhalb der Gezeitenmarke ablaichen. Sie sind  schnelle Schwimmer, und man kann ihre Jungtiere mit dem Rahmenkescher am besten fangen, indem man ihn im Sommer einfach schnell durch ein Algenfeld zieht. Man findet diese meistens in Beständen des **Meersalates *Ulva lactuta***. Im Flachwasserbereich findet man im Sommer meistens 5-6 Zentimeter lange Jungtiere, die etwas an Kaulquappen erinnern. Ein besonderes Merkmal macht diese Seequappen unverwechselbar: Wenn sie schwimmen, dann bewegen sich die ersten Flossenstrahlen der Rückenflosse so schnell, dass sie  im Wasser zu flimmern scheinen. Als Fische mit reduzierter Schwimmblase überleben auch diese Quappen den Fang durch einen Kutter, so dass man sie noch gut als lange haltbaren Aquarienfisch verwenden kann. Allerdings gehören auch sie zu den nachtaktiven Arten, die man im Aquarium leider meist nur zu den Futterzeiten zu Gesicht bekommt.

Die **Vierbärtelige Seequappe** kann eine Länge von etwa 40 Zentimetern erreichen und ist im Nordatlantik weit verbreitet, denn man findet sie auch auf der westlichen Seite des Atlantiks von Neufundland über Grönland und Island bis nach Norwegen, Großbritannien sowie in der gesamten Nord- und Ostsee. Sie gehört eher zu den arktischen Arten und bevorzugt kaltes Wasser. Wie ihr Name es bereits verrät, besitzt sie insgesamt vier Bartfäden, von denen drei auf dem Oberkiefer und einer auf dem Unterkiefer sitzen. Man findet sie ab Tiefen von 20 Metern bis in Tiefen von 650 Metern, wo sie auf weichen Substraten Krebse und Fischen jagt. Diese Quappe wird häufig als Beifang angelandet, doch wird sie als Speisefisch nicht genutzt. Die Vierbärtelige Seequappe ist im Aquarium gut und ausdauernd haltbar, doch gehört sie zu den nachtaktiven und lichtscheuen Fischen, weshalb es schwer ist, sie überhaupt einmal zu Gesicht zu bekommen.

**Rechts: Juvenile Seequappe, etwa 2 Zentimeter lang.**

Der **Froschdorsch** ist ein nachtaktiver Einzelgänger, der maximal 25 Zentimeter lang wird. Man findet ihn von der Algenzone abwärts bis 100 Meter Tiefe auf harten Substraten. Daher ist Helgoland der ideale Lebensraum für diesen merkwürdigen Fisch, der hier auf die Jagd nach kleinen Grundeln und bodenbewohnenden Wirbellosen geht. Unverkennbar ist der breite quappenähnliche Kopf, der dem Froschdorsch seinen Namen gab. Dieser Kopf nimmt ungefähr ein Drittel seiner Körperlänge ein. Außerdem ist er ein ziemlich schleimiger Fisch(Schleim ist für manche Fische ein wichtiger Verteidigungsschutz). Vom Mai bis zum September laichen die Froschdorsche ab. Ihre frischgeschlüpften Jungtiere leben bis zu einer Länge von zwei Zentimetern freischwimmend, danach gehen sie zum Bodenleben über. Tatsächlich gleichen seine Jungtiere kleinen Kaulquappen (Siehe unteres Bild).

Eine kleine Familie mariner Raubfische(4 Arten), die auf den ersten Blick den **Dorschfischen (*Gadidae*)** ähneln. Seehechte zeichnen sich jedoch durch viele nadelspitze und fast schon borstenartige Zähne aus. Darüber hinaus besitzen sie nur zwei Rückenflossen. Außerdem haben sie erheblich weniger Gräten als Dorsche, die außerdem schon fast eine knorpelartige Konsistenz haben. Seehechte sind beliebte Speisefische.

## Seehecht, *Merluccius merluccius* (Linnaeus, 1758)

Man findet diese interessante Art von den norwegischen Fjorden im Norden bis hin zu den nordafrikanischen Gewässern, im gesamten Mittelmeer und gelegentlich auch im Schwarzen Meer. In Nordafrika ist dieser wichtige Speisefisch auch als **„*Merluzza*"** bekannt und wird auch unter diesem Namen angeboten und vermarktet.

Der **Seehecht** ist ein sehr beliebter Angel- und Speisefisch, der eine Größe von bis zu 140 Zentimetern erreichen kann. Man findet ihn in Tiefenbereichen zwischen 30 und 1000 Metern, was darauf hindeutet, dass er zu den **bathypelagischen** Fischarten gehört, die in der freien Wassersäule des offenen Ozeans den Plankton- und Fischschwärmen folgen, von denen sie sich ernähren. Die Art wird auch kommerziell befischt und gerne von Meeresanglern geangelt, weshalb man sie auch regelmäßig in der einen oder anderen Form als Speisefisch angeboten bekommt. An den Küsten Nordafrikas kommt eine nahe verwandte Art vor, nämlich der **Senegalesische Seehecht *Merluccius senegalensis***, der jedoch einen fast schwarzen Rücken besitzt. Diese Art trifft man auch vor den Küsten Marokkos häufig an.

**Mondfische** sind eine kleine Fischfamilie mit einigen sehr großen und produktiven Arten. Sie sehen so aus, als hätte man sie in der Mitte halbiert und ihnen dann einen Flossensaum an die Körpermitte geklebt. Sie alle leben im freien Wasser der Hochsee, wo sie sich von Quallen ernähren und an der Oberfläche treiben lassen.

## Mondfisch, *Mola mola* (Linnaeus, 1758)

Der **Mondfisch** ist ein Kosmopolit der gemäßigten und tropischen Meere, der hin und wieder auch in der Nordsee auftaucht. Er ist ein Fisch der Rekorde, denn er kann eine Länge von bis zu 3 Metern und ein Gewicht von bis zu 1500 Kilogramm erreichen. Darüber hinaus ist er wahrscheinlich die produktivste Fischart auf unserem Planeten überhaupt, denn ein Weibchen kann bis zu dreihundert Millionen Eier laichen. Mondfische kann man von allen anderen Fischen an der charakteristischen Schwanzflosse unterscheiden, die eher wie ein senkrecht verlaufender Flossensaum ausgebildet ist. Dadurch wirkt der Mondfisch optisch wie ein halbierter Fisch. Die Larven des Mondfisches besitzen noch eine normale Schwanzflosse und mehrere lange Stacheln, die sie gegen Fressfeinde schützen sollen, doch

sowohl Schwanzflosse als auch die Stacheln wandeln sich im Laufe des Heranwachsens um oder sie werden zurück gebildet. Mondfische ernähren sich von Medusen, Aallarven und den Larven von Tintenfischen, die sie mit ihrem Papageienschnabel festhalten und sich dann einverleiben. Mondfische sind dafür bekannt, langsam an der Oberfläche zu treiben, wobei sie ihre Rückenflosse häufig aus dem Wasser ragen lassen und so langsam dahinsegeln. Bei dieser Gelegenheit wurden Mondfische schon oft von Booten gerammt und konnten manchmal auch eingefangen werden. Mondfische bekommt man leider nur in einigen wenigen Großaquarien Europas lebend zu Gesicht, wie etwa in Lissabon.

# Meeräschen - *Mugilidae*

**Meeräschen** sind weltweit in subtropischen und tropischen Meeren verbreitet. Dabei unternehmen sie abhängig von der Wassertemperatur auch Wanderungen in nördlichere Gefilde, wo sie den Sommer über reiche Weidegründe vorfinden. Denn Meeräschen sind **herbivore** Fische, die sich zum größten Teil von Algen ernähren. Allerdings verzehren sie auch die auf den Algen lebenden Kleintiere, so dass man sie eigentlich als **omnivore** Fische einstufen könnte. Möglicherweise fressen sie die Algen auch nur, um an die darauf lebenden Kleintiere zu gelangen. In diesem Falle wären Meeräschen dann so etwas wie der Wolf im Schafspelz. Meeräschen können sowohl in großen Schwärmen vorkommen, als auch vereinzelt in Erscheinung treten. Manchmal findet man Meeräschen sogar in Gräben und in vom Meer abgeteilten Lagunen, in die sie mit einer Sturmflut als Fischbrut gelangt sein müssen. Ihre Größe und ihre Schnelligkeit bieten ihnen trotzdem die Möglichkeit, auch an solchen Plätzen eine Saison lang zu überleben, um dann mit der nächsten Sturmflut zurück in tiefes Wasser zu gelangen. Manche Meeräschen dringen deshalb auch gerne in Mangrovengürtel und Flussmündungen ein, wo das Wasser deutlich weniger Salz enthält. Ins reine Süßwasser dringen sie jedoch kaum vor. Meeräschen werden auch als Speisefische genutzt, doch gehören sie nicht zu den begehrtesten Nahrungsmitteln. Für die Aquaristik werden Meeräschen leider nur selten gefangen oder angeboten. Dies hängt mit zwei wesentlichen Faktoren zusammen. Zum einen passen sie nicht so recht in

ein „Riffaquarium" mit Korallen, zum anderen müssen sie auch mit entsprechendem Pflanzenfutter ernährt werden, am besten natürlich mit echten Meeresalgen. Für diesen Zweck könnte man auch höhere Algen wie etwa die Kriechsprossalgen der Gattung *Caulerpa* verwenden, doch müsste man diese in einem separaten Aquarium züchten, weil die Meeräschen sonst alle Algen im Aquarium abgrasen würden. Darüber hinaus leben Meeräschen oft oberflächenorientiert und springen gerne, was eine gute Abdeckung des Aquariums unverzichtbar macht. Im Aquarium lassen sich besonders gut Jungtiere von etwa zwei Zentimetern Gesamtlänge eingewöhnen und aufziehen. Sie fressen willig Flockenfutter und sind bereits nach einem halben Jahr der Haltung bei Zimmertemperatur bis zu acht Zentimetern Länge herangewachsen. Insofern sind sie eine der am einfachsten zu haltenden Fischarten aus dem Meer, doch ist ihre schwierige Beschaffbarkeit das Hauptproblem für eine erfolgreiche und dauerhafte Haltung. Denn gefangene adulte Tiere sind meist zu geschädigt, als dass sie eine Eingewöhnung überleben würden, weshalb oft nur der Weg bleibt, sie selbst als Jungtiere zu fangen und dann aufzuziehen. Meeräschen können viele Jahre alt werden und sind ab einer gewissen Größe sehr robuste und trotzdem agile Aquarienfische. Man kann sie sehr gut mit vielen anderen Arten ähnlicher Größe oder mit anderen Lebensansprüchen vergesellschaften.

Die **Dicklippige Meeräsche** kann bis zu 75 Zentimeter lang werden. Sie ist vom Mittelmeer bis in den Nordatlantik bei Island verbreitet, und kommt im Süden sogar an der atlantischen Küste Afrikas bis zum Äquator hin vor. Auch in Nord- und Ostsee ist sie oft anzutreffen. Meeräschen sind fast die einzigen vegetarisch lebenden Fische an den europäischen Meeresküsten, die sich lediglich von Algen und Kleinpartikeln ernähren, die sie mit den Dornen in ihren Kiemen aus weichem Substrat filtern. Meeräschen werden auch als Speisefische genutzt, doch sind sie hier mehr in den mediterranen Ländern gefragt. Selbst große Meeräschen kann man manchmal in großen Prielen, Entwässerungsgräben oder Lagunen beobachten, in die sie beispielsweise durch eine Sturmflut verdriftet wurden. Da sie für die gefiederten Beutegreifer aus der Luft meist zu groß oder zu schnell sind, können sie sich hier hervorragend halten, wenn sie genügend Nahrung finden. Meeräschen sind im Aquarium gut haltbare Tiere, die auch tierisches Futter wie beispielsweise klein gehackte Sandgarnelen und Heringsfleisch annehmen. Insofern stellt sich an dieser Stelle die Frage, ob sie auch in der Natur tatsächlich immer so vegetarisch leben, wie das in der allgemeinen Literatur behauptet wird. Denkbar wäre es nämlich auch, dass die Meeräschen zusammen mit ihrer Algennahrung diverse Kleintiere mitfressen, die an den Algen sitzen. Möglicherweise werden die Algen auch nur gefressen, um an diese Kleintiere, wie z.B. Asseln und Flohkrebse, zu gelangen. Somit wäre die Meeräsche kein echter Vegetarier, sondern eher ein Wolf im Schafspelz! Meeräschen laichen im Ärmelkanal und bei Irland ab, sowie im mediterranen Gebiet. Ihre Jungtiere wandern dann nach Norden, und erschließen sich in zunehmendem Maße die dortigen Küstenhabitate.

Eine kleine Familie mariner Barsche, die mit zwei Arten auch in Nordsee und Mittelmeer vertreten ist. Der **Gefleckte Wolfsbarsch *Dicentrarchus punctatus*** hat einen größeren Achselfleck und diverse kleine dunkle Punkte auf dem Rücken.

Der **Wolfsbarsch(„Loup de Mer")** kann eine Länge bis zu einem Meter bei einem Gewicht bis zu 12 Kilogramm erreichen. Er kommt von Island im Norden, um die Britischen Inseln herum, in der Nordsee, im Mittelmeer, im Schwarzen Meer und im Ostatlantik südlich bis nach Marokko vor. Dabei findet man ihn auch in Brack- und Süßwasser. Als typische Bewohner von Ästuarien und Lagunen machen die Jungtiere des Wolfsbarsches hier in kleinen Schulen Jagd auf Mollusken, Krebse und Fische. Als erwachsene Tiere leben sie einzelgängerisch, und wandern während des Winters in tiefere Zonen bis etwa 100 Meter Tiefe ab. Der Wolfsbarsch wird als sehr geschätzter Speisefisch in Aquakulturen gehalten und vermehrt und hat gutes weißes festes Fleisch. Der Wolfsbarsch wird im Feinschmeckerhandel als „Loup de Mer" sehr hochpreisig gehandelt, und gilt in einem Mantel aus Salzteig gebacken als echte Delikatesse. Wolfsbarsche sind gewaltige Raubfische, die alles fressen, was sie bewältigen können, und sind in entsprechend großen Aquarien gut und lange zu halten. Doch dürfen sie nicht in Aquarien mit zu feinem Bodengrund gehalten werden, da sie diesen mit ihren eigenen Körperbewegungen aufwühlen und so das Wasser erheblich trüben können. Jungtiere sollten am besten in einer kleinen Gruppe gepflegt werden, da sie einzeln sehr scheu sein können. Gegen höhere Temperaturen sind sie als mediterrane Fische nicht empfindlich, wenn genügend Wasserumwälzung gegeben ist. Es ist bekannt, dass Wolfsbarsche sogar in warmen Abwasserteichen von Kraftwerken gehalten werden. Man kann sie gut mit großen Fischen, Einsiedlern und Seeanemonen vergesellschaften. In den letzten Jahren waren die Wolfsbarsche insbesondere in der südlichen Nordsee auf dem Vormarsch, was eindeutig mit der Erwärmung der Nordsee zusammen hängt. Diese hat sich in den letzten einhundert Jahren nachweislich um mindestens 2°Celsius im Jahresmittel erwärmt.

Stichlinge sind eine kleine Familie kleiner barschartiger Fische, die man weltweit in Süßwasser, Brackwasser und im Meerwasser findet. Sie haben auf dem Rücken und am Bauch prägnante frei stehende Stacheln ohne Flossengewebe, mit denen sie sich passiv gegen Fressfeinde verteidigen. Außerdem haben sie auf dem Körper eine mehr oder minder stark ausgeprägte Panzerung aus umgebildeten Schuppen, die als Lateralplatten bezeichnet werden. Anzahl und Anordnung dieser Platten können selbst innerhalb einer Art je nach Habitat verschieden sein, weshalb in der Vergangenheit beispielsweise der Dreistachelige Stichling mehr als 30 Mal als jeweils neue Art beschrieben wurde. Auch weisen viele Arten einen markanten Sexualdimorphismus auf, wobei die Männchen in der Regel während der Laichzeit die weitaus farbenprächtigeren Exemplare abgeben. Dabei färben sich die Männchen in der Kehlregion je nach Art auffällig schwarz, gelb oder rot. Ihr Balz- und Paarungsverhalten ist interessant und man kann sie auch im heimischen Aquarium zur Vermehrung bringen. Stichlinge, die in reinen Süßwasserbeständen leben, gelten als sekundäre Süßwasserfische, weil sie von marinen Vorfahren abstammen.

## Dreistacheliger Stichling, *Gasterosteus aculeatus* Linnaeus, 1758

**Dreistachelige Stichlinge in einem Meerwasser-Aquarium mit kleinen Meeräschen und Einsiedlerkebsen.**

**Oben: Weibchen im „Schlichtkleid". Unten: Männchen im „Hochzeitskleid"**

**Hier kann man anhand der Lateralplatten die *Forma trachurus* erkennen.**

Der **Dreistachelige Stichling** wird maximal 11 Zentimeter lang. Man findet diesen universellen Fisch in Süß-, Brack- und Seewasser. Dabei trifft man ihn in nordeuropäischen Gewässern genauso an, wie im nordwestlichen Mittelmeerraum und im Schwarzen Meer. Man könnte ihn auch als Pionierfisch bezeichnen, denn durch Wasservögel wird häufig seine Brut in andere Gewässer und Kleinstgewässer verschleppt, die er dann erfolgreich besiedelt. Stichlinge sind extrem anpassungsfähig, und man kann sie sogar vorsichtig über eine Dauer von mehreren Wochen von Süß- auf Meerwasser umgewöhnen. Vom Dreistacheligen Stichling werden drei verschiedene Morphen anhand der Lateralplatten auf ihren Körperseiten unterschieden:

1. *Forma trachurus* mit Lateralplatten durchgängig von Brustflosse bis Schwanzstiel;
2. *Forma semiarmatus* mit Lateralplatten auf Köpermitte und Schwanzstiel und
3. *Forma leiurus* mit Lateralplatten nur in der Körpermitte.

**Marine Stichlinge** gehören gewöhnlich der *Forma trachurus* oder *semiarmatus* an, während die *Forma leiurus* nur im **Süßwasser** gefunden wird. Aufgrund dieser verschiedenen Formen wurden früher  mindestens 33 diverse Arten beschrieben. Man findet den Dreistacheligen Stichling vor allem im Flachwasser, wo er als Jungfisch in großen Schwärmen auftritt. Adulte Dreistachler leben als Einzelgänger. Beim Dreistacheligen Stichling Art färbt sich die Kehle des Männchens in der Laichzeit rot. Stichlingsmännchen bauen aus Algen- und Pflanzenteilen ein Nest, in das sie die Weibchen durch den sogenannten **Zickzacktanz** hineinlocken. Wenn die Weibchen hier ihre Eier abgelegt haben, werden sie vom Männchen vertrieben, welches nun die Eier besamt. Die Jungen werden bis zum Schlupf bewacht. Danach schwimmen diese frei und gehen auf die Jagd nach **Infusorien**.  Stichlinge werden nur 1-2 Jahre alt, und die meisten Alttiere sterben im Winter. Stichlinge in einem Aquarium zu beobachten und zu vermehren ist sehr reizvoll, doch muss man sich mit der Ernährung der Tiere viel Mühe geben, da sie ständig Lebend- oder Frostfutter benötigen. Außerdem dürfen sie nicht dauerhaft zu warm gehalten werden.
Wenn ein Stichling von einem Raubfisch gepackt wird, bereitet er diesem einen unerwarteten "Genuss", in dem er seine stilettartigen Bauchflossenstacheln ausklappt und zusätzlich die Stacheln seiner ersten Rückenflosse aufstellt. Den meisten Raubfischen ist solch eine Mahlzeit zu stachelig, und sie spucken den Stichling wieder aus. Im schlimmsten Fall verkeilt sich der Stichling so unglücklich im Rachen des Räubers, dass dieser ihn nicht mehr ausspucken kann. Dann verenden Räuber und Beute gemeinsam.
Eigentlich ist es ein weiterer Skandal, dass ein so häufiger Fisch wie der Dreistachelige Stichling auf zahlreichen Roten Listen als bedrohte Art geführt wird, denn man findet diese Tiere sogar in Habitaten, die für andere Fischarten zu klein oder zu schmutzig sind. Doch leider sind seine Bestände vor allem in den Kleingewässern des Binnenlandes seit Jahren rückläufig, was jedoch nicht für die in den Küstengewässern lebenden Populationen gilt.

**Seestichling – Männchen mit auffällig gelber Kehlfärbung**

**Seestichling – Weibchen**

Der **Seestichling**, der 14-18 Stacheln vor der Rückenflosse besitzt, kann Längen bis zu 20 Zentimetern erreichen. Diese Art kommt nur im See- und Brackwasser vor. In der Ostsee findet man den Seestichling auch in Hafenbecken. Die meisten Stichlinge sind dagegen recht universelle Fische, die sowohl in Süß-, Brack- und Meerwasser leben können. Man findet sie meist im flachen Wasser zwischen Algen und Seegras, wo sie riesige Schwärme bilden können. Alle Stichlingsarten weisen einen deutlichen Sexualdimorphismus auf. Beim Seestichling haben die Männchen während der Fortpflanzungszeit eine gelbe Kehle und Bauchseite, während die Weibchen eher bräunlich gefärbt sind. Bei allen Stichlingen bauen die Männchen Nester aus Wasserpflanzen, in die sie das Weibchen zur Eiablage hineintreiben. Danach werden die Weibchen vertrieben und das Männchen bewacht die Eier, bis die Brut ausgeschlüpft ist.

**Röhrenmäuler** sind Fische, die sich durch ihre pipettenähnlich gebaute Schnauze und eine mehr oder minder vorhandene Panzerung des gesamten Körpers auszeichnen. Ihr Zungenbein ist so beschaffen, dass sie mit ihrer Mundöffnung einen Unterdruck erzeugen können, mit welchem sie dann kleine Beutetiere einsaugen können. Es gibt schätzungsweise etwa einhundert verschiedene Arten von Seepferdchen, von denen manche noch nicht wissenschaftlich beschrieben wurden. Darüber hinaus gibt es mindestens viermal so viele Arten von Seenadeln. Die Haltung der meisten Arten ist nicht schwierig, sofern man ständig lebendes Futter beschaffen kann. Nur wenige Arten lassen sich an die Akzeptanz von Frostfutter gewöhnen. Dazu kommt noch, dass viele Arten – wie insbesondere die Seepferdchen – einen sehr kurzen Darm besitzen. Das bedeutet, dass sie im Grunde genommen immer im Futter stehen müssen, um nicht zu verhungern. Für die Aquarienhaltung bedeutet dieses, dass die Tiere mehrmals täglich mit Lebendfutter versorgt werden müssen. Hierfür eignen sich Futtertiere wie **Schwebegarnelen(*Mysis*)**, angereicherte **Salinenkrebschen(*Artemia*)** und deren **Nauplius-Larven** sowie kleine **Felsengarnelen(*Palaemon*)** und deren Larven. Für die Aufzucht von juvenilen Seepferdchen und Seenadeln benötigt man dagegen erheblich kleinere Futtertiere wie etwa **Ruderfußkrebse(*Copepoda*),** welche auf der Basis von Phytoplankton gezüchtet werden müssen. Bei den Seepferdchen und Seenadeln ist das Austragen der Brut Männersache. Wobei Seepferdchen eine Bruttasche am Bauch haben, in welche das Weibchen die Eier hineinlegt, während die Seenadeln zwei längliche Hautfalten am Bauch besitzen, welche als Bruttaschen fungieren. Bei guten Wasserverhältnissen sorgen Seepferdchen und Seenadeln regelmäßig für Nachwuchs, doch gilt die Aufzucht als schwierig. Ich empfehle daher, sich darüber im Internet in den einschlägigen Foren zu informieren, weil man so auch besser an aktuelle Erkenntnisse zu dieser Thematik gelangen kann. Abschließend sei angemerkt, dass **alle Seepferdchen** inzwischen den Schutz des **Washingtoner Artenschutzabkommens** genießen, so dass sie und die Nachzuchten nur noch mit CITES-Papieren gehandelt werden dürfen. Diese Maßnahme wurde leider notwendig, weil insbesondere die Chinesen getrocknete Seepferdchen gerne als Potenzmittel handeln und Phantasiepreise pro Kilogramm bezahlen. Man vergewissere sich daher vor dem Erwerb dieser Tiere besser, dass es sich um legale Nachzuchten handelt! Sonst droht Ungemach seitens der Unteren Naturschutzbehörde. Dieses gilt ganz besonders für die in Europa beheimateten Arten der Seepferdchen, weshalb man grundsätzlich nur legale Nachzuchten erwerben sollte. Vom Eigenimport aus dem Mittelmeer sollte man daher Abstand nehmen, um nicht mit dem Gesetz in Konflikt zu geraten.

Das **Kurzschnauzige Seepferdchen** kommt fast im gleichen Verbreitungsgebiet wie das **Langschnauzige Seepferdchen** vor, ist aber an nicht so vielen britischen Küsten zu finden und fehlt in Irland völlig. Es kann 15 Zentimeter Gesamtlänge erreichen. Der lateinisch-griechische Gattungsname "*Hippocampus*" bedeutet wörtlich übersetzt "**Pferderaupe**". Tatsächlich sehen Seepferdchen dem Springer eines Schachspiels sehr ähnlich, und in der Tat erinnert ihr Greifschwanz mit seinem Knochenpanzer an die Körpersegmente einer Raupe. Dass sie trotz ihres verknöcherten Äußeren so wendig und biegsam sind, ist wirklich erstaunlich. Wie der deutsche Name dieses Seepferdchens es schon verrät, ist ihr Röhrenmaul erheblich kürzer als der des Langschnauzigen Seepferdchens. Außerdem haben Kurzschnauzige Seepferdchen keine  langen Körperanhänge. Das Kurzschnauzige Seepferdchen entspricht von seiner Biologie her dem Langschnauzigen. Eine Besonderheit ist es, dass die Weibchen kurz vor der Paarung regelrecht "erblassen" und so ihre Balzstimmung anzeigen.

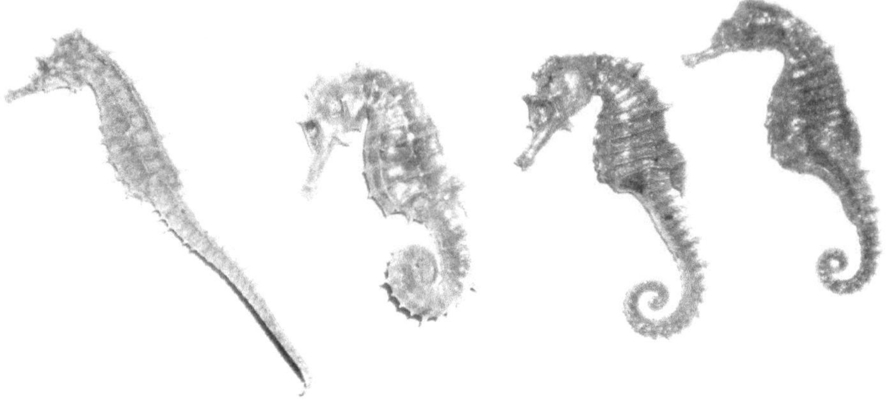

**Auch getrocknete Seepferdchen wie diese Präparate dürfen nicht mehr gehandelt werden. Das Verbot wird allerdings durch das Internet oft ausgehebelt...**

*Alle* Arten der Seepferdchen sind zwischenzeitlich streng geschützte Arten im Sinne des Washingtoner Artenschutzabkommens, weil vor allem die Chinesen in großem Stil getrocknete Seepferdchen als Potenz- und Heilmittel vermarktet haben. Dieses führte zu einem dramatischen Raubbau an den Seepferdchenbeständen weltweit, so dass man diesen per Dekret zu beenden hoffte. Allerdings ist es fraglich, ob diese Maßnahme wirklich Erfolg zeigen wird, da Kilopreise von 500 bis 1000 Dollar für ein Kilogramm getrockneter Seepferdchen immer ein starker Anreiz sein werden, sich über staatliche Verbote hinwegzusetzen...

Bei der Balz sind Männchen dunkel gefärbt, während Weibchen „erblassen".

**Links ein Männchen mit Bruttasche, rechts ein Weibchen mit Legeröhre**

Das **Langschnauzige Seepferdchen** kommt vor allem im gesamten Mittelmeer und im Atlantik um Südengland und Irland herum vor und hat seine nördlichste Verbreitung im Süden der Nordsee. Es kann etwa 15 Zentimeter Gesamtlänge erreichen. Die langen Fäden an Kopf und Rücken sind charakteristisch für diese Art. Seepferdchen gehören gemeinsam mit den Seenadeln zur Familie der Röhrenmäuler, den *Syngnathidae*. Die Mitglieder dieser Fischfamilie sind tatsächlich emanzipiert, weil bei ihnen die Männchen die Brut in einer speziellen Bruttasche am Bauch austragen, während die Weibchen ihre Eier lediglich in diese Tasche ablegen und sich nicht weiter um den Nachwuchs kümmern. Das Langschnauzige Seepferdchen pflanzt sich in der Zeit von April bis Oktober fort. Das Männchen trägt die Brut etwa 4 Wochen in seiner Tasche mit sich herum, ehe die Jungen mit einer Länge von etwa 15mm als vollständig entwickelte kleine Seepferdchen die Bruttasche verlassen. Seepferdchen lauern stets auf kleine Krebstiere, die sie sich mit ihrem Röhrenmaul regelrecht pipettieren, in dem sie ihre Beute durch einen starken Unterdruck ansaugen. Ihr Verdauungstrakt ist recht kurz, so dass sie immer relativ viel Futter benötigen, um nicht zu verhungern. Daher sind sie auch relativ schwierig im Aquarium zu halten, da sie manchmal nur lebendes Futter akzeptieren und die Beschaffung des Lebendfutters ein echtes Problem sein kann. Ihre Nachzucht ist bereits gelungen.

Die **Große Seenadel** ist ein recht großer Vertreter ihrer Familie und kann bis zu 50 Zentimeter Gesamtlänge erreichen. Sie ist sehr weit verbreitet, denn man findet sie sowohl bei den Färöer-Inseln, wo sie ihr nördlichstes Vorkommen hat, als auch um Großbritannien herum, vor den Küsten Norwegens, in der Nordsee, im Mittelmeer, im Schwarzen Meer, im gesamten Ostatlantik bis nach Südafrika und im Indischen Ozean bis nach Zululand an der südafrikanischen Küste entlang. Somit handelt es sich bei der Großen Seenadel schon fast um einen Kosmopoliten. Die Große Seenadel bewohnt Habitate mit Algenbeständen, doch ist sie nicht ganz so produktiv, da sie nur bis zu 200 Eier legt. Auch bei der Großen Seenadel übernimmt das Männchen das Brutgeschäft und trägt die Brut aus. Die Große Seenadel ist bei guter Fütterung dauerhaft haltbar, und eine Haltungsdauer von bis zu 6 Jahren kann ich aufgrund persönlicher Mitteilungen bestätigen. Es

ist jedoch nicht einfach, die Tiere an die Aufnahme von totem Frostfutter zu gewöhnen, so dass man ggf. Lebendfutter selbst züchten muss.

## Kleine Seenadel, *Syngnathus rostellatus* Linnaeus, 1758

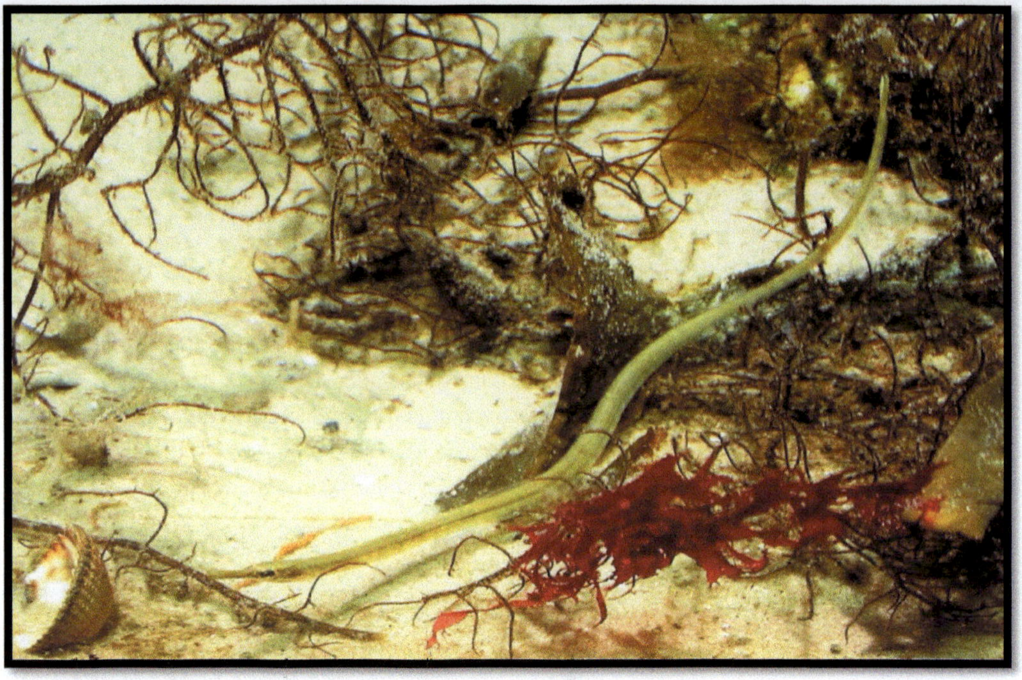

Die **Kleine Seenadel** kann eine Länge bis zu 20 Zentimetern erreichen und kommt in der Nord- und Ostsee vor. Sie hält sich meist in geringen Tiefen von der Flachwasserzone bis in etwa 20 Meter Tiefe auf. Die Kleine Seenadel ist einer der häufigsten Vertreter ihrer Familie und kann häufig in der Nähe von Algen angetroffen werden. Aufgrund ihrer grünbräunlichen Färbung kann man sie von oben durch die Wasseroberfläche meist nicht sehen, und man fängt sie mit dem Rahmenkescher eher zufällig. Auch kann man sie in Hafenbecken mit dem beköderten Senknetz fangen, da sie sich von dem Geruch frischer Beutetiere anlocken lässt. Die Art kann im Aquarium bei entsprechend guter Fütterung mit Lebendfutter gehalten und auch nachgezüchtet werden. Das kleine Foto zeigt ein Männchen, welches am deutlich verbreiterten Bauch zu erkennen ist. Hier bildet sich eine Bruttasche, in welche das Weibchen die Eier legt, welche dann vom Männchen befruchtet und ausgetragen werden, bis die voll entwickelten jungen Seenadeln ausschlüpfen. Das hier gezeigte Exemplar wurde im Juni aufgefunden und stand kurz vor dem Freisetzen der lebenden Jungtiere. Diese haben beim Schlupf eine Körperlänge von etwa 10 Millimetern.

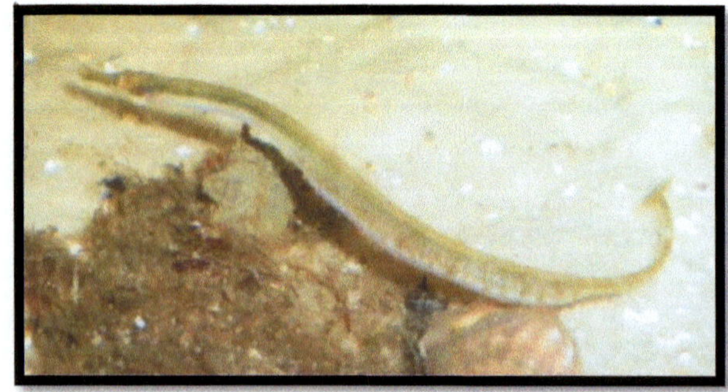

Frisch geschlüpfte Seenadeln, sie jagen bereits Copepoden.

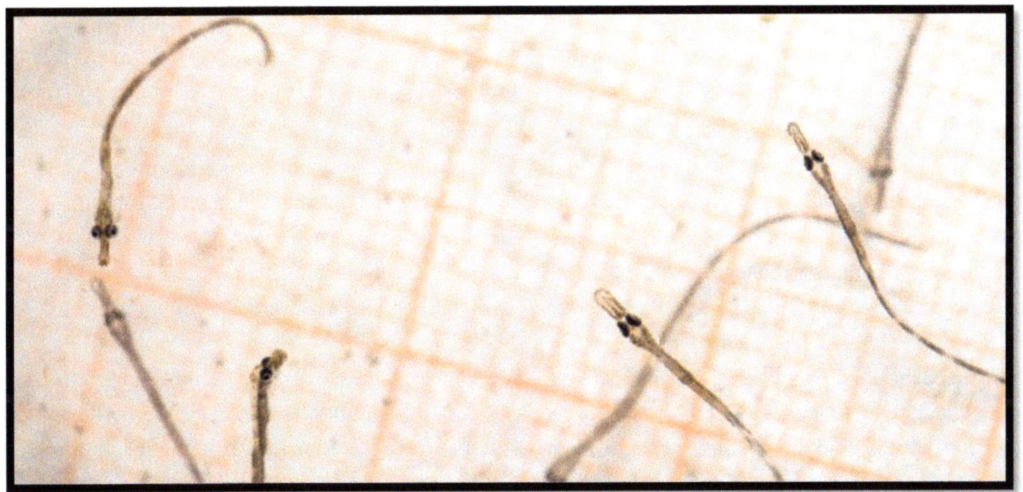

Im Glas über Millimeterpapier lässt sich die Größe der Brut bestimmen.

Die **Krummschnauzige Schlangennadel** kommt bereits ab dem Flachwasserbereich bis etwa 30 Metern Tiefe vor und erreicht eine Länge von knapp 20 Zentimetern. Diese Art kommt vorwiegend in der nördlichen Nordsee an den britischen Küsten, im Kattegat und in Südnorwegen vor, aber auch an Teilen der spanischen Mittelmeerküste. Schlangennadeln haben keine Brust- und Schwanzflosse. Diese Tiere sind aufgrund ihrer kurzen Schnauze unverwechselbar mit anderen Seenadeln. Wie bei den Seepferdchen tragen auch bei den Seenadeln die Männchen die Brut in einer speziellen Bruttasche am Bauch aus. Während des Sommers können die Männchen dieser Art 60-90 Junge austragen, die mit einer Länge von knapp einem Zentimeter „geboren" werden. Erst mit 2 Jahren wird diese Schlangennadel geschlechtsreif.

Abschließend sei angemerkt, dass vor allem in der Ostsee die gattungsverwandte **Kleine Schlangennadel** *Nerophis ophidion* vorkommt. Diese hat keine krumme Schnauze, dafür aber einen sehr langen Schwanzstiel ohne Schwanzflosse. Mit diesem kann sie sich an Seetang aktiv anklammern, in dem sie diesen umschlingt. Dies ist ein sehr typisches Verhalten der Schlangennadeln, die sich so einerseits vor Feinden verstecken und andererseits gut getarnt ihrer Beute auflauern.

Weniger bekannt ist dagegen, dass auf dem äußeren Knochenpanzer mancher Schlangennadeln auch kleine Fadenalgen wachsen, welche den Umriss des Fisches gegen den Hintergrund perfekt auflösen und die Schlangennadel so auch für die gefiederten Beutegreifer aus der Luft nahezu unsichtbar machen.

Die Aquarienhaltung solcher kleinen Schlangennadeln ist nur möglich, wenn man entsprechend viele kleine lebende Beutetiere wie etwa das **Salinenkrebschen** *Artemia salina* stets ausreichend vorrätig hat, denn es ist nur schwer möglich, solche kleinen Röhrenmäuler an Frostfutter zu gewöhnen.

Die **Kleine Schlangennadel** ist uns vor allem aus der Ostsee bekannt, wo man sie regelmäßig in Ästuarien sowie im Flachwasserbereich der Algenzone antrifft. Die Art ist jedoch ebenfalls aus Mittel- und Schwarzem Meer sowie aus der nördlichen Nordsee bis Norwegen bekannt. Sie erreicht eine Länge von etwa 30 Zentimetern im weiblichen und von 25 Zentimetern im männlichen Geschlecht. Diese Schlangennadel hat ebenfalls keine Schwanzflosse wie die anderen Arten ihrer Gattung. Die Kleine Schlangennadel benutzt ihren flossenlosen Schwanz als Greifschwanz, mit welchem sie sich an Algen festhält, um so auf vorbeitreibende Beute lauern zu können. Darüber hinaus kann man häufig Exemplare dieser Art finden, auf deren äußerem Knochenpanzer lebende Fadenalgen angewachsen sind. Dieses verleiht dieser Seenadel einen einzigartigen Schutz gegen Fressfeinde, da die Schlangennadel nun selbst wie ein Stück treibende Alge aussieht. Deshalb kann sie es sich auch leisten, so getarnt dicht unter der Wasseroberfläche dem Meeresplankton aufzulauern. So haben es selbst Seevögel sehr schwer, diese Seenadel aus der Luft als Beute auszumachen. Diese Schlangennadel weist einen echten Sexualdimorphismus auf, da die Weibchen als einzige einen bläulichen Streifen am Bauch aufweisen (siehe Bild oben links). Wie bei anderen Arten der Familie tragen die Männchen die Brut aus (siehe Bild oben rechts).

Die **Grasnadel** kann eine Länge bis zu 35 Zentimeter erreichen und kommt von Norwegen, den Britischen Inseln, dem Asowschen und Schwarzen Meer, dem Mittelmeer und der Ostsee im Ostatlantik bis nach Marokko vor. Sie gehört nicht zu den arktischen Arten, die in die Nordsee eindringen, sondern liebt es etwas wärmer. Deshalb hält sie sich auch meist in geringen Tiefen von der Flachwasserzone bis in etwa 20 Meter Tiefe auf. Die Grasnadel kann kaum mit anderen Seenadeln verwechselt werden, weil sie im Profil betrachtet eine erheblich breitere Schnauze hat als die anderen Arten. Die Grasnadel ist einer der häufigsten Vertreter ihrer Familie, und kann bei Ebbe häufig in der Nähe von Algen angetroffen werden. Aufgrund ihrer meist grünbräunlichen Färbung kann man sie von oben durch die Wasseroberfläche meist nicht sehen, und man fängt sie mit dem Rahmenkescher eher zufällig und blind. Auch kann man sie in Hafenbecken mit dem beköderten Senknetz fangen, da sie sich von dem Geruch frischer Beutetiere anlocken lässt.

Die **Große Schlangennadel** erreicht im weiblichen Geschlecht eine Länge von 60 und im männlichen Geschlecht etwa 40 Zentimetern. Sie ist weit verbreitet, und kann von den Küsten Islands und Norwegens bis zu den Azoren gefunden werden. Sie kommt auch in Nordsee und Ostsee vor, wo sie auch im Brackwasser anzutreffen ist und den gleichen Lebensraum bewohnt wie der **Seestichling *Spinachia spinachia***. Schlangenadeln besitzen weder Brustflossen noch haben sie eine Schwanzflosse. Sie sind typische Bewohner der Algenzone, und da die Fischer mit ihren Netzen nicht gerne Algenbestände mit einsammeln wollen, werden sie nicht oft als Beifang angelandet. Schlangennadeln wiegen sich typischerweise zwischen den Algen in der Strömung hin und her und hoffen darauf, dass ihnen kleine Krebstiere oder Fischbruten  direkt vor das Maul schwimmen. Diese werden dann durch ein geschicktes Umlegen des Zungenbeines durch den entstehenden Unterdruck regelrecht einpipettiert, durch das lange Röhrenmaul gesaugt und dann gefressen. Die meisten Röhrenmäuler der Familie ***Syngnathidae*** akzeptieren nur lebendes Futter, und sind deshalb nur von sehr erfahrenen Aquarianern dauerhaft haltbar, wenn die Futterbeschaffung gewährleistet ist. Häufig ist es nicht möglich, diese Tiere an Frostfutter zu gewöhnen, da sie die Bewegung der Beute benötigen, um zuzuschnappen. Schlangennadeln sind recht produktive Tiere, die bis zu 1.000 Eier pro Brut austragen können. Auch bei ihnen tragen die Männchen die Brut aus, und zwar in einer zweiteiligen Bruttasche, die sie unter dem Körper tragen. Nach einigen Wochen werden dann die kleinen Schlangennadeln lebend geboren und in die Freiheit entlassen. Man sollte es meinen, dass die Nachzucht von lebendgebärenden Fischen eigentlich einfach sein sollte, doch stellt die Beschaffung von ausreichenden Mengen an Futtertieren das Hauptproblem bei der Aufzucht der Jungtiere dar. Auch reagieren diese häufig sehr empfindlich auf organische Belastungen durch nicht verwertete Futtertiere oder eingegangene Artgenossen im Aufzuchtbehälter, so dass die Nachzucht solcher Tiere auch weiterhin Spezialisten vorbehalten bleiben dürfte.

Die meisten **Skorpionsfische** sind überwiegend in subtropischen und tropischen Meeren zu finden. Zu den bekanntesten Vertretern in unseren Breiten gehören die **Rotbarsche** der Gattung *Sebastes* und die **Drachenköpfe** aus der Gattung *Scorpaena*. Lokal werden manche Skorpionsfische als Delikatesse geschätzt und gegessen. So verwendet man im Mittelmeerraum Drachenköpfe und Himmelsgucker sehr gerne für die traditionelle Bouillabaisse, eine Fischsuppe. Die Verwendung dieser giftigen Tiere als Speisefisch ist durchaus möglich, weil die Gifte dieser Fische aus Eiweißen bestehen, die beim Kochen zerfallen. Es sei jedoch dringend davon abgeraten, tropische Skorpionsfische in gleicher Weise verarbeiten zu wollen, da diese unter Umständen Gifte enthalten können, welche sich nicht zersetzen und somit Leben und Gesundheit des Gourmets gefährden. Von den etwa 300 bekannten Arten der Skorpionsfische sind allerdings nur etwa 80 Arten giftig. Dabei stehen meist die ersten Stacheln der Rückenflosse und die ersten Stachelstrahlen der Brustflosse mit einer Giftdrüse in Verbindung. Die Giftstacheln der Skorpionsfische besitzen gezackte Kanten, weshalb bei einem Stich kleine Splitter in der Wunde zurückbleiben und spätere Sekundärinfektionen auslösen. Die Stiche selbst sind sehr schmerzhaft, aber nur selten tödlich. Nach einem Stich sollte die Wunde möglichst gut gereinigt und desinfiziert werden, in einigen Fällen macht es auch Sinn, sich ein Antiserum zu beschaffen. Die meisten Skorpionsfische gebrauchen ihre Giftwaffe zum Glück nur passiv wenn man auf sie tritt oder versehentlich in einen der gut getarnten Fische hinein greift. Lediglich die Gruppe der Rotfeuerfische ist auch bekannt dafür, gezielt anzugreifen und dabei die Stacheln der Rückenflosse einzusetzen. Deshalb ist bei der Fütterung dieser Tiere in einem Aquarium am besten eine große Futterpinzette einzusetzen. Die Fütterung mit bloßer Hand verbietet sich hier von selbst! Auch wenn man sich bereits viele Jahre lang mit Pflege und Haltung solcher Tiere beschäftigt hat, sollte einen das niemals dazu verleiten, sorglos zu werden. Ein respektvoller Umgang mit diesen interessanten Tieren sei immer angeraten, insbesondere auch bei der Reinigung des Aquariums. Man tut gut daran, stets zu wissen, wo sich die gepflegten Fische gerade aufhalten oder verstecken. Da manche Arten wie etwa Himmelsgucker und Teufelsfische sich in das Substrat eingraben können, ist die Lokalisation eines Skorpionsfisches selbst in einem überschaubaren Aquarium manchmal gar nicht so leicht. Die meisten Skorpionsfische sind ruhige Lauerräuber, die darauf warten, dass ihnen eine geeignete Beute direkt vor das Maul schwimmt. Ideal wäre es daher, einen Skorpionsfisch bei der Eingewöhnung mit lebenden Garnelen oder Fischen zu füttern. Manche Skorpionsfische nehmen dann später auch tote Futtertiere an, wenn man damit vor ihrer Nase herumwedelt. Ein Steinfisch der Gattung *Synanceia* benötigt übrigens nur ganze 15 Millisekunden, um sich ein Futtertier einzusaugen! Leider gelten die Bestände des Rotbarsches bereits seit Jahren als überfischt, so dass an dieser Stelle empfohlen wird, auf den Genuss dieser Art besser zu verzichten. Zur Überfischung kam es, weil Rotbarsche lebendgebärende Fische sind und im Vergleich zu anderen Arten weniger Nachwuchs produzieren und viel länger brauchen, um selbst geschlechtsreif zu werden. Je mehr Verbraucher darauf verzichten, desto unrentabler für die Fischereiwirtschaft. Und desto besser für die Art!

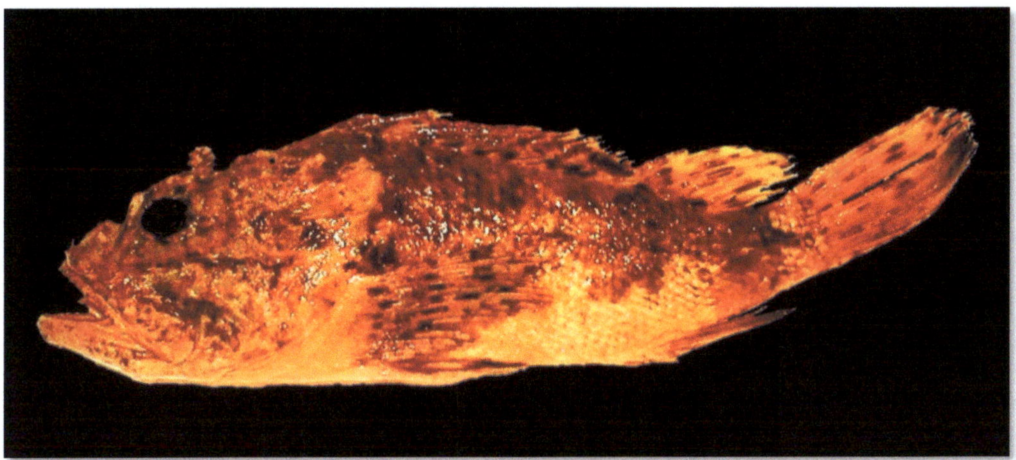

Die **Europäische Meersau** ist ein typischer Drachenkopf, den man im gesamten Mittelmeer, an den nordafrikanischen Küsten des Atlantiks, an den südwestlichen Küsten der britischen Inseln und seltener auch im Ärmelkanal antreffen kann. Dabei halten sich die Tiere in Tiefen zwischen 5 und 200 Metern auf. Die Art erreicht eine Größe von bis zu 50 Zentimetern und ist deshalb trotz ihrer Giftigkeit in mediterranen Ländern ein geschätzter Speisefisch, der vor allem in der traditionellen *Bouillabaisse* der Südfranzosen nicht fehlen darf. Von anderen Arten der Gattung kann man die Meersau anhand der Hautanhängsel unter dem Unterkiefer und des kleinen pinselartigen Hautbüschels über dem Auge unterscheiden. Auch dieser Drachenkopf besitzt giftige Flossen- und Kiemendeckelstacheln. Es sei darauf hingewiesen, dass die Meersau als giftigste Art der europäischen Drachenköpfe gilt, und dass ihr Gift auch nach dem Ableben des Tieres noch wirksam ist. Kindern und Allergikern droht nach einem Stich Lebensgefahr, weshalb ein respektvoller Umgang mit jeglichen Exemplaren dieser Art immer angemessen ist. Die Europäische Meersau hält sich gerne auf felsigen Substraten oder assoziiert zu Korallenriffen auf, wobei sie sich auch die Inbesitznahme exponierter Aussichtsplätze leisten kann. Hier lauert dieser Drachenkopf auf kleine unvorsichtige Fische und Garnelen, die blitzschnell eingeschlürft werden, wenn sie dem Maul des Räubers zu nahe kommen. Drachenköpfe sind ideale Aquarienfische, da sie wenig Schwimmdrang und damit relativ geringe Platzansprüche haben. Beim Hantieren im Aquarium muss man immer sehr behutsam vorgehen, um das Tier nicht zu erschrecken, und um kein panisches Aufschwimmen mit möglichen Stichen zu provozieren. Vergesellschaften kann man Drachenköpfe nur mit gleichgroßen Fischarten, die von ihrer Größe her nicht zur Beute des Fisches werden können. Bei einer zunehmenden Erwärmung der Nordsee ist damit zu rechnen, dass sich Arten wie die Europäische Meersau dauerhaft auf den Müllriffen in der südlichen Nordsee fest etablieren könnten und so zu einem regulären Beifangtier unserer Krabbenfischerei werden.

## Rotbarsch, *Sebastes norvegicus* (Ascanius, 1772)

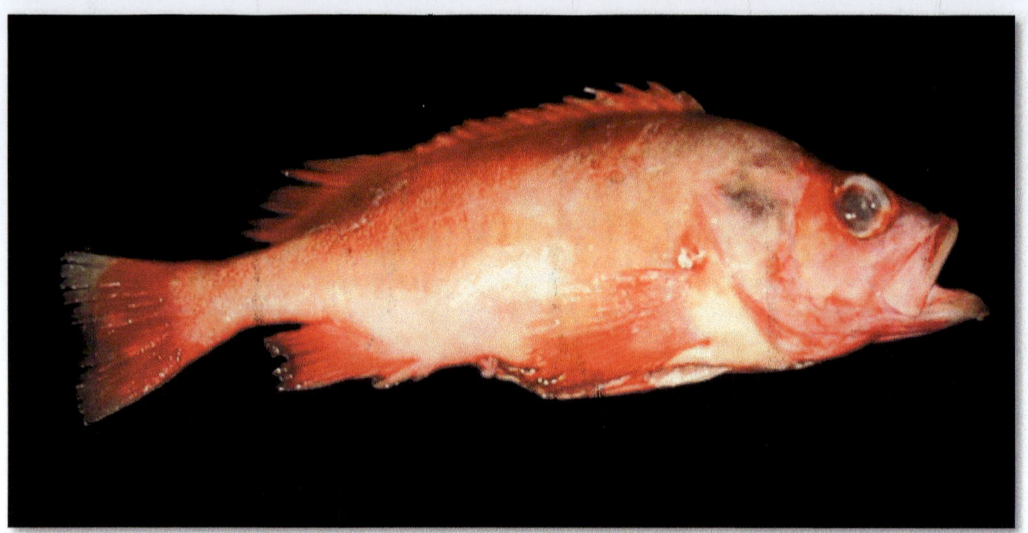

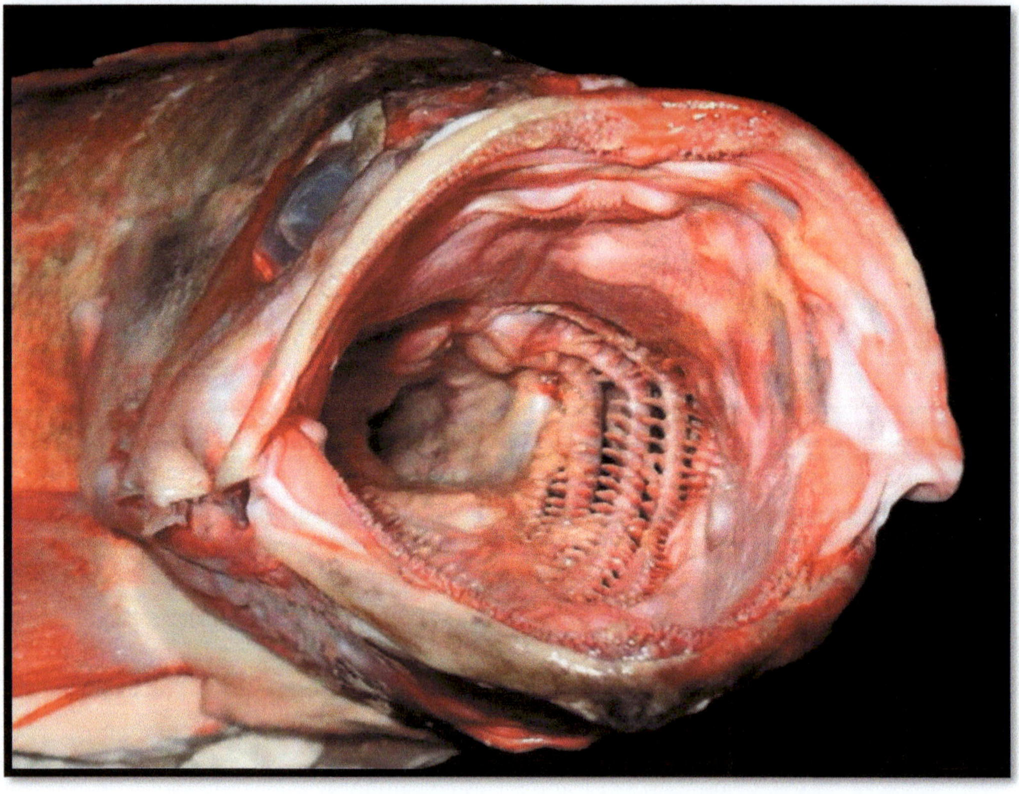

**Rotbarsch – den Reusendornen seiner Kiemen entgeht keine einmal geschluckte Beute!**

Der **Rotbarsch** kann etwa einen Meter Länge und 15 Kilogramm Gewicht erreichen. Rotbarsche können 60 Jahre alt werden und erreichen die Geschlechtsreife erst im Alter von 10 bis 12 Jahren. Aufgrund dieser hohen Lebensdauer, verbunden mit dem späten Erreichen der Geschlechtsreife, sind die Bestände des Rotbarsches durch Überfischung ständig bedroht. Glücklicherweise können die Fangflotten Fischarten durch übermäßiges Fischen nie komplett ausrotten, da es nicht möglich ist, alle Individuen einer Art aus dem Meer abzugreifen, doch sorgen sie dafür, dass die Fischerei unrentabel wird, wenn die Fänge zurückgehen. Die einzige Konsequenz dieses Raubbaues ist, dass die Fischereiflotten in ihren Heimathäfen verrotten. Rotbarsche sind lebendgebärende Fische, bei denen tatsächlich eine innere Befruchtung stattfindet. Die Paarungen finden von Sommer bis Herbst statt, wobei die Weibchen den Samen des Männchens aufnehmen und bis zum Winter speichern; erst dann werden die Eier befruchtet. Die Weibchen gebären dann kleine Fischlarven von etwa 8 Millimetern Länge, und zwar 50.000 bis 350.000, abhängig von der Größe des Weibchens. Diese Larven leben zunächst in Oberflächennähe und wandern erst ab Größen von 3cm bis 5cm in Tiefen von 100 bis 200 Meter Tiefe ab. Sie wachsen langsam und benötigen mindestens 3 bis 4 Jahre, bis sie 15cm lang sind. Rotbarsche sind Räuber, die zunächst kleine Krebstiere fressen, und sich später auf immer größere Beutetiere spezialisieren. Wenn sie ausgewachsen sind, erbeuten sie Fische wie z.B. Lodden, Dorsche und Heringe. Rotbarsche, die man aus dem Speisefischhandel erhält, haben meistens dick aufgequollene Augen und aus dem Maul hängende Eingeweide. Dieses hängt damit zusammen, dass die Tiere beim Fangen zu schnell aus dem Wasser geholt werden, so dass ihnen der verminderte Tiefendruck schnell den Garaus macht, denn sie werden aus Tiefen von 100 bis 500 Metern emporgezogen. Durch die dehnt sich die Luft in der der Fische aus, und drückt solche den Magen des Fisches durch sein Außerdem werden die Augen und die Fische stark beschädigt, so dass ein so keine Überlebenschance hat. Wenn Wasser gezogen wird, kommt noch dazu, der die Fische von außen schließlich an Deck plumpsen, sind

Druckänderung Schwimmblase Organe wie z.B. Maul nach außen. Gehörknochen der gefangener Fisch das Netz aus dem der Netzdruck quetscht. Wenn sie sie meistens schon

tot oder befinden sich in den letzten Zuckungen. Nach dem Fang werden sie meist maschinell sortiert und je nach Gewichtsklasse in verschiedenen speziellen Kammern auf Eis gelegt. Bei einer Temperatur, die ca. bei 0° Celsius gehalten wird, bleiben Fische tage- und wochenlang frisch und werden von den Trawlern erst dann in den Fischereihäfen abgeliefert, wenn die Bunker des Trawlers gut gefüllt sind. Wenn man also "frischen" Rotbarsch auf einem Markt kauft, kann man davon ausgehen, dass dieser bereits vor einigen Wochen aus dem Meer geholt wurde. Die starke und intensive Rotfärbung des Rotbarsches bleibt nur unter Lagerbedingungen erhalten, bei denen der Fisch keinem Lichteinfluss ausgesetzt ist. Das Bild der Briefmarke(oben) zeigt den nahe verwandten **Kleinen Rotbarsch** *Sebastes mentella*, welcher nur etwa 40 Zentimeter Länge erreicht. Dieser kann von Meeresanglern insbesondere in den norwegischen Fjorden vom Boot aus hervorragend beangelt werden.

Der **Kleine Rotbarsch** kann zwar Längen bis zu 65 Zentimetern erreichen, bleibt aber meist erheblich kleiner bei Längen von 15-25 Zentimetern. Man findet ihn in der nördlichen Nordsee, um die britischen Inseln herum, selten auch im Ärmelkanal und darüber hinaus nördlich bis Island. Selten wurde er auch schon vor den Küsten Grönlands gefangen. Er lebt in Tiefen von 50 bis etwa 300 Metern und hat eine extrem langsame und ruhige Lebensweise, die es ihm bei den geringen Temperaturen des Nordatlantiks ermöglichen,  ein Alter von bis zu 40 Jahren erreichen zu können. Wie sein lateinischer Artname „viviparus" es andeutet, ist auch der Kleine Rotbarsch eine lebendgebärende Fischart mit innerer Befruchtung, was für barschartige Fische eher ungewöhnlich ist. Solche Tiere werden in öffentlichen Aquarien leider nur selten ausgestellt, sind aber bei einer Pflege in entsprechend gekühlten Aquarien viele Jahre lang gut haltbar. Wegen ihres stark verlangsamten Stoffwechsels benötigen sie auch nicht allzuviel Nahrung und fügen sich daher sehr harmonisch in eine Vergesellschaftung mit ähnlich großen anderen Fischarten ein. Kleine Fische und Garnelen werden jedoch von ihnen gefressen. Die großen Augen dieser Art verraten den Tiefenbewohner, dessen Augen wie Restlichtverstärker funktionieren. Deshalb sind diese Fische sehr lichtempfindlich und müssen bei entsprechend gedämpfter Beleuchtung gepflegt werden.

Alle **Knurrhähne** haben einen mit starken Panzerplatten ausgestatteten dicken Kopf, der mit Haut und manchmal auch Stacheln überzogen ist. Manche Arten besitzen auch eine bestachelte Seitenlinie. Das auffälligste Merkmal sind jedoch die ersten drei frei beweglichen Stachelstrahlen der Bauchflossen, mit denen die Knurrhähne über den Meeresgrund „zu laufen" scheinen. Jedoch bewegen sie sich keinesfalls damit fort, sondern verwenden diese Flossenstrahlen, um damit kleine Beutetiere zu ertasten oder sogar zu erschmecken. Die Familienbezeichnung verdanken die Knurrhähne der Tatsache, dass sie mit ihrer Schwimmblase grunzende und knurrende Geräusche erzeugen können, wenn sie aus dem Wasser genommen werden.

## Seekuckuck, *Aspitrigla cuculus* (Linnaeus, 1758)

Der **Seekuckuck** kommt von den westlichen britischen Inseln und der dänischen Beltsee im Norden bis zu den nordafrikanischen Küsten und im gesamten Mittelmeer vor. Er erreicht eine Endgröße von bis zu 50 Zentimetern und kann in Tiefen von etwa 15 bis 400 Metern angetroffen werden. Man kann ihn auf den ersten Blick leicht mit dem **Roten Knurrhahn *Chelidonichthys lucernus*** verwechseln, doch hat er im Gegensatz zu diesem niemals blaue Farbmuster auf den Brustflossen. Auch ist er vom Körperbau her länger und nicht so gedrungen wie der Rote Knurrhahn. Seine Färbung kann rötlich sein oder manchmal auch gelblich. Der Seekuckuck wird auch im deutschen Speisefischhandel angeboten. Er hat gutes, aber leider grätenreiches Fleisch. Oft kann man in frisch gefangenen Knurrhähnen auch noch unverdaute Beutetiere vom Meeresgrund finden, wie etwa Einsiedlerkrebse und Schwimmkrabben.

Der **Rote Knurrhahn** kann eine Länge von bis zu 75 Zentimetern und ein Gewicht bis zu 6 Kilogramm erreichen. Er ist im Nordostatlantik weit verbreitet, und kommt von Norwegen, wo sein nördlichstes Vorkommensgebiet ist, um Großbritannien herum, in der Nordsee, im Mittelmeer, im Schwarzen Meer und an der afrikanischen Küste bis zum mauretanischen Cape Blanc vor. Dieser Knurrhahn lebt häufig bodenorientiert, wo er kleinen Fischen, Krebsen und Weichtieren nachstellt, doch trifft man ihn auch freischwimmend im offenen Wasser an, wo er vor allem auf kleine Fische wie Sprotten, Sardinen und ähnliche Jagd macht. Eine anatomische Besonderheit dieses Fisches sind die drei langen fingerartigen Strahlen der Brustflosse, mit denen er über den Meeresgrund zu "laufen" scheint. Mit diesen Tastern ertastet er sein Beutetiere, und ich würde es durchaus für möglich halten, dass er damit auch schmecken kann. Knurrhähne verdanken übrigens ihren Namen der Tatsache, dass sie mit ihrer Schwimmblase tatsächlich knurrende Geräusche erzeugen können, wenn man sie aus dem Wasser nimmt. Es ist eine faszinierende Erfahrung, wenn man das schon einmal erleben konnte. Manchmal wird behauptet,  dass Knurrhähne Giftstacheln besitzen würden, doch handelt es sich bei ihren Stacheln an den Kiemendeckeln und der ersten Rückenflosse nicht um mit einer Giftdrüse verbundene Stacheln. Vielmehr ist es so, dass auf der Haut des Knurrhahns eine Schleimschicht vorhanden ist. Wenn man sich dann an einem Stachel eines lebenden oder toten Knurrhahns sticht, gelangt auch der Schleim mit in die Wunde und kann dort eine Verunreinigung hinterlassen, die eine starke Wundinfektion herbeiführen kann. Deshalb sollte man solche Stichwunden möglichst sofort ordentlich bluten lassen, gut reinigen und dann desinfizieren, um solche Komplikationen zu vermeiden. Knurrhähne werden von den Fischern eigentlich eher als Beifangtiere beim Fang von Plattfischen oder Sandgarnelen angelandet, doch werden sie auch durchaus als Speisefische verwertet. Dabei werden sie als Bratfisch oder als Räucherfisch an den lokalen Märkten angeboten. Ihr Fleisch hat einen sehr guten Geschmack, doch haben Knurrhähne viele Gräten, die vielen den Genuss verleiden. Knurrhähne sind in öffentlichen Schauaquarien viele Jahre haltbar, doch wird es problematisch, wenn sie Laichansatz bekommen. Denn dann schwimmen sie vorzugsweise Richtung Wasseroberfläche, können aber wegen des fehlenden Tiefendrucks nicht ablaichen. Solche Tiere müssten eigentlich ins Meer zurückgebracht werden, damit sie dort für die Erhaltung ihrer Art sorgen können. Sie können mit gleich großen Fischen problemlos zusammen gehalten werden, jedoch nicht mit Kleinfischen jeglicher Art. Die Eingewöhnung wild gefangener Knurrhähne ist problematisch. Prämisse ist, dass die Tiere in nicht mehr als 5 bis 6 Metern Tiefe gefangen wurden. Nach dem Fang dürfen sie nicht mit Netzen gekeschert werden, sondern müssen vorsichtig mit kleinen Eimern möglichst stressfrei umgesetzt werden. Da ihre schleimige Haut sehr empfindlich ist, müssen sie außerdem stets mit Antiparasitika behandelt werden. Sie benötigen klares sauerstoffreiches Wasser, das immer ausreichend von entsprechend starken Pumpen umgewälzt wird. Knurrhähne tolerieren zu warmes Wasser nur für kurze Intervalle von einigen Tagen.

**Männchen des Roten Knurrhahns sind etwas rötlicher gefärbt  als die eher bräunlich-dezent getönten Weibchen.**

**Auf diesem Bild erkennt man sehr gut die frei stehenden Strahlen der Brustflossen, mit welchen der Rote Knurrhahn seine Beute ertastet. Es ist sehr wahrscheinlich, dass der Knurrhahn damit auch schmecken kann. Hier ein Weibchen mit halb vorgestülptem Maul bei der Nahrungsaufnahme.**

**Rechts:**
**Ein Jungtier mit großen Augenflecken auf den Brustflossen. So kann man Attacken von oben erfolgreich abwehren!**

# Grauer Knurrhahn, *Eutrigla gurnardus* (Linnaeus, 1758)

Der **Graue Knurrhahn** trägt diesen Namen zu Unrecht, denn lebende Exemplare leuchten bronzefarben bis golden und sind alles andere als grau! Er kann eine Maximallänge von 60 Zentimetern und ein Gewicht von etwa einem Kilogramm erreichen. Er kommt von Island im Norden bis nach Marokko im Süden vor. Des Weiteren findet man ihn auch in der Nordsee, im Mittelmeer und im Schwarzen Meer. Der Graue Knurrhahn lebt in kleinen Gruppen auf Weichböden, seltener auch auf steinigen Substraten, wo er bis in Tiefen von mehr als 300 Metern vordringen kann. Dabei hat er sich darauf spezialisiert, kleine Bodenfische wie Plattfische, Grundeln und Sandaale, aber auch kleine Heringe zu erbeuten. Auch Garnelen und kleine Krabben sind vor ihm nicht sicher. Genau wie der Rote Knurrhahn kann er seine Beutetiere mit den ersten drei Strahlen seiner Brustflossen ertasten, die auch bei ihm fingerartig aussehen, und mit denen er über den Meeresgrund "läuft". Der Graue Knurrhahn gehört zu den Fischarten, die eine bathypelagische Lebensweise haben, denn nachts steigt er auch Richtung Wasseroberfläche auf. Knurrhähne gehören systematisch betrachtet zur Familie der *Triglidae*, den sogenannten **Panzerwangen**. Und ihr Kopf ist in der Tat mit mehreren Panzerplatten bedeckt, was man an dem nebenstehenden Foto sehr gut erkennen kann. Auch die Kopfpanzerung des Grauen Knurrhahns weist mehrere Stacheln auf, an denen unvorsichtige Angler oder Köche sich schnell empfindlich stechen können. Doch der Graue Knurrhahn besitzt keine Giftdrüse, so dass Entzündungen von Wunden ausschließlich normale Wundinfektionen darstellen. Von April bis August gehen diese Fische ihrem Laichgeschäft nach, wobei zwischen 200.000 und 300.000 Eier pro Weibchen ausgestoßen werden können. Die Eier sind mit einem Durchmesser von 3-4mm verhältnismäßig groß, und die Larven schlüpfen bereits nach etwa einer Woche aus. Anfänglich leben sie freischwimmend im Wasser, und gehen erst mit einer Länge von etwa 3cm zum Leben am Boden über. Die Männchen benötigen etwa 3 Jahre, um geschlechtsreif zu werden, die Weibchen etwa 4 Jahre. Diese für Kaltwasserfische frühzeitige Geschlechtsreife und die hohe Reproduktionsrate dieser Art schützen sie vor Überfischung. Das könnte sich in Zukunft ändern, wenn die üblicherweise kommerziell gefischten Arten überfischt wurden, und die Fischerei nach Alternativen sucht. Eine anatomische Besonderheit dieses Fisches stellt seine bestachelte Seitenlinie dar, die es unmöglich macht, ihn gegen den Strich zu streicheln. Seine rotgoldene Färbung könnte auch einen Sexualdimorphismus der männlichen Tiere darstellen, doch konnte ich dieses noch nicht eindeutig verifizieren. Das Herumlaufen auf dem Bodengrund und das im Boden nach Nahrung forschen sind ein typisches Verhalten dieser Art. Im Aquarium sind sie sehr gut und ausdauernd haltbar, und können leicht mit einer Kost aus Garnelen und Fischstückchen bei Laune gehalten werden. Wenn sie gut ernährt werden, können sie sogar mit Krebstieren vergesellschaftet werden, die sie sonst eigentlich fressen würden. Prämisse hierfür ist es jedoch, dass das Aquarium groß genug ist.

Dieses Bild belegt eindrucksvoll, warum Knurrhähne auch als „Panzerwangen" bezeichnet werden. Diese Panzerung dient als passiver Fraß-Schutz gegen große Raubfische.

Die **Scheibenbäuche** wurden in der älteren Literatur einheitlich als *Cyclopteridae* geführt, wurden aber nunmehr in zwei verschiedene Familien gestellt. Gemeinsam ist beiden Familien, dass ihrer Vertreter zu Saugnäpfen umgewandelte Bauchflossen besitzen, mit denen sie sich an **Laminarien** oder großen Steinen fest ansaugen können. Darüber hinaus besitzen Scheibenbäuche stets sehr viel Körperschleim und ein sehr weiches Körpergewebe, was sie wahrscheinlich für zahlreiche Fressfeinde unattraktiv macht. Die Angehörigen der *Cyclopteridae* besitzen darüber hinaus kleinere Knorpelwarzen und große Knorpelhöcker auf der Haut, wodurch sie einen zusätzlichen passiven Fraßschutz erhalten

## Seehase, *Cyclopterus lumpus* Linnaeus, 1758

Der **Seehase** oder **Lump** ist ein friedlicher Fisch, dessen Weibchen etwa 50 Zentimeter lang werden, die Männchen werden nur bis zu 40 Zentimeter lang. Die Seehasen der Ostseepopulation bleiben erheblich kleiner und werden nur halb so groß. Jungtiere kommen bereits im Flachwasserbereich vor, während die adulten Seehasen sich in 20-200 Metern Tiefe sowie freischwimmend im offenen Meer aufhalten. Junge Seehasen ernähren sich von Kleintieren, während die adulten Tiere Krill, Rippenquallen und Teile von Wasserpflanzen fressen. Selbst macht dieser erstaunliche Fisch im Nordatlantik einen wesentlichen Bestandteil der Nahrung von Pottwalen aus. Seehasen werden in skandinavischen Ländern geräuchert, aber auch frisch gegessen. Des Weiteren wird aus den Eiern dieser Fische Kaviarersatz hergestellt. Seehasen haben einen ausgeprägten Sexualdimorphismus: Die Männchen zeigen während der Brutzeit eine wunderschöne rote Bauchfärbung und sind nicht so hochrückig gebaut wie die Weibchen. Von Februar bis Mai legen die Weibchen 100.000 bis 350.000 gelbrote Eier in der Algenzone ab, die später grün werden. Hier werden sie vom Männchen einige Wochen lang bewacht und gegen Laichräuber verteidigt, bis die Jungen schlüpfen. Der Brutpflegeinstinkt ist bei den Seehasen so stark ausgeprägt, dass es durchaus vorkommen kann, dass ein brutpflegendes Männchen in einem Gezeitengebiet bei Ebbe mitsamt dem Laich eher trocken fällt, als diesen zu verlassen. Die Jungtiere sind zunächst grünlich gefärbt und somit zwischen den Algen hervorragend getarnt. Seehasen wurden auch schon in Gefangenschaft nachgezüchtet. In der älteren Aquarienliteratur findet sich der Hinweis, dass dieser Fisch im Sommer, insbesondere in der Ostsee als Jungtier zwischen den Algen leicht gefangen werden kann. Die Tiere sind nicht nur als Jungtiere gut haltbar im Aquarium. Seehasen gehören nunmehr zur Familie der **Seehasen**, den *Cyclopteridae*. Die Angehörigen dieser Fischfamilie haben zu Saugnäpfen umgestaltete Bauchflossen, mit denen sie sich an Steinen und Algen festsaugen.

**Frischtoter Seehase, etwa 100 Millimeter lang.**

**Die Bauchflossen des Fisches bilden
einen Saugnapf. Der Engländer nennt
ihn daher auch „Lump-sucker"
(= Lumpsauger oder „Nuckler").**

**Rechts:
Jungtiere, die sich mit ihrer Saugscheibe
an Seetang angesaugt haben.**

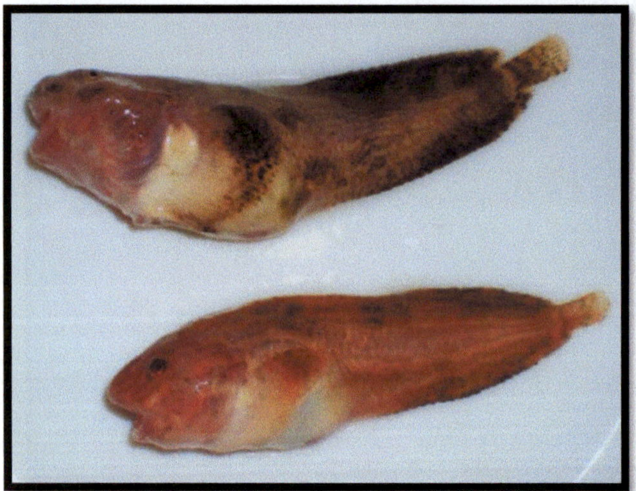

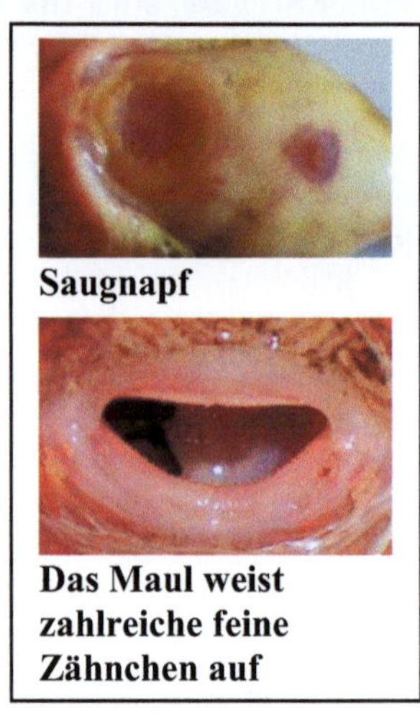

**Saugnapf**

**Das Maul weist zahlreiche feine Zähnchen auf**

Der **Große Scheibenbauch** kommt vom Flachwasser an bis in etwa 300m Tiefe vor. Er frisst überwiegend kleine Krebstiere und kann eine maximale Körperlänge von etwa 15 Zentimetern erreichen. Er ist ein häufiger Beifang der Garnelenfischerei, wird aber selbst nicht als Speisefisch genutzt. **Scheibenbäuche** der Familie *Liparididae* haben wie die Angehörigen der Familie der **Seehasen (*Cyclopteridae*)**, ebenfalls zwei zu einem Saugnapf umgewandelte Bauchflossen. Scheibenbäuche haben ein sehr weiches Körpergewebe und sind sehr schleimige Fische. Leider sind sie druckempfindlich und überleben es meistens nicht, wenn sie von Kuttern als Beifangtier gefangen werden. Bei Tieren, die in weniger als 5 Metern Tiefe gefangen wurden, kann man jedoch Glück haben, so dass sie dann nach erfolgreicher Eingewöhnung auch eine längere Zeit haltbar sind. Das Bild unten links zeigt zwei frischtote Exemplare vom Kutter, nur wenige Stunden nach dem Fang.

**Schiffshalter** haben am Kopf eine Saugscheibe, die sich aus der ersten Rückenflosse ihrer Jungtiere entwickelt. Ihre Bauchform ist sehr hydrodynamisch gestaltet, um nicht zu viel Wasserwiderstand zu produzieren, wenn sie sich an einem Wirt ansaugen und von diesem mitschleppen lassen. Die Saugscheibe selbst besitzt Rillen und feine Zähnchen, und die Schiffshalter können sich damit auch an relativ glatte Flächen anheften. Sie fressen dann die Futterreste ihrer Wirtsfische.

## Gemeiner Schildfisch, *Remora remora* (Linnaeus, 1758)

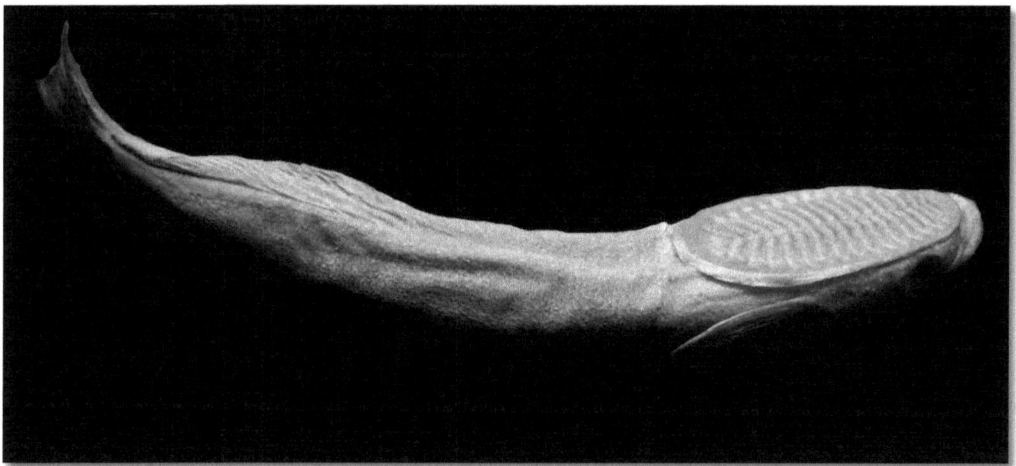

Der **Gemeine Schildfisch** kann Längen bis zu 85 Zentimeter und ein Gewicht von etwa einem Kilogramm erreichen. Er gelangt  zusammen mit großen Fischen, Walen oder Schiffen in unsere Gewässer und wird nur selten bemerkt. Er ist ein echter Kosmopolit, der allerdings regulärer Weise tropische und subtropische Gewässer bevorzugt. Schildfische werden von den meisten Autoren als **Kommensalen** von Großfischen und Walen betrachtet, doch leben sie nicht nur von deren Futterresten, sondern fressen auch ihre Hautparasiten. Daher kann man das Verhältnis von Schiffshalter und Wirt auch als **Symbiose** werten, von der beide Partner profitieren. Allerdings können Schiffshalter ihre Wirte auch abbremsen und somit deren Hydrodynamik stören, was diesen nicht immer angenehm ist. Das hier gezeigte Exemplar plumpste mir bei der Präparation eines Schwertfischkopfes aus der Kiemenhöhle des Schwertfisches entgegen. Das legt nahe, dass Schiffshalter offensichtlich die Kiemenhöhlen großer Wirte putzen und von Parasiten befreien. Außerdem finden sie dort Schutzraum vor. Das hier abgebildete konservierte Exemplar war 15Zentimeter lang(ein Jungtier im Alter von 1 bis 2 Jahren).

**Groppen** sind eine kleine Familie gut bestachelter Skorpionsfische, welche man auf der Nordhalbkugel der Erde in Süß-, Brack- und Meerwasser antreffen kann. Im Gegensatz zu den Vertretern der *Scorpaenidae* besitzen sie jedoch keine Giftdrüsen oder giftige Hautsekrete. Manche Arten werden recht groß und sind auch essbar.

## Seeskorpion, *Myoxocephalus scorpius*  (Linnaeus, 1758)

Der **Seeskorpion** ist bereits ein größerer Vertreter aus der Familie der Groppen, dessen Männchen eine Gesamtlänge von bis zu 90 Zentimetern erreichen können. Dieser Fisch gehört zu den arktischen Fischarten und kommt auch im Westatlantik von der James Bay im Norden bis nach New York im Süden vor, außerdem auch vor den Küsten Grönlands und Islands. Man findet ihn auch im südlichen Teil der Barents-See, die das Weiße Meer mit einschließt, bei Spitzbergen, der Jan-Mayen-Insel und im Arktischen Meer.

Darüber hinaus kommt er um Großbritannien herum, in der Nordsee, in der Ostsee, im Ärmelkanal und im Süden bis zur Biskaya vor. Seeskorpione besitzen - entgegen ihrem Namen - keine Giftstacheln, aber haben Stacheln in der Rückenflosse und in den Kiemendeckeln. Deshalb muss man mit ihnen sehr vorsichtig hantieren, um sich nicht daran zu stechen, denn Stiche können wegen des Körperschleims der Tiere böse bakterielle Wundinfektionen nach sich ziehen. Dieser Seeskorpion ist ein häufiger Beifang der Krabbenfischer und gehört mit zu den häufigsten Fischen im deutschen Wattenmeer.

Seeskorpione sind Winterlaicher und laichen von Dezember bis März ab, so dass man ab April ihre Jungtiere zwischen Algenbeständen im Flachwasserbereich finden kann. (Es lohnt sich dann, insbesondere die Schwimmstege in kleinen Häfen abzusuchen). Dabei werden bis zu 2500 Eier in Klumpen, meist zwischen den Algen, abgelegt. Seeskorpione sind sehr gefräßig und fressen alles, was sie überwältigen können, inklusive kleinerer Artgenossen. Dabei reicht die Bandbreite ihrer Beutetiere von Würmern, Amphipoden und Krebsen bis hin zu allen möglichen Fischen. Dabei müssen letztere nicht unbedingt viel kleiner sein als der Seeskorpion, weil dieser sein Maul extrem weit aufreißen kann und auch große Beutetiere leicht verschlingen kann. Im Aquarium ist diese Art gut haltbar, darf aber nicht wärmer als 18° Celsius gehalten werden.

**Seeskorpion - Männchen mit rötlich gefärbtem Bauch**

**Jungtier, etwa 5 Zentimeter lang. Kleine Seeskorpione kann man ab April/Mai sogar an den Spundwänden der Häfen zwischen Algen auffinden, wo sie sympatrisch mit den Jungtieren des Butterfisches *Pholis gunnellus* vorkommen.**

**Normal gefärbte Seebulls ahmen mit ihrer Färbung Seetange nach…**

… während die Seebulls von Helgoland sich mit ihrer Körperfärbung den roten Felsen der Insel angepasst haben. Allerdings können rötliche Farbtöne bei Fischen auch durch die Aufnahme von Farbstoffen durch Nährtiere entstehen. So enthalten insbesondere Krebstiere den Farbstoff Astaxanthin, und von Flohkrebsen ist bekannt, dass sie häufig viel Beta-Carotin enthalten. Darüber hinaus können viele Fischarten auch die Chromatophoren in ihrer Haut aktiv verschieben und verändern, um ihre Färbung dem jeweiligen Hintergrund individuell anzupassen. Warum ist der Helgoländer Seebull rot? Dafür kann es viele Ursachen geben!

Der **Seebull** ist ein Seeskorpion aus der Familie der **Groppen**, den *Cottidae*. Er ist in der ganzen Nordsee weit verbreitet und ähnelt dem **Seeskorpion *Myoxocephalus scorpius***, doch wird der Seebull nur etwa 20 Zentimeter groß. Außerdem hat der Seebull längere Stacheln auf seinen Kiemendeckeln, weshalb er manchmal auch als Langstacheliger Seeskorpion bezeichnet wird. Bei Helgoland tritt eine rote Morphe dieser Art auf, was man unschwer als eine spezielle Anpassung an die roten Helgoländer Felsen erkennen kann. Diese Seeskorpione leben zwischen Steinen und Algen von der Flachwasserzone bis in etwa 100m Tiefe. Sie laichen von Februar bis Mai ab, und die Männchen des Seebulls zeigen in dieser Zeit besonders hübsche Farben. Seeskorpione sind kleine Raubfische, die ihr Maul erstaunlich weit aufreißen können, um alles zu verschlingen, was hinein passt. Ihre Beute besteht meistens aus kleinen Fischen, Krebsen und Garnelen. Seeskorpione gehören zwar nicht zur Familie der giftigen Skorpionsfische und besitzen auch keine Giftdrüsen, doch muss man sie trotzdem mit Respekt behandeln. Ein Stich an einer Stachelflosse oder an einem Kiemendeckelstachel kann nämlich immer eine böse Infektion nach sich ziehen, wenn die Wunde nicht sofort richtig gereinigt  wird.

**Dieser Seebull stammt aus der Ostsee. Mit seinem typischen Grundmuster löst er seinen Körperumriss perfekt gegen den Untergrund auf und wird so unsichtbar für Feinde und Beute gleichermaßen. Die Schwarweißaufnahme verdeutlicht, wie andere Tiere ihn unter Wasser sehen, da die roten Farbtöne schon dicht unter der Wasseroberfläche herausgefiltert werden. Sein Kopf und seine Kiemendeckel weisen zahlreiche Stacheln auf, und wer unbedacht hineingreift, kann sich schnell tiefe und blutende Wunden zuziehen. Der Fisch setzt diese Waffen jedoch nur passiv ein und greift niemals aktiv damit an.**

**Panzergroppen** sind eine Familie arktischer und antarktischer Fische, die mindestens sechs verschiedene Gattungen mit nur jeweils sehr wenigen verschiedenen Arten umfasst. Man findet sie von Tiefenbereichen knapp unterhalb der Gezeitenzone bis in mehrere hundert Meter Tiefe. Die meisten Arten werden kaum größer als 12 Zentimeter. Sie haben einen durch überlappende Knochenplatten geschützten Körper, der in der Mitte der Schnauzenspitze zwei oder mehr Stacheln aufweisen kann. Panzergroppen ernähren sich von kleinen Krebstieren, die sie meist am Meeresboden erbeuten. Allerdings steigen sie manchmal auch in der Wassersäule auf, um Jagd auf Copepoden zu machen. Selbst dienen sie manchmal großen Raubfischen wie etwa Dorsch und Heilbutt als Nahrung. Ihre Eier legen Panzergroppen in Form von großen, harten und klebrigen Klumpen ab, die dann mehrere Monate bis zum Schlupf der planktonisch lebenden Brut benötigen. Panzergroppen werden oft als Beifang der Fischerei auf die **Tiefseegarnele *Pandalus borealis*** und die **Sandgarnele *Crangon crangon*** mitgefangen, haben jedoch selbst keinerlei wirtschaftliche Relevanz.

## Steinpicker, *Agonus cataphractus* (Linnaeus, 1758)

Der **Steinpicker** kann bis zu 20 Zentimeter lang werden und kommt in Tiefenbereichen zwischen 5 und 270 Metern vor. Seine knöcherne Ganzkörperpanzerung macht ihn unverwechselbar mit anderen Bodenfischen. Eine typische Adaption an das Leben auf dem Bodengrund besteht bei dem Steinpicker darin, dass er wie der Leierfisch oberhalb der Kiemendeckel eine spezielle Klappenvorrichtung besitzt, mit der er Atemwasser über seine Kiemen strudeln kann, wenn er im Sand auf Tauchstation gegangen ist. Dabei kann er sich fast völlig eingraben wie ein Plattfisch. Steinpicker sind Fische, die sich nur langsam bewegen, stoßartig aufschwimmen und sich dann wieder langsam auf den Grund zurückgleiten lassen. Sie haben wegen ihrer Lebensweise eine stark reduzierte Schwimmblase und gehören deshalb zu den Fischen, die Druckunterschiede beim Fangen gut vertragen und den Fang durch einen Kutter meistens gut überstehen. In Aquarien lassen sie sich gut halten, wenn sie möglichst lebendes Futter erhalten, und andere Fische ihnen nicht dauernd das Futter wegschnappen. Die Familie der Panzergroppen ist eine Kälte liebende Fischfamilie, die vor allem in den arktischen Meeren verbreitet ist. Steinpicker sind häufige Beifänge der Krabbenfischer, und kleine Exemplare werden regelmäßig zusammen mit den Sandgarnelen gekocht. Steinpicker machen Jagd auf kleine Würmer, Garnelen und Krebse. Der Steinpicker laicht von Februar bis April bis zu 3.000 gelbliche Eier von etwa 2 Millimetern Durchmesser ab, die er in kleinen Klumpen zwischen die Rhizome von Laminarien heftet. Neuerdings jedoch legen Steinpicker ihre Eier auch zwischen den Ansammlungen von Plastikmüll und Netzresten am Meeresgrund ab. Erst nach 10 - 11 Monaten schlüpfen dann die 6-8 Millimeter großen Larven des Steinpickers, die dann bis zu einer Größe von etwa 2 Zentimetern im Plankton leben und erst danach zum Bodenleben übergehen.

**Kopfporträt von vorne. Man beachte die vielen Barteln, mit denen der Steinpicker seine Beute ertastet und lokalisiert.**

Diese Fischfamilie umfasst diverse Arten, die man in allen subtropischen und tropischen Meeren findet. Sie haben auffällig große Schuppen und die Färbung dieser Fische ist oft sehr plakativ. Von den **Meerbarben** des Mittelmeeres ist bekannt, dass sie zur Zeit der alten Römer lebend auf Fischmärkten angeboten wurden, um sich am Wechsel des Farbkleides bei den sterbenden Fischen zu erfreuen. Allen Arten ist es gemeinsam, dass sie ein eckiges bis spitzes Kopfprofil haben, bei manchen Arten erscheint dieses von der Seite betrachtet sogar fast viereckig zu sein. Am Unterkiefer sitzen zwei Bartfäden, mit denen die Meerbarben ihre Beute ertasten und sehr wahrscheinlich auch erschmecken können. Sie ziehen einzeln oder in kleinen Gruppen über den Meeresgrund und stöbern so allerlei wirbellose Beutiere auf. Wegen dieses Verhaltens gehören sie nicht gerade zu den beliebtesten Aquarienfischen, doch werden auch sie gelegentlich im Handel angeboten, da manche Arten sehr schön bunt gefärbt sind. Ihre Haltung ist jedoch alles andere als einfach, und im Vergleich zu anderen Fischarten anderer Fischfamilien sind sie recht empfindlich. Sie sind sehr unruhige Gesellen, die mal hier und dort nach Nahrung suchen und extrem schnell schwimmen können. Manchmal ruhen sie auch an einem Fleck aus – stets wachsam, ob sich nicht doch ein Feind naht. Eine Eingewöhnung einer Meerbarbe muss mit besonders viel Sorgfalt und

Zeitaufwand erfolgen, da sie eine mangelhafte Eingewöhnung sonst rasch mit dem Ableben quittieren kann. Meerbarben werden vor allem im mediterranen Bereich gerne als Speisefisch genutzt. Denn sie werden vor allem als Beigaben für mediterrane Fischpfannen, wie etwa die spanische Paella, sehr geschätzt. Ihr Fleisch hat einen guten Geschmack, doch

ist ihr Genuss ein grätenreiches Vergnügen. In jüngerer Zeit sind vor allem in der südlichen Nordsee **Gestreifte Meerbarben** der Art *Mullus surmuletus* aufgetaucht, die mit ihrem Erscheinen eine Erwärmung der Areale dieses Meeresgebietes durch anthropogene Einflüsse dokumentieren. Dieses kommt dadurch zustande, dass die Tiere den Planktonschwärmen folgen, und dann im Laufe des fortschreitenden Jahres immer weiter nach Norden vordringen. Im Herbst ziehen sie sich dann wieder in südlichere Teile des Weltmeeres zurück. Daher könnte man Meerbarben auch als wandernde Fischarten verstehen, welche jahreszeitlichen Rhythmen und der Entwicklung ihrer Futtertiere unterworfen sind. Da es sich um sehr agile Tiere handelt, benötigen sie auch entsprechend viel Nahrung und müssen am besten mehrmals täglich gefüttert werden. Auch sie gewöhnen sich nach einer Weile daran, dass das Futter im Aquarium meist von oben kommt und schwimmen dann interessiert auf, um danach zu schnappen. Man kann jedoch nicht erwarten, dass das immer und sofort funktioniert!

Die **Streifenbarbe** erreicht eine Länge bis zu 40 Zentimetern und kann bis einem Kilogramm schwer werden. Sie gehört eigentlich eher zu den wärmeliebenden mediterranen Arten, und kommt schwerpunktmäßig im Mittelmeer, im Schwarzen Meer, bei den Kanarischen Inseln und im Ostatlantik bis zum Senegal vor. Im Nordatlantik findet man sie um die Britischen Inseln herum bis zur Westküste Norwegens. Meerbarben leben bodenorientiert und kommen vom Flachwasser bis in Tiefen von etwa 60 Metern vor, doch wurden sie im Ionischen Meer auch schon bis in Tiefen von 300 bis 400 Metern gesichtet. Meerbarben schwimmen meist in kleinen Gruppen über den Bodengrund und ertasten sich hier mit ihren Kinnbarteln kleine Beutetiere aus dem Bodengrund. Dabei kann man sie sowohl auf Hartböden, als auch über Sand- oder Schlammboden antreffen. Eigentlich sollte die Gestreifte Meerbarbe nur selten als Irrgast in der Nordsee zu finden sein, doch dringt sie wegen der allgemeinen Klimaerwärmung immer weiter in den Norden vor, wobei sie inzwischen sogar häufig an Plätzen wie beispielsweise der Elbemündung angetroffen wird. Auch wird sie in zunehmendem Maße von Krabbenkuttern gefangen. Das sind Warnzeichen von Mutter Natur an die Adresse des Menschen, die endlich ernst genommen werden sollten. Kommerziell sind diese Fänge meist kaum verwertbar, weil die gefangenen Tiere häufig recht klein sind und in zu geringen Mengen angelandet werden. Ihre Aquarienhaltung ist möglich, wenn man unverletzte Tiere vom Kutter bekommen kann, die nur in geringer Tiefe eingesammelt wurden. Gegen zu hohe Temperaturen sind sie empfindlich, und obwohl sie eher zum mediterranen Faunenkreis gehören, sollten sie besser nicht bei Zimmertemperatur gehalten werden.

Weltweit gibt es etwa 200 verschiedene Arten der **Stachelmakrelen** in subtropischen und tropischen Meeren. Ihre Seitenlinie ist mehr oder minder stark bestachelt; diese Stacheln werden als **„Scuta"** bezeichnet. Sie leben einzeln, gesellig oder als Schwarmfische und können auch oft im freien Wasser angetroffen werden. Manche tropischen Arten sind sehr kampffreudig und ausdauernd und deshalb bei den Meeresanglern hoch im Kurs, die sie als **„Jacks"** bezeichnen.

## Holzmakrele oder Stöcker, *Trachurus trachurus* (Linnaeus, 1758)

Die **Holzmakrele**, die auch als **Stöcker** oder **Bernsteinmakrele** bezeichnet wird, kann 70 Zentimeter lang und etwa zwei Kilogramm schwer werden. Der Stöcker kommt an der gesamten ostatlantischen Küste bis nach Südafrika im Süden vor. Er ist außerdem im gesamten Mittelmeer und im westlichen Schwarzen Meer anzutreffen. Die Holzmakrele ist unverwechselbar, da sie entlang der Seitenlinie auf der hinteren Körperhälfte knöcherne Schuppen hat. Außerdem hat sie einen charakteristischen schwarzen Fleck auf dem Kiemendeckel. Stöcker leben als Schwarmfische über sandigen Substraten, wo sie kleine Krebse, Tintenfische und kleine Fische jagen. Junge Stöcker leben pelagisch zwischen den Schirmen von Medusen, wo sie nicht nur Plankton, sondern auch Geschlechtsteile und Tentakeln der Quallen fressen. Holzmakrelen werden vor allem in Südeuropa als Speisefische genutzt. Man kann sie auch frisch oder tiefgefroren als Speisefisch bekommen. Sie haben gutes, aber grätenreiches Fleisch. Im Aquarium sind Stöcker gut haltbar, wenn man unverletzte Exemplare bekommen kann.

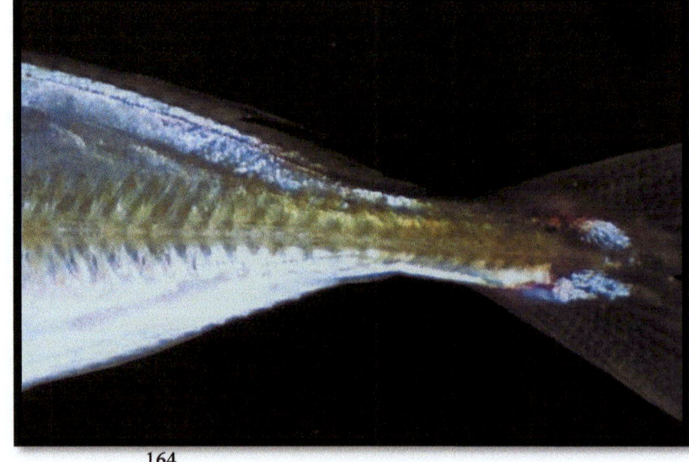

**Meerbrassen** gehören zu den barschartigen Fischen, den *Perciformes*. Es gibt mindestens einhundert verschiedene Arten. Nur wenige Arten dringen auch bis  in die südliche Nordsee vor. Ihre Vertreter haben stets eine durchgängige Rückenflosse mit starken Stachelstrahlen im vorderen Teil und weicheren Strahlen im hinteren Teil. Sie haben normal große Schuppen und stets ein kräftiges Gebiss, bei dem Zähne und Kiefer miteinander verbunden sind. Auch besitzen manche Arten kräftige Mahlzähne im hinteren Bereich des Kiefers, mit denen sie Muschelschalen und Krebspanzer zermahlen. Durch ihre Ausscheidungen tragen diese Fische zur Bildung von Sedimenten bei und machen den Kalk der verdauten Beute  für andere Meeresbewohner wieder verfügbar. Andere Arten der Familie ernähren sich vorwiegend von Algen. Sie bilden oft kleine Trupps, im freien Wasser jedoch auch große Schwärme, um sich besser gegen Raubfische verteidigen zu können. Manche Meerbrassen werden auch kommerziell gezüchtet, um die Überfischung zu kompensieren. Die meisten **Goldbrassen (*Sparus aurata*)** aus dem Speisefischhandel kommen aus Aquakulturen. Meerbrassen sind meist nicht besonders farbig, doch können sie sich  stimmungsabhängig in leuchtende Grundtöne färben. Meist sind sie silbern oder dezent blau-gelb gefärbt, doch gibt es auch einige rötliche Arten. Einige Arten dieser Familie können im Laufe ihres Lebens ihr Geschlecht ändern, während andere zwittrig sein können.

**Blöker, *Boops boops*  (Linnaeus, 1758)**

Den **Blöker** findet man im gesamten Mittelmeer, in der südlichen Nordsee, um die britischen Inseln herum und an den nordafrikanischen Küsten. Er erreicht eine Länge von bis zu 35 Zentimetern und dringt in Tiefen von bis zu 300 Metern vor. Besonders charakteristisch für den Blöker ist die dicke in einem deutlichen Bogen durchgezogene Seitenlinie, wie man es bei dem hier abgebildeten konservierten Exemplar besonders gut erkennen kann. Lebende Exemplare haben am Ansatz der Brustflosse einen deutlich erkennbaren schwarzen Achselfleck. Der Blöker lebt schwarmweise und assoziiert zu felsigen Untergründen, kann aber vor allem nachts auch im freien Wasser angetroffen werden, wo er Plankton und kleine Fische jagt. Er ist ein wohlschmeckender häufig angebotener Speisefisch.

Die **Marokko-Meerbrasse** kann bis zu 40 Zentimeter lang werden und kommt in Tiefenbereichen von 20 bis 500 Metern vor. Sie kommt üblicherweise vom Äquator an um Afrika herum, im Mittelmeer und auf der atlantischen Seite Englands und Irlands vor. Sie wird nur selten nördlich des Ärmelkanals angetroffen, wurde aber auch schon in der dänischen Beltsee im Kattegatt gefangen. Zahnbrassen sind gute Speisefische, die sich meistens in der Nähe von Fels- oder Steilküsten aufhalten. Mit ihrem starken Gebiss knacken sie Muscheln, Krebse, Seeigel und sonstige Wirbellose. Diese Art dringt auf dem Rücken des warmen Golfstroms in den Norden ein, insbesondere dann, wenn Wärmeperioden besonders lange andauern. Vermutlich sind sie hin und wieder auch gezwungen, andere Lebensräume zu erschließen, wenn sie sich zu stark vermehrt haben und ihre angestammten Habitate für die Gesamtpopulation zu klein werden. Beim Gebiss der Zahnbrassen sind die Zähne fest mit dem Kiefer verbunden, was die Beißkraft enorm steigert.

Die **Goldstrieme** wird meist etwa 35 Zentimeter groß, kann aber im Ausnahmefall auch bis zu 50 Zentimeter Gesamtlänge erreichen. Sie kommt im Mittelmeer, an den nordafrikanischen Atlantikküsten und auch in der südlichen Nordsee vor. Man findet diese Art bereits im Flachwasser in großen Schwärmen, wo sie sich im lichtdurchfluteten Wasser tummeln. Hier grasen sie vor allem Algen ab. Sie sind jedoch nicht anspruchsvoll und nehmen im Aquarium sogar Flockenfutter und Garnelenfleisch an, darüber hinaus fressen sie sogar dickblättrige **Seetange** der Gattung *Fucus*. Sie sind sehr friedliche und gesellige Fische, die auch gerne im Schwarmverband mit anderen Brassen unterwegs sind. Vor allem im mediterranen Raum werden diese Fische ab einer Größe von etwa 10 Zentimetern bereits als Speisefische vermarktet. Gelegentlich werden sie auch auf deutschen Wochenmärkten angeboten. Ich persönlich halte den Verzehr von solch kleinen Fischen für einen sehr zweifelhaften Genuss, denn der Anteil der Gräten ist im Verhältnis zum Fleisch zu hoch. Im Grunde ist das ein klarer Beleg für die traurige Überfischungssituation in vielen mediterranen Ländern… Abschließend sei noch erwähnt, dass die Goldstrieme sich bei Sauerstoffmangel im Aquarium irrational verhält. Denn statt wie andere Fische an der Oberfläche nach Luft zu schnappen, tauchen sie zum Grund hin ab. Daher muss man sie stets gut beobachten!

Juvenile Goldbrassen eignen sich besonders gut für die Aquarienhaltung. Sie zeigen sogar Schwarmverhalten und sind sehr verträglich mit Artgenossen.

Das Schuppenkleid der Goldbrasse leuchtet manchmal golden, dann wieder silbern oder bläulich – je nach Lichteinfall. Selbst frischtot sind sie immer noch hübsche Fische, die dann als *Dorade grisé* vermarktet werden.

Die **Goldbrasse** gehört zur Familie der Meerbrassen und kann 70 Zentimeter lang und bis zu 17 Kilogramm schwer werden. Sie kommt nördlich bis Norwegen vor, man findet sie um die Britischen Inseln herum bis zur Straße von Gibraltar und den Kanarischen Inseln, sowie im gesamten Mittelmeer und im Schwarzen Meer. Goldbrassen leben in Tiefen bis zu 150 Metern, halten sich jedoch meist in etwa 30 Metern Tiefe auf und dringen im Frühjahr in Ästuarien und Lagunen ein, um zu laichen. Sie fressen vor allem Mollusken und sogar dickschalige Austern. Diese knacken sie mit ihren starken Kiefern auf und fressen dann die weichen Innereien. Dabei können die Tiere eindrucksvolle Knackgeräusche erzeugen. Die Goldbrasse wird vor allem in Griechenland in Aquakulturen gezüchtet und ist eine kommerziell wichtige Art, die meistens als ***"Dorade royal"*** oder ***"Dorade grise`"*** gehandelt wird. Vor allem im Steinofen gebacken schmecken sie hervorragend und sind deshalb gut zu essen, weil sie nur einige große Mittelgräten besitzen, die man leicht entfernen kann. In öffentlichen Aquarien wird diese Art wegen ihrer hübschen Goldfärbung gerne ausgestellt. Sie ist in großen Behältern leicht zu halten und nimmt hier auch totes Futter aller Art an. Der lateinische Name dieser Art stellt nach den allgemeinen taxonomischen Regeln für die Namensvergabe eine Ausnahme dar, da der Artname eigentlich im männlichen Geschlecht auf *auratus* lauten müsste. Denn der Artname wird im Geschlecht nach den neuen taxonomischen Regeln immer dem Geschlecht des Gattungsnamens angepasst. Die Bezeichnung *Sparus aurata* ist somit grammatikalisch betrachtet inkorrekt, da *aurata**. die weibliche Form repräsentiert. Bei einigen wenigen Tieren und Pflanzen haben sich die Taxonomen jedoch darauf geeinigt, es bei den grammatikalisch inkorrekten Artnamen zu belassen, da diese sich bereits im allgemeinen Gebrauch etabliert haben, und eine Änderung mehr Verwirrung als Klarheit bewirken würde.

**Rechts: Zahnbrassen vertilgen mit Vorliebe hartschalige Beutetiere. Bei der Sektion einer Zahnbrasse aus dem Mittelmeer konnte ich im Magen des Tieres Splitter von Miesmuscheln und Weichteile der Muscheln gleichermaßen finden. Das heißt, dass Zahnbrassen komplette Muscheln verspeisen und verdauen können. Aus ihren Ausscheidungen entstehen dann später kalziumhaltige Anteile der Sedimente, welche den Meeresboden flächig bedecken.**

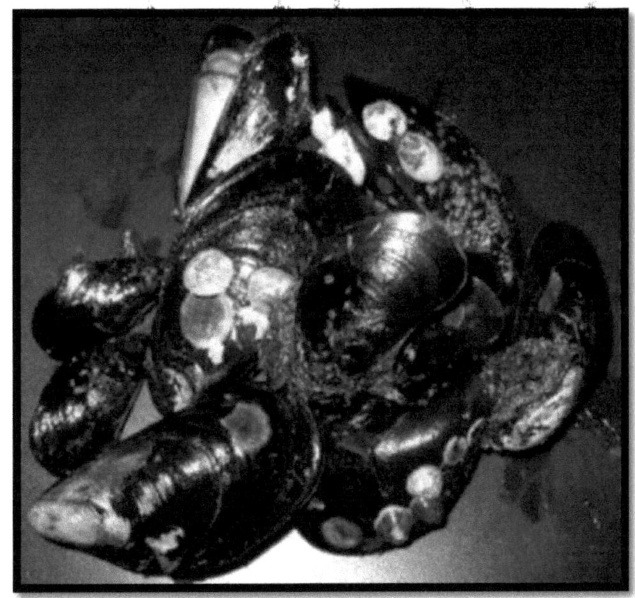

---

* lat. *aurata* = "die goldene"

Die Familie der **Echten Barsche** ist sehr artenreich und weltweit verbreitet; allerdings findet man sie vorwiegend im Süßwasser. Nur wenige Arten dringen auch in Brack- und Meerwasser ein und können dort tage- oder wochenlang überleben. Barsche haben stets zwei Rückenflossen, von denen die vordere mit starken Stachelstrahlen versehen ist, um sich so gegen größere Raubfische verteidigen zu können. Auch haben Barsche stets ein dichtes Schuppenkleid mittelgroßer Schuppen und ein mit feinen Zähnchen ausgestattetes Maul, mit dem sie kleine Beutetiere wie etwa Garnelen, Würmer, Wasserinsekten oder kleine Jungfische festhalten können.

**Flussbarsch, *Perca fluviatilis*  Linnaeus, 1758**

Der **Flussbarsch** wurde in den Kanon der hier vorgestellten Barscharten aufgenommen, da er gelegentlich durch Schleusen und Siele ins Watt und auch in Häfen und Ästuarien gelangt. Dieser bei den Anglern sehr beliebte Fisch wird meist etwa 50 Zentimeter lang und ernährt sich räuberisch von kleinen Fischen und Krebsen. Ich selbst habe diese Art vor allem in Nordfriesland in kleinen Küstenhäfen gesichtet und habe dabei sogar ein sichtlich angeschlagenes Exemplar eingefangen. Dieses war etwa 40 Zentimeter lang und hatte einen kleinen heringsartigen Fisch gefressen, was ein klarer Beleg dafür ist, dass diese Barsche eine gewisse Salztoleranz besitzen und mindestens einige Tage bis Wochen im Salzwasser der küstennahen Nordsee überleben können. Des Weiteren fand ich auch einige Jungtiere in Reusen, welche ins begehbare Watt montiert worden waren. Auch aus den schwach salzhaltigen Gefilden der Ostsee ist bekannt, dass dort solche und andere Arten des Süßwassers, wie etwa der **Hecht *Esox lucius***, regelmäßig anzutreffen sind. Flussbarsche können in gekühlten Süßwasseraquarien lange und ausdauernd gehalten werden. Sie sind sehr ruhige Charaktere, welche meist an einem Lieblingsplatz Deckung suchen und dort auf vorbeitreibendes Futter warten. Gleichgroße Fische beachten sie nicht, aber alles, was eine mundgerechte Größe hat, wird von ihnen gerne gefressen.

Ebenso wie der **Flussbarsch** kommt auch der **Zander** im Brackwasser des gleichen Verbreitungsgebietes vor. Darüber hinaus findet man ihn aber auch noch in Teilen der griechischen Ägäis, sowie im Kaspischen Meer und im Aralsee. Da er ein beliebter Kommerz- und Angelfisch ist, wurde er an zahlreichen weiteren Orten ausgesetzt, was für die betroffenen endemischen Arten schwerwiegende ökologische Folgen hatte. Er wird erheblich größer als der Flussbarsch und kann bis zu einem Meter lang und bis zu 17 Kilogramm schwer werden. Auch der Zander hat einen sehr ruhigen Charakter und ein positives Verhalten gegenüber gleichgroßen Fischen. Seine Aquarienhaltung ist etwas anspruchsvoller, denn schon die Eingewöhnung nach dem Fang kann schwierig sein. Darüber hinaus benötigt er zur Eingewöhnung lebendes Futter und muss sorgfältig gegen Parasiten behandelt werden. Vergesellschaften kann man ihn mit Arten wie Quappe, Flussbarsch und großen Weißfischen. Dabei darf die Futterkonkurrenz durch andere Arten nicht zu groß sein. Außerdem muss das Aquarium auch groß genug sein, wobei ein Wasservolumen von 1000 Litern mit entsprechender Kühlung wünschenswert wäre. Zander sind leider nicht so robust wie Flussbarsche und müssen daher sehr vorsichtig und schonend gefangen und eingewöhnt werden. Wahrscheinlich eignen sich für eine dauerhafte Aquarienhaltung Tiere aus Aquakulturen/Nachzuchten besser als Tiere, die mit dem Netz oder der Angel gefangen wurden. Eventuell kann es auch Sinn machen, ins Zanderbecken regelmäßig kleine lebende Beutefische einzusetzen, um den natürlichen Jagdtrieb der Tiere zu fördern und zu erhalten. Abschließend möchte ich zur Angelei auf diesen schönen Barsch noch zwei Dinge anmerken, welche ich für besonders vwerwerflich halte. Zum Einen, dass viele Angler lieber Raubfische als Weißfische fangen, was dann zur „Verbuttung" der Fischbestände führt, da die Friedfische kaum noch natürliche Feine haben. Und zum anderen die Praxis des so genannten „Catch and Release", wo man Fische nur noch zum Vergnügen drillt und dann – nach dem Erinnerungsfoto - wieder zurück setzt. Das ist meines Erachtens Dekadenz in einer ihrer schlimmsten Formen!

## Petermännchen - *Trachinidae*

Eine kleine Familie mit nur wenigen bodenorientiert lebenden Arten. Alle **Petermännchen** besitzen
an der Rückenflosse und an den Kiemendeckeln Stacheln, die mit einer Giftdrüse verbunden sind.
Die Stiche sind nicht unbedingt tödlich, aber extrem schmerzhaft. Kinder und immunschwache
Personen können an einem Stich sterben!

## Vipernqueise, *Echiichthys vipera* (Cuvier, 1829)

Die **Vipernqueise** kommt in der südlichen Nordsee, um die britischen Inseln herum sowie im
Mittelmeer und an den nordafrikanischen Küsten vor. Sie erreicht eine maximale Größe von etwa
15 Zentimetern. Sie kommt bereits im Flachwasser vor und kann hier  Badenden gefährlich werden.
Ihr Gift ist stärker als das des **Petermännchens *Trachinus draco***, weshalb sie von Fischern,
Anglern und Badegästen ernst genommen werden sollte. Denn die Vipernqueise besitzt in den
ersten Strahlen ihrer Rückenflosse sowie an den Kiemendeckeln giftige Stacheln. Um Giftunfälle zu
vermeiden sollte man geangelte Exemplare mit äußerster Vorsicht abhaken und beim Baden in
Risikogebieten besser Badeschuhe tragen. Insbesondere im Mittelmeerraum macht dieses oft allein
schon deshalb Sinn, um auf kiesigen Böden Verletzungen durch Seeigel zu vermeiden. Die
Lebensweise der Vipernqueise entspricht weitgehend der welcher des Petermännchens. Es sei an
dieser Stelle angemerkt, dass die Haltung solch giftiger Tiere inzwischen in einigen Bundesländern
der Bundesrepublik Deutschland gesetzlich verboten wurde. Daher bleibt die Haltung dieser
interessanten Tiere offiziellen Institutionen und Schauaquarien vorbehalten.

**Petermännchen auf dem Sandgrund. Ein seltener Anblick, da sie sich meistens eingraben.**

**Hier ein Kopfporträt, bei dem man sowohl die Giftstacheln der Rückenflosse als auch die Bestachelung des Kiemendeckels sehen kann.**

Das **Petermännchen** gehört zu den wärmeliebenden Fischarten und kommt von Norwegen bis nach Marokko, bei den Kanarischen Inseln und bei Madeira, im Mittelmeer und im Schwarzen Meer vor. Es erreicht eine Länge von bis zu 45 Zentimetern und kann eigentlich nur als Giftzwerg bezeichnet werden. Denn zur Familie der **Petermännchen** *Trachinidae* gehören ausschließlich Vertreter, deren erste Rückenflosse mit Giftstacheln versehen ist, die vorzugsweise dann aufgestellt werden, wenn ein Badegast auf den im Sand eingegrabenen Fisch tritt. Das Gift hat zwar keine tödliche Wirkung, schmerzt jedoch sehr stark und führt zu Krämpfen, Erbrechen und Kreislaufproblemen. Solche Wunden müssen möglichst sofort so heiß wie noch erträglich ausgespült und ärztlich behandelt werden, da man sonst einige Wochen lang gesundheitliche Probleme bekommen kann. Da dieser Fisch bereits ab 1 Meter Wassertiefe auf Sandgrund zu finden ist, sollten Badegäste hier lieber Badeschuhe tragen, um solche Unfälle zu vermeiden. Aber auch Fischer und Angler sollten besser einen heiligen Respekt vor den Stacheln haben. Petermännchen graben sich tagsüber deshalb in den Bodengrund ein, da sie so bequem abwarten können, bis ihnen kleine Fische und Krebse direkt vor das Maul schwimmen. Beim Eingraben machen sie schlängelnde Bewegungen und sind in Sekunden fast vollständig im Bodengrund verschwunden. Während der letzten Jahre wurden Petermännchen in der Nordsee häufiger gesichtet und gefangen, was mit der Erwärmung des Meeres zu tun hat. Somit kann man diese Fische auch als Indikatoren für Klimaänderungen sehen.

**Dieses Petermännchen hatte ein geschwollenes Auge. Solche Verletzungen sind meist auf den Fang zurückzuführen, wobei das Tier mit dem Rahmen des Fangnetzes kollidiert sein dürfte. Der Verletzung folgt dann schnell eine bakterielle Infektion, die man mit UV-Behandlung des Wassers oder entsprechenden Antiparasitika und Antibiotioka behandeln kann.**

# Bonitos, Makrelen und Thunfische - *Scombridae*

Diese Familie umfasst etwa 50 bekannte Arten, die man in gemäßigten und tropischen Meeren findet. Sie alle sind spindelförmig gebaute schlanke Fische, die auf dem Schwanzstiel kleine charakteristische Flössel aufweisen. Die kleineren Arten der Familie fressen Plankton und kleine Fische, während die großen allesamt starke Fischräuber sind. Darüber hinaus sind sie aber auch sehr begehrte Speisefische, auf denen ganze Industrien aufbauen. Beim Transport von Bonitos, Makrelen und Thunfischen muss man stets darauf achten, dass die Kühlkette nicht unterbrochen wird, da sonst rasch **Histamin** entstehen kann, welches dann die gefürchtete *Ciguatera*, die Fischvergiftung, auslösen kann. Symptome sind Schwindel- und Schwächegefühl sowie eine Umkehr des Wärme- und Kälteempfindens.

# Pelamide oder Atlantischer Bonito, *Sarda sarda* Bloch, 1793

Der **Atlantische Bonito**, der im mediterranen Raum auch als **Pelamide** bezeichnet wird, ist ein Wanderfisch, den man im Atlantik, in der südlichen Nordsee, in der dänischen Beltsee, im Mittelmeer und im Schwarzen Meer findet. Er kann eine Länge von knapp einem Meter erreichen und dringt von der Wasseroberfläche bis in etwa 200 Meter Tiefe vor. Damit hat er eine bathypelagische Lebensweise, bei der er tageszeitabhängig den Wanderungen seiner planktonischen Beutetiere in der Wassersäule folgt. Bonitos sind ausgezeichnete Speisefische, welche ähnliches Fleisch wie ihre größeren Verwandten, die Thunfische, haben. Sie werden  kommerziell gefangen und vor allem zu Dosenfisch weiter verarbeitet, der dann als **„Thunfisch"** vermarktet wird. Das wird gemacht, weil Thunfische inzwischen zu einer raren Ressource geworden sind, die man lieber anderweitig und vor allem sehr hochpreisig als Sushi vermarkten möchte. Möchte man selbst etwas zum Artenschutz beitragen, sollte man daher auf solche exklusiven Genüsse verzichten. Dosenthunfisch kann man aber ruhigen Gewissens verzehren, weil dieser inzwischen ausschließlich aus Bonitos gewonnen wird und somit keine Bestände der bereits überfischten echten Thunfische gefährdet werden.

Die **Makrele** ist ein bis zu 60 Zentimeter langer und bis zu 3,4 Kilogramm schwer werdender Plankton fressender Schwarmfisch, der sich im Sommer meist im freien Wasser aufhält. Die Makrele kommt im gesamten Nordatlantik vor, wobei sich ihr Verbreitungsgebiet von Neufundland im Westen bis nach Island und Norwegen, um die britischen Inseln herum bis in die Nordsee, die Ostsee und in das Mittelmeer sowie das Schwarze Meer hinein erstreckt. Makrelen fressen vorwiegend Flügelschnecken und Copepoden, die sie mit ihren Kiemenreusendornen aus dem Wasser filtern. Selbst dienen sie zahlreichen anderen großen Raubfischen als Nahrung. Eine anatomische Besonderheit der Makrele ist die, dass sie keine Schwimmblase besitzt, und somit ständig schwimmen muss, um nicht zum Grund abzusinken. Allerdings ist ihr Fleisch ziemlich tranig, d.h. ölhaltig, so dass sie wahrscheinlich durch die Fettanteile ihres Gewebes auch etwas Auftrieb im Wasser erhält. Makrelen fressen sich im Sommer regelrechte Fettpolster an, was man bei im Herbst gefangenen Exemplaren besonders gut sehen kann, da diese eine kleine Fettschicht über den Augen eingelagert haben, was ihnen einen etwas stumpfen Blick verleiht. Im Winter ziehen die Makrelen dann in tiefere Wasserschichten, wo sie die Nahrungsaufnahme einstellen, und das nächste Frühjahr erwarten. Das hängt damit zusammen, dass sie ihren Lebensrhythmus exakt auf das Wachstum und die Vermehrung des Zooplanktons eingestellt haben, und im Winter nicht genug Nahrung an der Wasseroberfläche erbeuten können. Makrelen bilden in der Nordsee zwei Bestände aus, wobei der westliche Bestand von Mai bis Juni südwestlich von Irland ablaicht, und der östliche Bestand von Juni bis Juli in der Nordsee im Kattegat und im Skagerrak seinem Laichgeschäft nachgeht. Dabei kann ein Weibchen zwischen 200.000 und 450.000 Eier ausstoßen, die etwa 1mm Durchmesser haben. Die Larven schlüpfen bereits nach 6 Tagen mit einer Größe von etwa 3-4 Millimetern und leben im Plankton. Dabei fällt ein erheblicher Teil seinen eigenen Eltern zum Opfer, da diese auch Fischlaich fressen. Makrelen waren und sind immer noch begehrte Speisefische, die meist gebraten oder geräuchert werden. In den 1960er Jahren des vergangenen Jahrhunderts war der Nordseebestand bereits einmal wegen Überfischung kollabiert, doch hatte dieses eher negative Auswirkungen für die Fangflotten, die in den Häfen bleiben mussten, als für die Art selbst, da diese durch ihre hohe Produktivität die Bestandsverluste in den Folgejahren wieder ausgleichen konnte. Es ist jedoch leider nicht davon auszugehen, dass die moderne Fischfangindustrie aus solchen Ereignissen etwas für die Zukunft gelernt hätte... Im Jahre 2014 erhielt ich von verschiedenen Anglern die Auskunft, dass sie in diesem Jahr bei den ostfriesischen Inseln überhaupt keine Makrelen fangen konnten. Dieses ist wahrscheinlich darauf zurück zu führen, dass das Jahr 2014 eines der wärmsten seit dem Beginn der Messungen der Wassertemperaturen in der Nordsee war. Die Absenz der Makrelen dürfte mit den Wanderungen ihrer planktonischen Nährtiere und dem Sauerstoffbedarf dieser Fische zusammen hängen, der bei zu hohen Wassertemperaturen nicht mehr gesättigt werden kann. Interessanterweise fingen die Krabbenfischer im Juni 2016 Unmengen an halbwüchsigen Makrelen – nach einem Kälteeinbruch!

Gegen Jahresende lagern Makrelen viele Lipide(Fette) zum Überwintern unter ihrer Haut
ein. Dadurch werden sogar ihre Augen „fettig" und sie scheinen zu erblinden. Da sie
allerdings im tiefen Wasser überwintern, beeinträchtigt sie das nicht.

Frischtote Makrele, im Juli vom Kutter angelandet. Im Grunde ist die Makrele so etwas wie
der grünblaue „Tiger" des Nordmeers. Zumindest für die Kleinkrebse, welche sie reichlich
pro Saison vertilgt. Dieses Exemplar sieht im Vergeich zu im Herbst gefangenen Tieren sehr
schlank aus und hat noch keine Fettreserven eingelagert.

**Lippfische** sind eine weit verbreitete Fischfamilie, deren Vertreter man in kalten und gemäßigten Meeren genauso antrifft wie in den tropischen und subtropischen. Die meisten Arten werden etwa 20 bis 30 Zentimeter lang und erfreuen uns durch ihre bunten Farben. Auch Lippfische aus kalten Meeren können ausgesprochen bunt und farbig sein, doch ist die Zahl der diversen Arten hier erheblich geringer als in den Tropen. Viele Lippfische weisen einen markanten **Sexualdimorphismus** auf, wobei es in der Regel die Männchen sind, die sich durch besondere Farbenpracht hervortun. Oft beginnen sie ihre Karriere als Weibchen und wandeln sich nach einigen Jahren in das männliche Geschlecht um(**protogyner Hermaphroditismus**). Dieses kann man  an der jeweiligen Färbung des Schuppenkleides ablesen. Allerdings hat das Tücken, denn bei Lippfischen gibt es drei verschiedene Arten von Männchen. Die ersteren sehen aus wie Weibchen und tragen das weibliche Schuppenkleid. Dieses Phänomen tritt vor allem dann auf, wenn ein

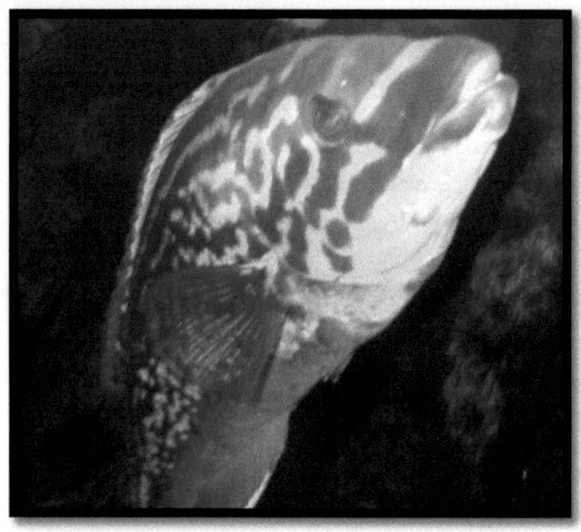

„Platzhirsch" ein Revier dominiert, in dem überzählige Männchen einen Platz benötigen. In diesem Falle schützt das Weibchenkleid das rangniedere Männchen vor Attacken ranghöherer Tiere. Außerdem ermöglicht ihnen diese Tarnung mit etwas Glück die Fortpflanzung mit Weibchen, welche sie so dem Revierinhaber ausspannen können. Dann gibt es selbstverständlich noch Männchen, die ein normalfarbenes Schuppenkleid ohne besondere Auffälligkeiten haben. Und schließlich gibt es noch „Supermännchen", die in den intensivsten und leuchtendsten Farben erstrahlen. Lippfische sind reizvolle und eigenwillige Aquarienfische, die einige Eigenheiten besitzen, die man als Pfleger kennen sollte. So vergraben sich viele Arten zum Schlafen im Sandgrund oder verstecken sich unter Steinen. Auch kommt es vor, dass man einen neuen Lippfisch wochenlang nicht zu Gesicht bekommt, da er sich zunächst vor den übrigen Fischen aus reviertechnischen Gründen verbirgt. Das kann den Pfleger in den Wahnsinn treiben und lässt den Ungeduldigen den Fisch schnell auf die Verlustliste setzen. Manchmal kann es bis zu drei Wochen dauern, ehe man den Fisch zu Gesicht bekommt. Doch dann schwimmt er frei und selbstbewusst durch das Becken als wäre nie etwas gewesen… Ein Aquarium für Lippfische sollte immer gut abgedeckt sein, da sie leider ausgezeichnet aus dem Becken springen können. Insbesondere neue Fische sind hier stets mit Vorsicht zu genießen. Glücklicherweise gibt es auch für kleinere Aquarien geeignete Arten, die nur wenige Zentimeter Länge erreichen. **Vor** der Anschaffung sollte man sich daher besser über die Endgröße informieren. Lippfische ernähren sich von kleinen Wirbellosen und reinigen häufig größere Fische von Ektoparasiten. Trotzdem müssen eingeschleppte Parasiten und Krankheiten immer zusätzlich mit anderen Mitteln behandelt werden!

Den **Meerjunker** findet man sowohl im Kattegatt, wie auch in der südlichen Nordsee, an den spanischen und nordafrikanischen Küsten und im gesamten Mittelmeer. Dabei kann man Jungtiere bereits im Flachwasser zwischen Algen- und Seegrasbeständen antreffen, während adulte Tiere bis in etwa 120 Meter Tiefe vordringen. Der Meerjunker beginnt sein Dasein stets als Weibchen(Bild oben) und wandelt sich dann mit einer Länge von etwa 18 Zentimetern zum Männchen (Bild unten,

ein „Supermännchen") um, welches dann eine Endgröße von bis zu 28 Zentimetern erreichen kann. Meerjunker kann man im Flachwasserbereich auch in kleinen Schwärmen antreffen. Im Aquarium ist der Meerjunker nur bei angemessener Beckengröße gut haltbar. In der Eingewöhnungszeit können diese Fische sehr scheu sein und sich sogar tage- oder wochenlang eingraben und

verstecken. Es empfiehlt sich daher, eine kleine Gruppe oder ein Pärchen zu halten, da die Art innerartlich sehr friedlich ist.

Der **Klippenbarsch** ist wahrscheinlich der häufigste Lippfisch Europas. Er kann 18 Zentimeter lang und bis zu 8 Jahre alt werden. Man findet ihn im Ostatlantik von Norwegen bis Marokko, in der Nordsee, in der Ostsee, im Mittelmeer und im Schwarzen Meer. Man kann ihn an den beiden schwarzen Flecken am Beginn der Rückenflosse und der Schwanzflosse unschwer von anderen Arten unterscheiden. Da der Klippenbarsch felsige Substrate bevorzugt, kommt er nicht im Wattenmeer vor, kann aber bei Helgoland, an den dänischen und britischen Felsküsten und in der Ostsee angetroffen werden. Klippenbarsche fressen Moostierchen, Krebstiere und Schnecken. sie sind ausgesprochene Flachwasserbewohner, die man bis in etwa 50 Meter Tiefe antreffen kann. Klippenbarsche sind territoriale Fische, die Reviere gegen Artgenossen verteidigen, um hier ihrem Brutpflegegeschäft nachgehen zu können. Dabei bewachen die Männchen im Sommer die Brut und verteidigen diese gegen potentielle Angreifer. Die Jungtiere schlüpfen nach ein bis zwei Wochen aus den Algennestern aus, und leben dann zunächst freischwimmend im Plankton, ehe sie wie die Erwachsenen zu einer bodenorientierten Lebensweise übergehen. Klippenbarsche werden in der Aquakultur von Lachsen als Putzerfische eingesetzt, und offensichtlich putzen sie auch in der Natur größere Fische von lästigen Parasiten, doch ist dieser Sachverhalt bisher offensichtlich noch nicht intensiver beobachtet oder erforscht worden. Klippenbarsche sind ausgezeichnet und lange im Aquarium haltbar, wobei sie sogar Zimmertemperaturen bis etwa 20° Celsius tolerieren. Allerdings müssen sie daran sehr langsam adaptiert werden, am besten über Nacht. Wurden sie im Winter gefangen, sollte eine solche Temperaturanpassung sehr viel langsamer vorgenommen werden.

Den **Kleinmäuligen Lippfisch** findet man an vielen Küsten des Nordatlantiks, wobei sein Verbreitungsgebiet ein sehr großes ist. Denn er kommt sowohl an den spanischen Atlantikküsten im Süden, wie auch um die britischen Inseln herum bis nach Norwegen, sowie in Nord- und Ostsee vor. Er erreicht eine Gesamtlänge von maximal 17 Zentimetern und bevorzugt reich strukturierte und felsige Habitate bis in etwa 30 Meter Tiefe, wo er insbesondere assoziiert zu Laminarien angetroffen werden kann. Hier trifft man diesen Lippfisch meist in kleinen Haremsgruppen an.

Die Färbung dieses Lippfisches ist sehr variabel und reicht von bräunlichen Farbtönen bis hin zu orangefarbenen oder rötlichen Grundtönen. Flossen und Körper weisen darüber hinaus bläuliche Musterungen auf, welche insbesondere bei den Männchen während der Laichzeit stark hervortreten. Arttypisch ist jedoch das besondere Zeichnungsmuster der Schwanzflosse, welches stets einen dickeren schwarzen Ring im hinteren Teil der Kaudale und einem etwas dünneren dunklen Ring im vorderen Teil aufweist.

Diese Lippfische sind trotz ihrer weiten Verbreitung und ihrer relativen Häufigkeit wenig bekannt, weil sie an unseren Küsten leider kaum geeignete Habitate haben. Und wenn doch, dann bleibt die Begegnung mit ihnen Tauchern vorbehalten, weil in ihren Habitaten in der Regel keine Fischerei betrieben werden kann. Denn kein Fischer hat ein Interesse daran, sich seine Fanggeschirre mit Felsbrocken zu ruinieren oder seine Fangnetze mit großen Algenansammlungen zu füllen.

**Kuckuckslippfisch – Männchen.**

**Kuckuckslippfisch – Weibchen. Im Multimar Wattforum in Tönning werden diese Lippfische als Paar gehalten. Sollte das Männchen eines Tages sterben, so wird das Weibchen sich binnen weniger Wochen in ein strahlend blaues Männchen verwandeln.**

Den **Kuckuckslippfisch** findet man im Nordostatlantik genauso wie an den nordafrikanischen Küsten und im Mittelmeer. Aus der Nordsee kennt man diese Art vor allem von den Felsenhabitaten der Insel Helgoland. Der Kuckuckslippfisch zeigt einen besonders stark ausgeprägten Sexualdimorphismus, bei dem die Männchen einen blau gemusterten Rücken und einen orangefarbenen Bauch haben und die Weibchen rot-orange gefärbt sind. Kuckuckslippfische sind Zwitter und zunächst Weibchen. Erst im Alter von 7-13 Jahren wandeln sie sich in Männchen um. Es gibt aber auch wenige Tiere, die von Anfang an Männchen sind, doch zunächst das Farbkleid der Weibchen tragen. Ihre Endgröße liegt bei etwa 35 Zentimetern und sie können bis zu 20 Jahre alt werden. Sie leben an felsigen Küsten zwischen den Algen und bevorzugen kleine Wirbellose als Nahrung. Sie werden gelegentlich von Meeresanglern gefangen, doch haben sie nur relativ wässriges Fleisch von mäßiger Qualität, weshalb sie als Speisefische nicht geschätzt werden. Kuckuckslippfische laichen im Sommer paarweise in Algennestern ab, die vom Männchen bis zum Schlupf der Brut bewacht werden. Wegen ihrer leuchtenden Farben und ihrer langjährigen Haltbarkeit sind Kuckuckslippfische beliebte Ausstellungstiere bei öffentlichen Aquarien. Wegen ihrer Endgröße bleibt ihre Haltung daher auch diesen Einrichtungen vorbehalten.

Der **Gefleckte Lippfisch** kann 60 Zentimeter Länge mit einem Gewicht von 3,5 Kilogramm Gewicht erreichen. Man findet ihn an Felsküsten in der Algenzone zwischen 2 und 30 Metern Tiefe. Dieser Lippfisch gehört genau wie der **Kuckuckslippfisch** *Labrus mixtus* zu den Hermaphroditen. Dabei beginnen diese Fische ihr geschlechtliches Dasein zunächst als Weibchen und wandeln sich dann zwischen dem 4. und dem 14. Lebensjahr in Männchen um. Dieser Lippfisch baut Algennester, in die das Weibchen etwa 500-3000 Eier ablegt. Das Männchen bewacht die Brut etwa 1-2 Wochen lang bis zum Schlupf der Larven. Der Gefleckte Lippfisch gehört damit zur typischen marinen Fauna Helgolands. Außerdem findet man ihn auch relativ häufig in der Ostsee, da dort viel Geröll aus der Eiszeit und viele Schiffswracks auf dem Meeresboden lagern, welche diesen Lippfischen viele Verstecke liefern. Ob dieser Lippfisch auch im westlichen Mittelmeer vorkommt, gilt als umstritten. In öffentlichen Aquarien bekommt man diese Art wegen der schwierigen Beschaffbarkeit leider nur selten zu sehen, obwohl die Art als

solche nicht unbedingt selten ist. Mit dem Zunehmen von Müllansammlungen auf dem Meeresgrund entstehen jedoch zurzeit zahlreiche neue „Müllbänke", welche unter Umständen auch als Siedlungssubstrate für solche Lippfische geeignet sein könnten. Insofern könnten solche und ähnliche Fischarten künftig unseren Krabbenfischern häufiger als bisher in die Netze gehen. Aquarien suchen solche Fischarten sehr, da sie oft sehr ausdauernd und langlebig sind.

# Goldmaid, *Symphodus melops* (Linnaeus, 1758)

Die **Goldmaid** ist ein sehr farbenprächtiger Lippfisch, der maximal etwa 30 Zentimeter lang wird. Sie ist weit verbreitet von den norwegischen Küsten im Norden bis zu den nördlichen Küsten des Mittelmeeres inklusive Adria und Ägäis. Männchen(Bild oben) haben eine grünlich- bläuliche Grundfärbung, während Weibchen gelblich bis bräunlich aussehen. In der Paarungszeit haben Weibchen außerdem eine konisch geformte stark hervorstehende türkisfarbene Genitalpapille(Bild unten). Diesen Lippfisch kann man an Felsküsten bereits im Flachwasserbereich antreffen, von wo er in Tiefen bis zu etwa 30 Metern vordringt. Dabei hält er sich zwischen Laminarien und Seegräsern auf, an deren Farben sein Schuppenkleid adaptiert ist. Bei dieser Art laicht gewöhnlich ein Männchen mit mehreren Weibchen in einem Algennest ab. Danach bewacht das Männchen das Nest noch etwa zwei Wochen lang, bis die Larven geschlüpft sind. Diese leben im Plankton und werden von den Elterntieren sich selbst überlassen. Daher betreibt diese Art nur eine minimale Brutfürsorge. Die Goldmaid ist ein sehr territorialer Lippfisch, der in einem größtmöglichen Aquarium untergebracht werden sollte. Denn anderenfalls verteidigt er sein Revier erbittert gegen fast alle anderen Fische und greift sogar die Hand des Pflegers an. Als unproblematisch erwies sich die Vergesellschaftung mit einem großen Skorpionsfisch.

**Aalmuttern** und **Wolfsfische** findet man weltweit in allen arktischen und antarktischen Regionen, wobei manche Arten auch bis in die Tiefsee vordringen. After- und Rückenflosse sind stets mit der Schwanzflosse verschmolzen und die kleinen Bauchflossen sitzen sehr weit vorne. Sie haben dicke Lippen und ernähren sich von kleinen Beutetieren aller Art inklusive neugeborener Artgenossen. Manche Arten sind auch lebendgebärend.

## Aalmutter, *Zoarces viviparus* (Linnaeus, 1758)

**Kopf einer adulten Aalmutter. Einen Schönheitswettbewerb würde diese „Mutter" wohl eher nicht gewinnen…**

Die **Aalmutter**, die von den Küstenbewohnern oft als "Putte" bezeichnet wird, ist ein häufiger Fisch, den man mit etwas Glück auch in der Gezeitenzone antreffen kann. Sie kann etwa 50cm lang werden und gehört zu den arktischen Arten, die von der Barents-See im Norden, um England und Irland herum, in der Nordsee, in der Ostsee und im Süden bis zum Ärmelkanal vorkommt. Dabei lebt sie zwischen Algenbeständen im Flachwasser und dringt hier in Tiefen bis zu 40 Meter vor. In den letzten Jahren scheinen die Bestände der Aalmutter in der südlichen Nordsee abgenommen zu haben, was bei einer arktisch orientierten Art wegen der Klimaerwärmung auch nicht weiter verwunderlich ist. Die Bestände verlagern sich dann immer weiter nach Norden oder in größere Tiefen  und machen Platz für südliche Arten, welche die hinterlassene ökologische Nische besetzen können. Ob das für ein eingespieltes Ökosystem auf die Dauer gut ist, muss stark bezweifelt werden. Fakt ist es jedoch, dass mir ein Krabbenfischer aus Neuharlingersiel in den Jahren 2003, 2004 und 2005 keine Aalmuttern fangen konnte. Demgegenüber konnte ich jedoch im Mai 2013 einige Exemplare im Hafen von Norddeich mit einem Senknetz erbeuten. Leider verfüge ich zurzeit nicht über noch mehr aussagekräftige Daten zu diesem Sachverhalt, doch halte ich meine eigenen Erfahrungen für bedenklich. Sie zeigen, dass das Artengefüge in der Nordsee sehr schwankend geworden ist. Aalmuttern verdanken ihren Namen dem Umstand, dass man sich früher nicht erklären konnte, woher die jungen Aale kamen. Da die Aalmutter ein langgestrecktes Äußeres besitzt, wurde daraus schnell der Mythos von der Mutter der Aale erschaffen. Solche Ideen halten sich dann über Hunderte von Jahren und haben sich letztlich im Namen dieses Fisches verewigt. Aalmuttern sind mit den Aalen der **Familie *Anguillidae*** überhaupt nicht verwandt, sondern gehören in die eigene Familie der meist arktischen **Wolfsfische**, den ***Zoarcidae***. Eine Besonderheit der Wolfsfische besteht darin, dass sie sich mit innerer Befruchtung paaren. Die Paarungen finden im August und im September statt, und die Weibchen sind etwa 4 Monate mit der Brut schwanger, bis diese dann im Winter lebend geboren wird. Dabei werden pro Brut etwa 30 bis 400 Jungtiere geboren, die zwischen 3 und 5cm lang sein können. Die Jungen sind vollständig entwickelt und gehen am Boden sofort zu einer selbständigen Lebensweise über. Aalmuttern sind im Aquarium nachzüchtbar und wurden von verschiedenen Institutionen bereits erfolgreich vermehrt, doch stellen sie ihren Jungtieren nach. Wenn man sie nicht von den Elterntieren trennt, hat man so gut wie keine Chance, überhaupt ein Jungtier aufzuziehen. Auch ich habe die Aalmutter bereits nachgezogen – allerdings zufällig und nicht beabsichtigt. Denn als ich nach dem Winter eine Hälterungsanlage auf meinem Balkon ausräumte, fand ich dort zwei Jungtiere von etwa 7 Zentimetern Länge vor, die auch bereits deutlich gewachsen waren. Ob sie ihre Geschwister verspeist haben, werde ich leider nie erfahren. Ansonsten sind Aalmuttern gut haltbar, aber scheu, da sie zu den nachtaktiven Arten gehören. Und auch gegen Krebstiere jeglicher Art können sie sich gut behaupten, denn findet man eine Aalmutter zusammen mit Strandkrabben in  einer Reuse, so ist die Aalmutter niemals von den Krebsen angefressen, da sie sich offensichtlich erfolgreich verteidigen kann. Im Hafen von Norddeich ließen sich mit dem Senknetz Exemplare bis etwa 20 Zentimeter Körperlänge einfangen, die sich vor allem gut mit frischem Hering als Köder anlocken ließen.

**Stachelrücken** findet man im Nordpazifik und einige wenige Arten auch im nördlichen Atlantik. Bisher hat man dieser Fischfamilie 35 Gattungen und 71 verschiedene Arten zugeordnet. Der lateinische Name dieser Fischfamilie leitet sich von dem griechischen Wort *„stychos"* ab, was in etwa so viel bedeutet wie **„Ruder in einer Reihe"**. Dieser Ausdruck bezieht sich auf die Stachelstrahlen der Rückenflosse, die parallel zueinander stehen und sich von  dem Fisch gleichzeitig aufrichten und hinlegen lassen. Dieses erinnert tatsächlich an die Ruderbewegungen antiker Schiffe mit diversen Reihen von Paddeln, die ebenfalls stets synchron bedient werden mussten. Bei einigen Arten der Familie enden nur einige Stachelstrahlen der Rückenflosse in scharfen Spitzen, bei anderen ist die gesamte Rückenflosse stachlig. Bei dem **Stachelrücken** ***Chirolophis ascanii***, den man auch an felsigen Küsten der Nordsee finden kann, ist die gesamte Rückenflosse bestachelt. Weiterhin ist es  allen gemeinsam, dass sie eine schleimige schuppenlose Haut besitzen. Der dicke Schleimmantel dient dazu, Verletzungen durch scharfkantige Steine zu vermeiden. Auch wirkt dieser Schleim antibakteriell, weshalb Fische mit diesen Eigenschaften  in Aquarien selten an Hautparasiten erkranken. Darüber hinaus haben sie keine Schwimmblase, da sie eine sehr bodenorientierte Lebensweise führen. Die meisten Arten leben assoziiert zu felsigen Küsten und harten Substraten auf dem Festlandsockel des Kontinentalschelfs. Hier stellen sie kleinen Krebstieren und anderen Wirbellosen nach. In Aquarien sollten sie besser einzeln gepflegt werden, da sie Artgenossen nicht in ihren Revieren akzeptieren, welche sie stark verteidigen. Das führt in der Regel dazu, dass das unterlegene Tier das Aquarium per Hechtsprung verlässt oder totgebissen wird. Manche Stachelrücken haben einen auffälligen **Sexualdimorphismus**, bei welchem die Männchen verlängerte Stachelstrahlen oder büschelartige Aufsätze in den ersten Strahlen der Rückenflosse aufweisen. Die ähnlichen **Schleimfische** der Familie ***Blenniidae*** haben dagegen oft markante Kopftentakel über den Augen, welche vor allem bei den Männchen sehr auffällig sind. In nächster Zeit ist damit zu rechnen, dass weitere Vertreter dieser Fischfamilie vor allem infolge der wachsenden Müllablagerungen aus Plastikmüll, Netzen und anderem Unrat auch bis zu den deutschen Küsten der Nordsee vordringen, die eigentlich als Habitat für diese Fische ungeeignet sind, da es hier natürlicherweise eigentlich nur Schill- und Sandböden geben sollte. Hier finden sie dann zwar keine Felsenhabitate, dafür aber ausgedehnte **„Müllriffe"**, auf denen sie sich aller Voraussicht nach auch dauerhaft etablieren werden. Eine „tolle" Steigerung der Biodiversität! Denn es ist sehr bedenklich, dass gerade diese kleinen Fischarten durch eine müllassoziierte Lebensweise Müll und Schadstoffe als Nahrungspartikel aufnehmen und diese Abfälle dann durch Akkumulation in ihrem Gewebe zu Speisefischen weitergeben. Diese wiederum isst schließlich der Mensch, der immer noch glaubt, dass Speisefische aus dem Meer „gesund" seien…

Der **Stachelrücken** ist ein sehr weit verbreiteter Vertreter seiner Familie, den man vor allem an den nordeuropäischen Küsten von Nord- und Ostsee antreffen kann. Er erreicht eine Länge von bis 27 Zentimetern, wird jedoch meist nur etwa 20 Zentimeter lang. Besonders typisch für diese Art ist der im Verhältnis betrachtet sehr lang gezogene Körper. Außerdem besitzen die Männchen auf den ersten beiden Strahlen der Rückenflosse quastenartige Anhängsel. Diese sind einzigartig, denn bei Schleimfischen vergleichbarer Größe sind solche Quasten an der Rückenflosse nicht vorhanden. Außerdem haben die Männchen anderer Schleimfische, wie etwa des **Gestreiften Schleimfisches** *Parablennius gattorugine*, nur Tentakeln auf der Stirn, aber nie an der Rückenflosse. Weiterhin typisch ist der dunkle Ring um das Auge, der durch einen dunklen Wangenstrich erweitert wird. Diese Merkmale fehlen anderen ähnlich gefärbten Schleimfischen. Außerdem hat der Stachelrücken auf seinen Brustflossen keine Streifenmusterung wie der Gestreifte Schleimfisch. Die beiden Arten sehen sich leider sehr ähnlich. Und für eine wirklich genaue Artbestimmung muss man sie schon gut fotografiert haben, oder aber als tote Belegexemplare gut konserviert für eine genaue Detail-Untersuchung vorrätig haben.

**Butterfische** sind eine sehr überschaubare Fischfamilie mit nur sehr wenigen Gattungen und Arten. Sie sind allesamt in den Küstengewässern auf der Nordhalbkugel der Erde heimisch und haben einen besonderen Verbreitungsschwerpunkt im Nordpazifik. Im Gegensatz zu den Aalmuttern besitzen sie eine kleine separate Schwanzflosse. Ihre Rückenflosse ist durchgehend stachlig und ihre Bauchflossen sind entweder stark reduziert oder gar nicht mehr vorhanden. Butterfische nehmen eine wichtige Schlüsselposition in den arktischen Küstengewässern ein, denn sie sind zum einen wichtige Nahrungstiere für andere Fische, zum anderen aber auch für Seevögel. Außerdem sind sie wichtige Zwischenwirte für zahlreiche Parasiten, die dann später Krebstiere, Fische oder Seevögel befallen.

## Butterfisch, *Pholis gunnellus* (Linnaeus, 1758)

Der **Butterfisch** gehört mit zu den arktischen Arten, die auf der Nordhalbkugel weit verbreitet sind. So findet man ihn auch auf der anderen Seite des Atlantiks. Die Population in der Nordsee stellt eines der südlichsten Vorkommen dieser Art dar. Er wird bis zu 25 Zentimeter lang und ist ein häufiger Beifang der Krabbenfischer. Diese Tiere kann man im seltenen Ausnahmefall bei Ebbe in der Nähe von Buhnen zwischen Steinen antreffen, in der Regel leben sie jedoch deutlich unterhalb der Gezeitenmarke im Sublitoral bis etwa 30m Tiefe. Im Winter ziehen sie sich dann in noch größere Tiefen zurück. Butterfische weisen einen deutlichen Sexualdimorphismus auf, an dem man die Geschlechter einfach unterscheiden kann. Männchen haben eine gelbe Kehle und sind im Ausnahmefall auch komplett gelb gefärbt, während die Weibchen eher braun und unscheinbar sind. Von dieser Gelbfärbung der Männchen leitet sich auch der deutsche Name des Butterfisches ab. Von November bis Januar pflanzen sich die Butterfische fort, in dem die Weibchen einen großen Klumpen Eier in eine leere Muschelschale oder unter einem Stein ablegen. Diese Klumpen enthalten gewöhnlich 80 - 200 Eier und werden vom Männchen bis zum Schlupf der etwa 9 Millimeter langen Jungfische bewacht. Danach leben diese bis zu einer Länge von etwa 3 Zentimetern im Plankton und gehen dann erst zum Bodenleben über. Butterfische fressen kleine wirbellose Bodentiere und dienen selber größeren Fischarten als Nahrung. Außerdem dienen sie selbst zahlreichen Parasiten(so etwa den **Metacercarien**) als Zwischenwirte, die dann später Seevögel oder andere Fische befallen. Im Sommer kann man juvenile Exemplare des Butterfisches in den kleinen Seehäfen zwischen den feinen rotbraunen Algen der Schwimmstege antreffen, wo man sie gemeinsam mit Seescheiden, juvenilen Seeskorpionen, Felsengarnelen und ähnlichen Kleintieren auffinden kann. Hier fallen sie dann auch Seevögeln zum Opfer, die sich durch den Verzehr der kleinen Butterfische mit diversen Parasiten infizieren, welche dann im Seevogel ihren eigenen Lebenszyklus abschließen. Daher hüte man sich davor, kleine selbstgefangene Fische der Uferzone selbst roh zu verzehren. Es sei denn, man findet es unterhaltsam, zwei Jahre lang Antibiotika und Antiparasitika einnehmen zu müssen, mit allen bekannten Nebenwirkungen…

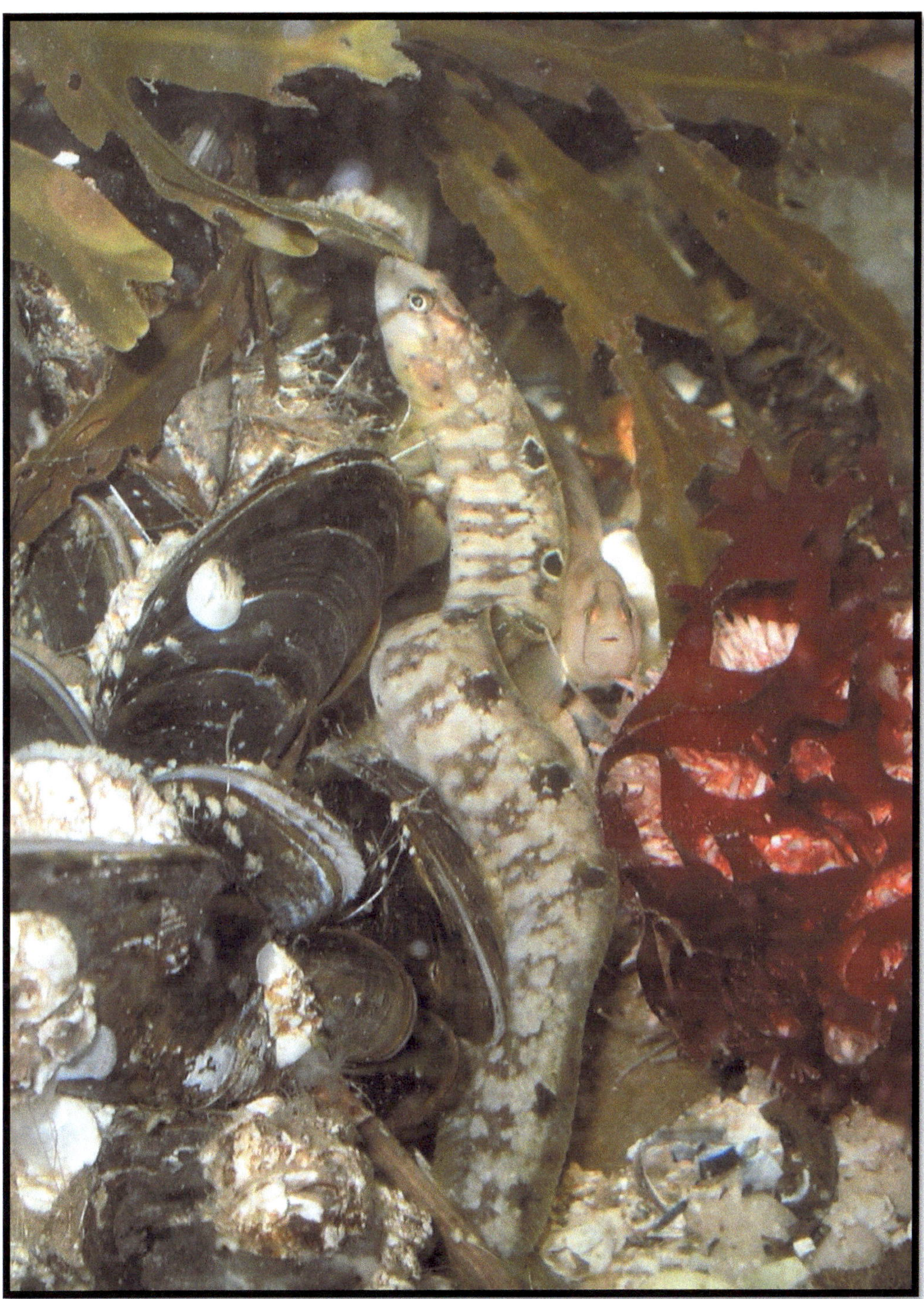

Die **Seewölfe** sind eine kleine Familie schleimfischverwandter Fische, die man in den tieferen Arealen der nördlichen und arktischen Kontinentalschelfe antreffen kann. Damit gehören auch sie zur typischen borealen Fauna des Weltmeeres. Sie besitzen nur eine Rückenflosse, die sich jedoch über den gesamten Rücken zieht und von der Schwanzflosse stets getrennt ist. Ihr Körperbau ist meist eher plump, mit einem großen Kopf und einem nach hinten spitz zulaufenden Körperumriss. Sie besitzen starke und große Fangzähne und eine gepanzerte Gaumenplatte, mit der sie vor allem hartschaligen Bodentieren wie etwa Krebsen und Seeigeln den Garaus machen. Seewölfe werden regelmäßig von der kommerziellen Fischerei auf andere wichtige Fischarten wie etwa Dorsch und Rotbarsch als Beifang angelandet. Auch gehen Meeresanglern regelmäßig einige Seewölfe an den Haken. Das Fleisch wird dann in der Regel auch vermarktet.

## Gefleckter Seewolf, *Anarhichas minor* Olafsen, 1772

Für den **Gefleckten Seewolf** gilt im Wesentlichen das Gleiche wie für seinen gestreiften Verwandten. Er erreicht jedoch eine größere Körperlänge, da er etwa 150 Zentimeter lang werden kann. Des Weiteren ist diese Art eher eine arktische Art, die in der nördlichen Nordsee ihre südlichste Verbreitung hat. Auch der Gefleckte Seewolf hat ein ausgeprägt gutes Sozialverhalten, was dieses Foto beweist. Auch wenn Taucher mit diesen Fischen sogar auf unmittelbare Tuchfühlung gehen können, sollte man dennoch einen heiligen Respekt vor dem Gebiss eines lebenden Seewolfes haben, denn er kann damit auch die dickschaligsten Beutetiere aufbrechen! Ein menschlicher Finger wäre dagegen gar nichts...

Der **Gestreifte Seewolf** ist ein typischer Grundfisch des Block- und Geröllgrundes und kann in Tiefen von 20 bis 500 Metern gefunden werden. Mit einer Endgröße von 125 Zentimetern wird er in etwa so groß wie der Kleingefleckte Katzenhai. Er ist zwar nicht gerade eine Schönheit, und einen Vertrauen erweckenden Eindruck macht dieser Fisch auf den ersten Blick auch nicht. Doch untereinander sind Seewölfe sehr soziale Tiere, die sich gerne aneinander schmiegen und somit ein besseres Sozialverhalten als mancher Barsch zeigen. Außerdem ist es bekannt, dass sie Taucher sogar mit sich spielen lassen und dann sehr neugierig sind. Als Hartschalenfresser machen sie eigentlich Seeigeln und Krebsen den Garaus, können aber trotzdem in entsprechend großen Aquarien zusammen mit großen Seeigeln, Taschenkrebsen und Hummern gehalten werden. Eine wichtige Voraussetzung dafür ist jedoch eine angemessene Fütterung. Auch Fischen gleicher Größe tun sie nichts. Häufig halten sie sich sogar in der gleichen Höhle auf. Ihre Geschlechtsreife erreichen die Seewölfe erst im Alter von 6-7 Jahren bei einer Körperlänge von 50-60cm. Dann legen die Weibchen im Winter zwischen Oktober und Januar am Grund Eiballen ab, die bis zu 25.000 Eier mit einem Durchmesser von 5-6mm haben. Dieses Gelege wird vom männlichen Seewolf etwa 2 Monate lang bewacht, bis die jungen Seewölfe mit einer Größe von etwa 10mm ausschlüpfen. Diese Jungtiere tragen noch 3-4 Monate lang einen Dottersack. Wenn dieser aufgezehrt ist, leben sie bis zu einer Körperlänge von etwa 6cm als freischwimmende Fische. Erst danach gehen sie dann wieder zum Bodenleben über. Aufgrund dieses Fortpflanzungsverhaltens kann man diese Fischfamilie verwandtschaftlich in die Nähe der Butterfische stellen. Seewölfe sind kommerziell wichtige Beifänge der Bodenfischerei und werden vor allem vor Island gefangen. Der Geschmack ihres Fleisches ähnelt dem der Makrele, und geräuchert hat es sogar eine geringe abführende Wirkung. Im Fischhandel werden sie häufig als Butterfisch, als Karbonadenfisch oder als Steinbeißer vermarktet.

„Sandaale" ist eine sehr irreführende Bezeichnung für eine kleine Familie mariner Fische, die mit Aalen oder Muränen nicht im Geringsten verwandt sind. Sie haben zwar auch keine Bauchflossen, dafür aber stets eine von den Flossensäumen des Rückens und des Bauches abgetrennte Schwanzflosse. Sie alle leben in großen Schwärmen, wo sie dem Meeresplankton gemeinsam im feien Wasser oder in Bodennähe nachstellen. Bei Gefahr flüchten sie rasch Richtung Boden. Ihr spitzer Kopf ermöglicht es ihnen dabei, sich rasch komplett im Substrat einzugraben.

## Kleiner Sandaal, *Ammodytes marinus* Raitt, 1934

Der **Kleine Sandaal**, welcher auch als **Sandspierling** oder **Tobiasfisch** bezeichnet wird, kann bis zu 20 Zentimeter lang werden. Er lebt vor allem im Nordostatlantik, ist jedoch auch an einigen Stellen des nördlichen Mittelmeeres und vor allem an den spanischen Küsten präsent. Im Sommer findet man ihn ab der Gezeitenzone auch im Flachwasserbereich. Im Winter zieht er sich dann in Tiefen von 20 bis 50 Metern zurück. Für diese Art ist ihre hydrodynamische Stromlinienform und die damit verbundene schlängelnde Schwimmweise charakteristisch. Der Sandaal ist trotz seiner geringen Größe eine kommerziell wichtige Art, die vor allem in Dänemark in riesigen Mengen angelandet wird. Die Tiere werden dann zu Fischmehl oder Tierfutter verarbeitet. Der Sandaal ist ein typischer Bewohner des Sandgrundes und kann sich in diesen bei Gefahr blitzschnell eingraben. Dabei kann es sogar passieren, dass der Fisch bei Ebbe im trockengefallenen Sandboden des Watts oder in kleinen Ebbepfützen zurückbleibt. Ich habe selbst vor einigen Jahren aus Versehen ein solch eingegrabenes Exemplar totgetreten. Im Aquarium lassen sie sich nur halten, wenn sie genug Sand zum Eingraben haben. Außerdem neigen sie dazu, aus dem Aquarium zu springen, weshalb der Behälter gut abgedeckt sein sollte. Am besten ist es, einen kleinen Schwarm zu halten, da diese Tiere sehr scheu sind und Fluchtdistanzen einhalten. Ihre Ernährung ist heikel, da sie als Planktonfresser feinstes Futter benötigen. Daher ist eine dauerhafte Haltung nur dem fortgeschrittenen Spezialisten möglich.

**Hier ein Sandaal von ca. 15 Zentimetern Länge, welcher als Beifang in einem Fischernetz hängen blieb. Während der Sommermonate werden sie besonders häufig zusammen mit Sandgarnelen angelandet.**

**Junge Sandaale, etwa 5 Zentimeter lang, halb im Sand eingegraben. Bei Gefahr graben sie sich komplett ein und sind nicht mehr zu sehen!**

**Sandaale im Multimar Wattforum Tönning. Dort wurde ein kleiner Schwarm gehalten, der regelmäßig auf Patrouille ging und bei Störungen sofort im Substrat verschwand.**

Grundeln sind eine sehr große Fischfamilie, von der es geschätzte 1000 verschiedene Arten oder auch noch mehr gibt. Ihnen allen ist es gemeinsam, dass sie nur sehr kleine Schuppen besitzen und konisch geformte Zähne im Maul haben, mit denen sie kleine Beutetiere festhalten können. Ihre Bauchflossen sind sehr dicht zusammenstehend angeordnet und bei manchen Arten fungieren sie auch als Saugnapf (siehe Bild rechts). Die Kopfform ist meist eher rundlich und plumb. Grundeln leben entweder freischwimmend im offenen Wasser, wo sie schwebend auf Plankton lauern, oder als Bodenbewohner. Für Grundeln ist es sehr typisch, sich mit einem schnellen Stoß ein Stück vorwärts zu katapultieren und dann abrupt zu stoppen. Diese Fortbewegungsweise ermöglicht der Grundel zum einen eine rasche Flucht bei Gefahr und zum anderen zielgerichtete Zugriffe auf kleine flinke Beutetiere. Zum Spektrum der Nahrung gehören Würmer, Fischbruten, kleine Krebstiere und ähnliches. Grundeln legen ihre Eier meist am Meeresboden ab, wobei oft das Männchen die führende Rolle bei der Brutfürsorge übernimmt.

Dabei reinigt und verteidigt das Männchen den Laich, der zwischen kleinen Steinchen oder Muschelschalen abgelegt wurde,  auch gegen erheblich größere Eindringlinge. Die Fürsorge des Männchens endet jedoch mit dem Schlupf der Brut. Die Aquarienhaltung der meisten Grundelarten ist sehr gut möglich, insbesondere wenn sie zu den bodenbewohnenden Arten gehören. Und auch die Nachzucht mancher Arten ist mit entsprechenden Planktonzuchten möglich und wurde bereits verschiedentlich erfolgreich durchgeführt. Besonders interessant ist es, dass manche Grundeln mit Krebstieren in Symbiose leben. Dabei gräbt das Krebstier unterirdische Gänge und Höhlen, während die Grundel den Eingang bewacht und den Krebs bei Gefahr warnt. Dabei halten Grundel und Krebs oft sogar Körperkontakt über die Antennen des Knallkrebses. Solche lebensghemeinschaften sind bisher bekannt von Grundeln und Knallkrebsen sowie aber auch von Grundeln und Kaisergranaten. Das Studium solcher Beziehungen in einem Aquarium ist sehr interessant und kann manchmal über Jahre betrieben werden, da manche Arten sehr langlebig und ausdauernd sind. Dabei ist es oft schwieriger, das Krebstier am Leben zu erhalten, als die Grundel. Und manchmal fressen sich die Symbiosepartner auch gegenseitig auf, was auf ein ambivalentes Zweckbündnis auf Zeit rückschließen lässt.

Die **Glasgrundel** ist ein sehr fragiles Geschöpf, welches eine Länge von etwa 60 Millimetern erreicht, im Mittelmeer bleibt sie mit etwa 45 Millimetern etwas kleiner. Ihre Färbung ist leicht gelblich sowie transparent und könnte auch als xanthoristisch bezeichnet werden. Unter einer Lupe betrachtet fällt die relativ starke Bezahnung dieser Grundel im vorderen Drittel des Kiefers auf, mit welcher sie kleine Beutetiere festhalten kann. Die Glasgrundel findet man nicht in Strandnähe, sondern in dem der Küste vorgelagerten Flachwasserbereich, wo sie gelegentlich auch den Fischern ins Netz geht. Allerdings scheint die Art als solche relativ selten zu sein. Aufgrund ihrer Zartheit überleben sie den Fang leider nicht lange, da sie dem Druck des Fangnetzes nichts entgegensetzen können. Glasgrundeln leben in den flacheren Bereichen des Meeres, wo sie in der Nähe von Muschelbänken ihre Eier leeren Muschelschalen anvertrauen. Die ansonsten freischwimmend lebenden Tiere verlassen jedoch gegen Ende des Sommers diese flachen Areale und wandern ab in bis zu 70 Meter Tiefe, um hier zu überwintern und dann im nächsten Jahr für Nachwuchs zu sorgen. In der Regel lebt diese Grundel nicht länger als ein Jahr, da die adulten Tiere ableben, nachdem sie sich um ihre Brut gekümmert haben. Glasgrundeln sind im Aquarium relativ gut haltbar, sofern man unverletzte Exemplare lebend bekommen kann. Sie müssen jedoch extrem vorsichtig gefangen werden, am besten mit einer speziellen Ködersenke. Das oben abgebildete Exemplar wurde von dem Meeresbiologen Thorsten Walter in der Trave in der Nähe der Ostseestation eingefangen, wo sich eines warmen Sommers ein ganzer Schwarm dieser sonst seltenen Grundeln blicken ließ.

Die **Schwarzgrundel** ist von der Ostsee bis zum Mittelmeer weit verbreitet und besonders oft in flachen Hafenbecken mit Sand- oder Schlammgrund zu finden. Mit einer Gesamtlänge von bis zu 10 Zentimetern gehört sie zu den größeren und räuberischen Grundelarten und ist deshalb auch häufig die dominierende Art.Sie kann mindestens 4 Jahre alt werden. Adulte Schwarzgrundeln kann man häufig paarweise antreffen; die Männchen unterscheiden sich durch die etwas höhere erste Rückenflosse von den Weibchen. Schwarzgrundeln bevorzugen etwas abgeschattete Versteckplätze, aus denen sie sich mit entsprechenden Ködern auch hervorlocken lassen. Sie lassen sich dann relativ einfach mit einer Ködersenke oder einem Rahmenkescher fangen. Schwarzgrundeln legen von Mai bis August bis zu 6.000 Eier an Steinen oder Seetang ab. Die Männchen besamen und bewachen die Brut bis zum Schlupf. Die Larven schlüpfen mit einer Länge von etwa 3 Millimetern aus den birnenförmigen Eiern und schwimmen dann frei, erst mit einer Länge von etwa einem Zentimeter gehen sie dann zum Bodenleben über. Schwarzgrundeln brauchen 2 Jahre, um geschlechtsreif zu werden. Bei einem Experiment des Autors wurde eine Schwarzgrundel aus der Ostsee in einem tropischen Meeresaquarium zusammen mit dem tropischen **Knallkrebs** *Alpheus bisincisus* (siehe Foto unten) vergesellschaftet. Nach wenigen Wochen lebten diese beiden Tiere unterschiedlichster Herkunft als Symbiosepartner zusammen in einer Höhle, wobei der Krebs den typischen Körperkontakt zur Grundel mit seinen Antennen hielt.

Diese invasive Art kam ursprünglich aus dem Schwarzen Meer in unsere Gewässer und hat jetzt die Donau und die Ostsee erreicht. Außerdem kommt sie natürlicherweise auch im Asowschen Meer sowie im Kaspischen Meer, sowie an den griechischen und türkischen Küsten vor. Durch den Handel mit Schiffen wurde sie weit verbreitet und inzwischen sogar schon in Nordamerika nachgewiesen. Sie ist ein sehr universeller Fisch, den man in Süß-, Brack- und Seewasser finden kann. Sie wird etwa 20 Zentimetern groß. Die **Schwarzmundgrundel** ist ein großer Schädling unserer endemischen Fauna geworden, da sie unsere einheimischen Arten verdrängt. Dieses erreicht sie zum einen durch hohe eigene Vermehrungsraten, zum anderen dadurch, dass sie die Bruten anderer Fische vertilgt. Dadurch sind beispielsweise Arten wie die sonst in der Ostsee heimische **Schwarzgrundel** *Gobius niger* bereits deutlich ins Hintertreffen geraten. Allerdings könnten kalte Winter den Vormarsch solcher meist durch Schiffe verschleppter Arten aus Übersee durchaus

begrenzen, sofern diese weniger Kältetoleranz als unsere einheimischen Arten besitzen. Die Entwicklung ihrer Populationen sollte daher einem sorgfältigen Monitoring seitens der Fischereibehörden unterzogen werden. Denn ihre ungehemmte Ausbreitung kann dramatische Folgen für endemische Fischarten und die darauf aufbauende Fischereiwirtschaft haben. Im Aquarium sind diese Grundeln problemlos bei Zimmertemperatur gut und ausdauernd haltbar.

Die **Schlammgrundel** erreicht eine Länge von bis zu 6,5 Zentimetern und weist an der Basis der Brustflosse einen dunklen Fleck, sowie diverse rotbraune Flecken in der Rückenflosse auf. Man findet sie im nördlichen Mittelmeer, an der nordafrikanischen Küste gegenüber von Gibraltar, sowie in Nord- und Ostsee. Diese Grundel kann auf Kiesböden und schlammigen tonhaltigen Substraten gefunden werden, weshalb sie auch mit zur typischen Fauna stark verschlammter Wattgebiete gehört. Auch kann diese Grundel im Brackwasser und in Flussmündungen gefunden werden. Die Art kann ein Alter von bis zu drei Jahren erreichen, wobei sie an einigen Lokalitäten nur einmal ablaicht und dann stirbt, in anderen Habitaten aber bis zu zweimal für Nachwuchs sorgen kann. In der Praxis kann man diese Art kaum von der Sandgrundel unterscheiden, da beide Arten oft gleichzeitig sympatrisch im gleichen Lebensraum vorkommen. Die Schlammgrundel dringt aber sogar in Tiefenbereiche von bis zu 30 Metern vor und ist damit nicht nur ein Bewohner der flachen küstennahen Litoralzonen der europäischen Meere. Die Schlammgrundel vermehrt sich im Sommer und gehört mit zu den häufigsten Fischarten im Flachwasserbereich. Sie frisst vor allem kleine Krebstiere und sonstige Bodentiere und dient selbst vielen Vögeln und größeren Fischen als Nahrung. Sie ist bei entsprechender Herkunft aus dem Litoral auch bei Zimmertemperatur haltbar, sofern sie im Sommer gefangen wurde. Ihre Haltung ist einfach, denn sie akzeptiert jegliches Futter inklusive Flockenfutter, *Artemia*, *Cyclops* und Wasserflöhen. Bietet man ihnen leere Muschelschalen an, besteht auch die Möglichkeit einer Nachzucht, wie bei der **Sandgrundel** *Pomatoschistus minutus*. Für die Aufzucht der Bruten benötigt man dann angereicherte Artemien und marine Copepoden.

Die **Sandgrundel**, die man auch als **Strandkühling** bezeichnet, ist eine der häufigsten europäischen Grundeln, deren Populationen im Hochsommer die höchste Dichte erreichen. Man findet sie im nördlichen Mittelmeer, im Schwarzen Meer, sowie in Nord- und Ostsee. Sie wird 5-6 Zentimeter groß und nur 1-2 Jahre alt. Sandgrundeln sind eine wichtige Nahrungsquelle für diverse Seevögel, aber auch für größere Fischarten. Die Sandgrundel lebt vor allem bodenorientiert und ist farblich so perfekt an die jeweils von ihr bewohnten Substrate angepasst, dass man sie von oben nur schwer entdecken kann. Sie legen ihre Eier zwischen leeren Muschelschalen ab, wo sich diese bei sommerlichen Temperaturen rasch entwickeln. Männchen haben in der Rückenflosse einen charakteristischen Augenfleck, mit dem sie Nebenbuhlern imponieren und um Weibchen werben. Sie sind bereits in kleinen Aquarien ausgezeichnet haltbar, und die Nachzucht der Sandgrundel soll hin und wieder auch schon einigen Aquarianern gelungen sein. Wenn man Sandgrundeln gezielt sucht, sollte man bei Ebbe vor allem in Prielen und Ebbepfützen nachsehen, wo man sie im Sommer in großer Anzahl zusammen mit der **Sandgarnele *Crangon crangon*** und der **Schwebegarnele *Mysis spec.*** häufig antreffen kann. Sie sind auch ausgezeichnete Futtertiere für größere Aquarienfische. Auch die Haltung von Sandgrundeln aus kalten Gewässern kann bereits bei Zimmertemperatur realisiert werden, doch benötigen die Tiere im Winter eine Kältephase zur Gonadenreifung, da sonst die Zucht unmöglich ist.

Die **Zweiflecken-** oder auch **Schwimmgrundel** kann man vor allem in dänischen Häfen antreffen, weil ihr Verbreitungsgebiet die nördliche Nordsee ist. Im Gegensatz zu so gut wie allen anderen Grundelarten hält sich dieser kleine bis zu 6 Zentimeter große Fisch nicht in Bodennähe, sondern freischwimmend in Oberflächennähe auf. Unverwechselbar machen diese Art die beiden dunklen Flecken, von denen der erste hinter der Brustflosse und der zweite auf dem Schwanzstiel zu sehen ist. Das typische Verhalten dieser Art ist es, dass die Zweifleckgrundel leicht schräg im Wasser steht, wo sie dann im Schwarmverband mit ihren Artgenossen auf kleine Krebstiere lauert. Wenn Sie nicht frei im Wasser steht, schmiegt sie sich in der gleichen Haltung an Steinen an und sucht hier Deckung. Das Schrägstehen dürfte den Grundeln eine gewisse Sicherheit gegen die gefiederten Beutegreifer aus der Luft verleihen, da diese ihr Opfer von oben nur als kleinen Punkt sichten können, der erheblich schwerer zu greifen ist, als ein Fisch, der sich in voller Körperlänge als langer Strich präsentiert. Der Schwarm bietet auch einen guten Schutz gegen Raubfische, da diese bei ihren Attacken durch den Schwarm irritiert und abgelenkt werden können. Zweifleckengrundeln werden etwa 2 Jahre alt und sind mit einem Jahr bereits geschlechtsreif. Sie legen ihre 1mm langen birnenförmigen Eier an Algen und Tangen im Flachwasserbereich ab. Aus diesen schlüpfen nach kurzer Zeit Larven, die etwa 2,5 Millimeter lang sind.

**Leierfische** besitzen keine Schuppen und haben eine sehr schleimige schwach giftige Haut. Manche Arten besitzen an den Kiemendeckel auch Giftstacheln, die mit einer Giftdrüse gekoppelt sind. Außerdem besitzen die meisten Leierfische einen deutlich ausgeprägten Sexualdimorphismus, bei dem die Männchen eine vergrößerte erste Rückenflosse aufweisen, mit der sie um die Weibchen regelrecht balzen, indem sie Nebenbuhlern zu imponieren versuchen. Leierfische leben zwar bodenorientiert, doch können sie mithilfe ihrer Brustflossen problemlos wie ein „Schmetterling" im freien Wasser schweben oder in der Wassersäule zur Oberfläche aufsteigen. Dieses Verhalten zeigen sie besonders gerne, wenn sie paarweise gemeinsam ablaichen. Mit etwas Glück kann man dieses Paarungsverhalten auch in Aquarien mit entsprechender Beckenhöhe beobachten. Die Nachzucht von tropischen Arten wie etwa dem **Mandarin-Leierfisch *Synchiropus splendidus*** ist bereits gelungen und ist ein reizvolles Betätigungsfeld für engagierte Hobbyisten und Institutionen. Trotz der geringen Größe dieser Fische sei darauf hingewiesen, dass insbesondere die Männchen Revierfische sind, so dass sich am ehesten die Paarhaltung empfiehlt. Anderenfalls könnten überzählige Männchen aus dem Becken springen, sofern dieses nicht ausreichend abgedeckt ist.

**Gestreifter Leierfisch – Weibchen. Die Weibchen sind nicht so farbig wie die Männchen und führen ein unauffälliges Dasein auf dem Sandgrund.**

Einer der ersten Aquarienfische überhaupt war der auch in unserer Nordsee beheimatete **Gefleckte Leierfisch *Callionymus lyra***, welcher bereits im 19. Jahrhundert in den ersten Seeaquarien erfolgreich gehalten wurde. Dieser Fisch zeigt genau wie seine tropischen Verwandten einen ausgeprägten Sexualdimorphismus, bei dem die Männchen eine fahnenartige Rückenflosse und türkisfarbene Farbbänder aufweisen, während die Weibchen eine unauffällige beigebraune Färbung besitzen. Außerdem entspricht auch sein Revier- und Balzverhalten dem seiner tropischen Verwandten, so dass man hier schon fast von einem universellen Verhaltensrepertoire sprechen kann. Im Mittelmeer gibt es mindestens 7 verschiedene Arten der Leierfische, von denen einige Endgrößen unter 15 Zentimetern erreichen und damit aquaristisch geeignet sind.

Zwei Männchen des Gestreiften Leierfisches bei der Balz. Das Männchen im Vordergrund hebt drohend den Kopf und stellt die Rückenflosse imponierend auf. Hält man zu viele Männchen in einem Aquarium, so springen wegen des Stresses die überzähligen Tiere aus dem Becken, sofern sie eine Lücke finden!

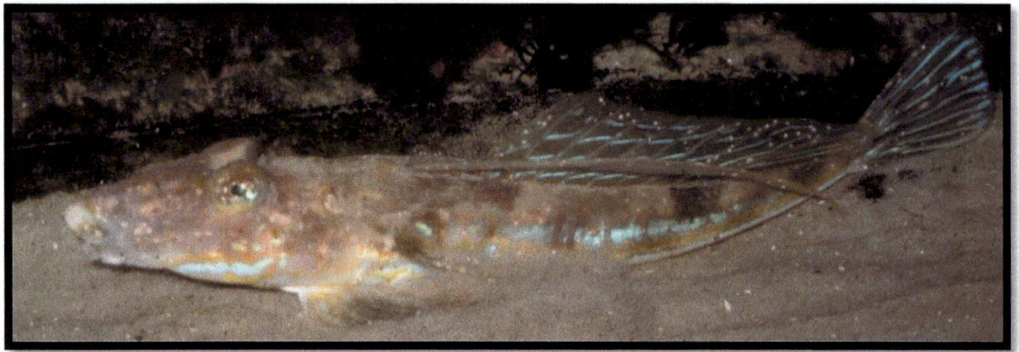

Das Männchen des Leierfisches besitzt sehr schöne gelbe und türkisfarbene Streifungen auf dem Körper und an den Flossen. Hier wurde der erste Strahl der Rückenflosse halb herunter geklappt, um sich von der Balz auszuruhen.

Der **Gestreifte Leierfisch** gehört zu den Meeresfischen, die nachweislich bereits im 19. Jahrhundert in Aquarien gehalten werden konnten. Diese Art zeigt einige erstaunliche Anpassungen an das Leben auf sandigen Substraten, die in ihrer Funktionsweise mit denen von Rochen und Plattfischen direkt vergleichbar sind. So wird zum Beispiel das Atemwasser hinter den Augen durch ein spezielles verschließbares Atemloch über die Kiemen geführt, um zu verhindern, dass Sand in die Kiemen eindringen kann, wenn sich der Fisch eingräbt. Dieser Mechanismus entspricht ganz exakt der Adaption der Spritzlöcher der Rochen und mancher bodenbewohnender Hai-Arten, so dass man hier schon von einer Analogie der Anpassung sprechen kann. Eine weitere Adaption an das Leben im Sand sind die Brustflossen, mit denen sich der Fisch problemlos eingraben kann, indem er sie wie rotierende Schaufeln einsetzt. Diese Brustflossen sind allerdings multifunktional angelegt. Der Fisch kann mit ihnen auch ausgezeichnet wie ein Insekt im freien Wasser schweben, oder sich auf ihnen auf dem Grund abstützen. Häufig huscht er dann ein kleines Stück vorwärts, um dann zielgenau mit ihnen abzubremsen, indem er sie wie einen Bremsfallschirm aufspannt. So bewegt sich er sich vor allem, wenn er ein Beutetier erhaschen möchte, aber auch, wenn er in der Paarungszeit passgenau vor einem  Nebenbuhler abstoppen möchte. Die meiste Zeit verbringen Leierfische allerdings eher inaktiv auf dem Sandboden hockend oder eingegraben, um sich entweder dem Zugriff größerer Räuber zu entziehen, oder um selbst unbemerkt auf ihre Beute, wie z.B. Sandgarnelen und kleine Grundeln, zu lauern. Sehr stark ausgeprägt ist beim Leierfisch der Sexualdimorphismus: Während das Weibchen eher braun und unscheinbar aussieht, ist das Männchen mit seinen gelb-türkisfarbenen Farbbändern erheblich farbenprächtiger. Auch wird das Männchen größer als das Weibchen und hat an der ersten Rückenflosse deutlich länger ausgezogene Flossenstrahlen. Während der Paarungszeit imponieren die Männchen einander mit ihren hoch aufgestellten Rückenflossen. Allerdings dauert das Aufstellen der Rückenflosse immer nur wenige Sekunden an, weshalb es auch sehr schwierig ist, diesen Moment fotografisch zu dokumentieren. Leierfische haben - wie viele andere Boden bewohnende Fische auch - eine stark reduzierte Schwimmblase und gehören damit zu den Tieren, die den Fang durch einen Krabbenkutter überleben können. Kleine Exemplare werden manchmal zusammen mit Sandgarnelen gekocht, wo man sie dann noch finden kann. Sie sind sehr gute Aquarienpfleglinge, die willig Futter annehmen und einigermaßen ausdauernd in der Haltung sind, wenn man den Behälter gut abdeckt. Sie sind nämlich leider auch sehr gute Springer! Bei der Haltung dieser Fische sollte immer bedacht werden, dass sie kleinere Mitbewohner meistens als Futter betrachten. Außerdem besitzen Leierfische einen Stachel auf dem Kiemendeckel, der mit einer Giftdrüse verbunden ist und ein schwaches Gift abgibt. Deshalb sollte man sie möglichst nicht mit einem Netz einfangen, denn sie könnten sich leicht mit ihren Kiemendeckelstacheln darin verhaken, was die Fische enorm schädigen kann. Da Leierfische im Sublitoral unterhalb der Gezeitenmarke leben, meiden sie die warmen Flachwasserzonen. Das bedeutet, dass man sie etwas kälter unterhalb von 20° Celsius halten sollte, nämlich unter Zimmertemperatur.

Zu dieser Familie gehört nur eine einzige Art, nämlich der **Schwertfisch *Xiphias gladius***. Im Gegensatz zu **Fächerfischen** und **Marlinen** der *Istiophoridae* fehlen dem Schwertfisch die Bauchflossen, und auf beiden Seiten des Schwanzstieles hat der Schwertfisch jeweils einen knöchrigen Kiel, während Marline deren 2 besitzen. Das „Schwert" (der verlängerte Oberkiefer) ist von vorne gesehen stets breit und flach, während es bei Marlinen und Fächerfischen immer einen rundlichen Querschnitt besitzt.

## Schwertfisch, *Xiphias gladius*  (Linnaeus, 1758)

Der Schwertfisch kommt weltweit in allen Ozeanen in subtropischen Gewässern vor und wird im Mittelmeer kommerziell stark befischt, weshalb er dort inzwischen selten geworden ist. Gelegentlich wird er auch in der Nordsee gefangen oder strandet dort vor allem bei vorgelagerten Inseln. Solche Exemplare haben meist keinen Mageninhalt, was zeigt, dass sie sich hier nicht richtig wohl fühlen. Der Schwertfisch ist ein schwimmendes Muskelpaket und deshalb ein sehr beliebter Sportfisch der Big-Game-Fischer. Schon Ernest Hemingway machte zusammen mit seinen Freunden von kleinen Booten aus Jagd auf den Schwertfisch, was mit den damaligen Gerätschaften ein echtes Risiko und harte Knochenarbeit war, da sich der Drill eines großen Schwertfisches durchaus über einen Tag lang hinziehen konnte. Diese Erfahrungen inspirierten Hemingway auch zu seiner weltberühmten **Novelle "Der alte Mann und das Meer"**.  Umstritten ist unter den Fachleuten, ob das Schwert des Schwertfisches tatsächlich nur dem Beuteerwerb dient, oder ob er damit seine Hydrodynamik verbessert. Fakt ist jedoch, dass Schwertfische mit zu den schnellsten Fischen überhaupt gehören, da sie in nur 3 Sekunden 100 Meter Entfernung zurücklegen können. Für Angler sind sie so lange gefährlich, wie sie im Wasser sind, da sie kurz vor der Anlandung nochmals alle Kraftreserven mobilisieren und springen können, wobei Anglern zum einen Gefahr von dem verlängerten Oberkiefer des Schwertfisches droht, zum anderen auch,  in die Angelschnur gewickelt und in die Tiefe gerissen zu werden. Da Schwertfische bis in 800 Meter Tiefe abtauchen können, hat ein mitgerissener Angler allein aufgrund des plötzlichen Tiefendruckes keine Überlebenschance. Schwertfische sind bereits stark überfischt worden, und da sie am Ende der Nahrungskette stehen, ist es fraglich, ob der Genuss ihres Fleisches ein gesunder Genuss ist, da sich darin Schwermetalle wie Quecksilber und Cadmium ablagern.  In jüngerer Zeit machten Schwertfische, die auf der Ostseeinsel Rügen tot aufgefunden wurden (so geschehen im Jahre 2008), Schlagzeilen. Des Weiteren gibt es auch Berichte über weitere Exemplare, die Anfang der 2000 er Jahre auf den ostfriesischen Inseln in der südlichen Nordsee gestrandet sind. Diese Exemplare kann man als einen weiteren Beleg für eine fortschreitende Klimaänderung werten, die uns sehr nachdenklich stimmen sollte.

Modell eines Schwertfisches in Lebensgröße, etwa 150 Zentimeter lang.

Schwertfisch – ein Wandgemälde aus Griechenland. Gegrillter Schwertfisch ist frisch eine echte Delikatesse, doch leider nicht gesund, da gerade Arten vom Ende der Nahrungskette besonders viele Schadstoffe wie etwa Quecksilber und PCB in ihrem Körpergewebe anreichern können.

Kopf eines Schwertfisches, der in der Ostsee aufgefunden wurde… Folgen der Klimaerwärmung?

Schollen sind rechtsäugige Plattfische, bei denen die Augen von vorne betrachtet stets rechts neben dem Maul liegen. Wenige Ausnahmen bestätigen diese Regel und in sehr seltenen Fällen finden sich auch linksäugige Exemplare einer Art. Ihre Körperform ist insgesamt gesehen eher rhombisch mitn einem dreieckigen Kopfprofil. Alle Schollen beginnen ihr larvales Dasein wie andere Fische auch, doch gegen Ende der Entwicklung wandern die Augen von der Körpermitte auf die Seite. Im Gegensatz zu den Rochen liegen adulte Plattfische daher auch nicht auf dem Bauch, sondern auf der Seite, wenn sie sich auf dem Meeresgrund aufhalten. Viele der größeren Arten sind auch geschätzte Speisefische wie etwa Flunder, Heilbutt und Scholle. Man findet die Vertreter dieser recht ansehnliuchen Fischfamilie in allen Weltmeeren, wobei sie auch bis in die Tiefsee vordringen können. Wegen ihres hohen Sauerstoffbedarfes bevorzugen die meisten Arten eher tieferes Wasser, so dass man im Flachwasserbereich meist juvenile Exemplare auffinden kann.

## Scholle, *Pleuronectes platessa* Linnaeus, 1758

**Adulte Scholle mit den typischen orangefarbenen Flecken. Jungtiere haben noch keine farbigen Flecken und sehen meist dezent beige oder braun aus.**

Die **Scholle** kommt nicht nur in der Nordsee häufig vor, sondern man findet sie auch im nordwestlichen Mittelmeer und an den Gibraltar gegenüber liegenden Küsten Afrikas. Schollen können zwar bis zu einem Meter lang werden, doch sind solche Fische aufgrund der Überfischung eine seltene Erscheinung geworden. Solche großen Exemplare leben auch nicht im Flachwasser, sondern in mehr als 100 Metern Tiefe, wo sie dann als aktive Räuber Fischen nachstellen. Schollen schwimmen gewöhnlich mit dem Gezeitenstrom auf das Watt und gehen hier auf die Jagd nach Sandgarnelen, Wattwürmern und kleinen Fischen. Mit dem Ebbestrom ziehen sie sich dann wieder in tieferes Wasser zurück. Dabei kann eine Scholle pro Tag bis zu 20 Kilometer zurücklegen. Von der ähnlich aussehenden Flunder kann man sie leicht unterscheiden, da die Scholle charakteristische orangefarbene Tüpfelchen auf dem gesamten Körper hat. Außerdem hat die Flunder in der Mitte ihrer Seitenlinie einige raue verknöcherte Schuppen, die man mit den Fingern gut ertasten kann. Hat ein Tier orangefarbene Tüpfel und knöcherne Schuppen, hat man eine "Schollenflunder", d.h. einen Bastard vor sich. Zu diesen Bastardierungen kommt es immer wieder, da Schollen und Flundern oft im gleichen Gebiet laichen. Die frisch geschlüpften Jungfische sehen zunächst aus wie ganz normale durchsichtige Jungfische, bis dann meist ihr linkes Auge damit beginnt, auf die andere Körperseite zu wandern. Mit einer Länge von etwa 14 Millimetern ist der kleine Plattfisch dann genau so geformt wie seine Eltern, nur ist er noch vollkommen durchsichtig. Schollen und Flundern laichen regional verschieden im Winter und Frühjahr ab. Ab März kann man dann bereits kleine Jungfische fangen und mit entsprechenden feinen Futtermitteln lassen sie sich im Aquarium problemlos größer ziehen. Man sollte Schollen auf jeden Fall Sandgrund zum Eingraben anbieten. Auch die Haltung der Tiere auf verschiedenfarbigen Untergründen ist sehr reizvoll, weil die Tiere ihre Färbung dem jeweiligen Untergrund anpassen können. Leider lassen sich Schollenweibchen nicht ewig im Aquarium halten, denn ab einem gewissen Alter entwickeln sie Laichansatz. Aufgrund mangelnden Tiefendrucks können sie jedoch in den meisten Aquarien nicht laichen, so dass sie nach Entwicklung des Laichansatzes früher oder später verenden. Daher täten öffentliche Aquarien der Natur ein gutes Werk, wenn sie solche Schollen wieder der Natur übergeben würden. Schollen lieben es, sich einzugraben oder mit nur wenig Sand bedeckt auf der Oberfläche des Grundes zu liegen. Manche Küstenbewohner fangen Schollen übrigens mit den bloßen Füßen, in dem sie bei Ebbe mit dem Fuß nach Plattfischen tasten und dann darauf treten. Dieses sogenannte "Butt treten" war früher ein beliebter Volkssport, wird aber heute mangels Plattfischen kaum noch praktiziert. Schollen sind ausgezeichnete Speisefische, die auch als Filet angeboten werden. Auch ihr Fleisch ist sehr jodhaltig, weil sie sich von der jodreichen **Sandgarnele** *Crangon crangon* ernähren. Ob eine jodreiche Ernährung immer gesund ist, kann durchaus bezweifelt werden. In jedem Fall beugt man durch jodhaltige Nahrungsmittel erfolgreich einer Kropfbildung und Schilddrüsenproblemen vor. Abschließend sei noch bemerkt, dass der Plattfischbestand in der südlichen Nordsee eigentlich bisher trotz intensiver Fischerei immer relativ gut war, doch ist er im Jahre 2009 komplett kollabiert. Dieses dürfte sehr wahrscheinlich den aus dem Schwarzen Meer eingeschleppten **Rippenquallen** der Art *Mnemiopsis leydi* geschuldet sein, die sehr gerne Fischbruten vertilgen und ganze Fischbestände wegraffen können. Inzwischen hat sich der Bestand der Plattfische wieder erholt, doch sollte uns diese Warnzeichen von Mutter Natur eine Anregung liefern, unser Verhalten auf diesem Planeten zu überdenken…

Die **Flunder** ist ein häufiger Plattfisch, der an der Küste auch gerne als **"Butt"** benannt und gehandelt wird. Flundern können bis zu 60 Zentimeter lang und 2,5 Kilogramm schwer werden. Man findet sie in der Nordsee, der Ostsee, dem nordwestlichen Mittelmeer und dem Schwarzen Meer, wobei man sie am häufigsten im Bereich der Ostsee antrifft, da die Flunder niedrigere Salzgehalte als die in der Nordsee bevorzugt. Flundern wandern auch häufig temporär ins Süßwasser ein, so dass man sie auch im Binnenland in Flüssen angeln kann. Dieses ist vor allem aus den großen europäischen Flüssen wie Elbe und Schlei bekannt.

Lokal paart sie sich mit der **Scholle *Pleuronectes platessa*** und es kommt zu Bastardierungen. Sogar auf der unteren Körperseite haben Flundern raue Schuppen. Außerdem ist ihre Unterseite dunkel gefleckt, während die Unterseite der Scholle stets makellos weiß aussieht. In der Ostsee wird die Flunder häufig kommerziell befischt und stellt dort einen wichtigen Wirtschaftsfisch für kleine lokale Fischereien dar. Sie hat exzellentes Fleisch und gehört mit zu den besten Speisefischen der Nord- und vor allem der Ostsee. Flundern sind sehr gut im Aquarium haltbar, wobei sich Jungtiere auch in gekühlten Süßwasser Aquarien monatelang halten lassen. Für die Aquarienhaltung eignen sich vor allem Tiere von etwa 10 Zentimetern Länge und aufwärts, sofern eine angemessene Beckengröße gegeben ist.

Die **Hundszunge** gehört zu den Kälte liebenden arktischen Arten und erreicht eine Länge von etwa 60 Zentimetern und kann ein Alter von mindestens 12 Jahren erreichen. Man trifft sie im nördlichen Westatlantik bei Neufundland und Grönland genauso an wie bei Island, Norwegen, in der westlichen Ostsee, im Ärmelkanal und in der Bretagne als dem südlichsten Gebiet ihres Vorkommens. Sie kann auf den ersten Blick leicht mit der Rotzunge verwechselt werden, doch ist sie stets einfarbig und weist rauere Schuppen auf. Auch ist die Form ihres Maules eine andere. Da sie in größeren Tiefen lebt, und meist erst ab Zonen von 50 Metern Tiefe und mehr gefunden werden kann, geht sie den Fischern meist als Beifang der Fischerei nach Kaisergranaten und

Tiefseegarnelen ins Netz. Hundszungen dringen sogar in Tiefenbereiche von bis zu 1500 Metern vor, so dass man sie eigentlich eher zu den Tiefseearten zählen müsste. In der Nordsee findet man sie deshalb vor allem in den tiefen Fjorden Norwegens und Großbritanniens.

**Die Hundszunge teilt ihr Habitat mit der Hochseegarnele *Pandalus borealis*. Wahrscheinlich gehören diese Garnelen auch zu ihren wichtigsten Beutetieren.**

# Doggerscharbe, *Hippoglossoides platessoides* (Fabricius, 1780)

Die **Doggerscharbe** ist ein typischer arktischer Plattfisch, der im Nordatlantik von Neufundland
über Island bis ins Weiße Meer, um Großbritannien herum und in der Nord- und Ostsee vorkommt.
Doggerscharben sind nahe Verwandte des Heilbutts, doch erreichen sie nur eine Gesamtlänge von
etwa 50cm. Im Gegensatz zum freischwimmenden Heilbutt halten sich die Doggerscharben am
Boden auf, wo sie Stachelhäutern, Würmern und Fischbruten nachstellen. Die Doggerscharbe wird
meist im Frühjahr oder im Herbst von den Fischern als Beifang angelandet, da sie sich als Kälte
liebende Art im Sommer in tiefere Regionen begibt. Die Doggerscharbe wird leider nur in den
kleinen Fischereigenossenschaften an der Küste als „Scharbe" angeboten, obwohl sie gutes Fleisch
hat, welches geschmacklich zwischen dem der Seezunge und der Scholle angesiedelt ist. Eine
besondere Tücke stellt es jedoch dar, dass auch die Kliesche von den Fischern und
Küstenbewohnern als „Scharbe" bezeichnet und auch vermarktet wird. Die Bewohner der Küste
machen es sich meistens einfach, in dem sie alle möglichen Plattfische, wie auch Klieschen,
Schollen und Flundern, einfach als "Butt" bezeichnen. Daher muss man immer sehr skeptisch sein,
wenn Fischer oder sonstige Küstenbewohner vom "Butt" sprechen, denn es könnte sich alles
Mögliche* dahinter verbergen. Von der Kliesche kann man die Doggerscharbe jedoch dadurch
unterscheiden, dass die Kliesche eine deutlich gebogene Seitenlinie über der Brustflosse hat.
Außerdem ist die Doggerscharbe insgesamt betrachtet etwas dünner, länglicher und schmaler als die
Kliesche. Die Färbung ist leider kein Kriterium der Artunterscheidung, da diese bei beiden Arten
sehr variabel sein kann.

---

* von der Kliesche bis zur Doggerscharbe...

Die **Rotzunge** ist ein relativ groß werdender Plattfisch, der eine Länge von 65 Zentimetern und eine Gewicht von fast drei Kilogramm erreichen kann. Man findet die Rotzunge vom Weißen Meer im Norden bis zur Biskaya im Süden. Dabei kommt sie auch in Nord- und Ostsee vor. Sie hält sich vorzugsweise auf harten Substraten und auf Muschelbänken auf. Sie ist darauf spezialisiert, Käferschnecken und Würmer vom Substrat zu lutschen, wozu ihr Maul speziell ausgeformt ist. Sie hat eine enorme Beißkraft, denn Käferschnecken vom Substrat zu lösen ist eine schwere Aufgabe, die für die meisten anderen Fischarten nicht lösbar ist. Farblich sind Rotzungen sehr variabel, und können sowohl rötliche als auch grünliche Grundfärbungen aufweisen, die sie dem jeweiligen Untergrund anpassen können.

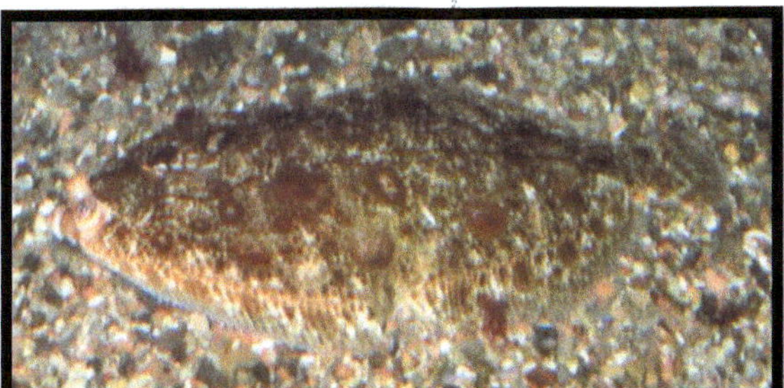

**Rotzunge – rote und grünliche Morphe. Im englischen Sprachraum wird sie wegen dieser Farbvarietät auch als „lemon-sole"(Limonen-Seezunge) bezeichnet.**

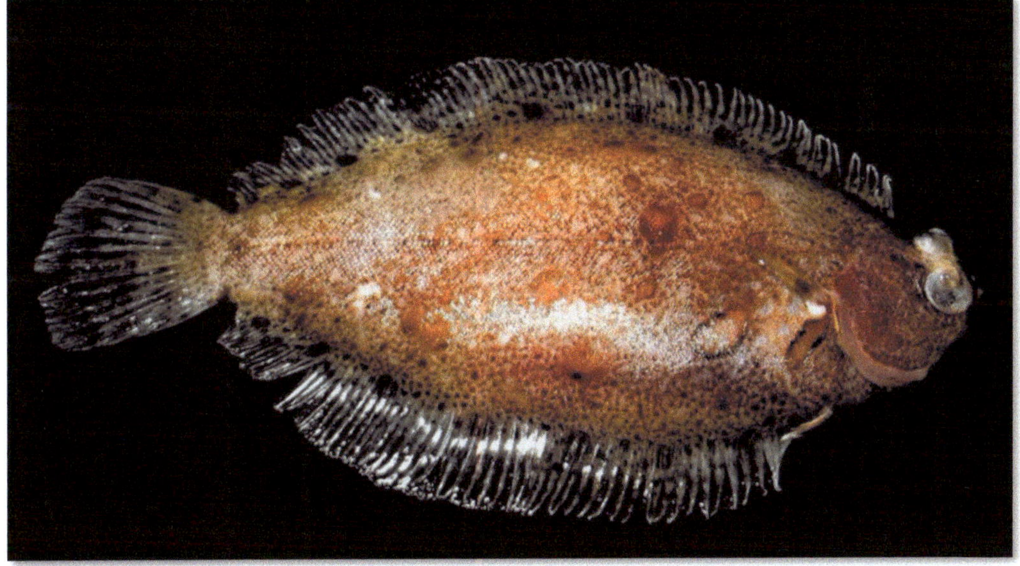

**Rotzunge juvenil, etwa 80 Millimeter lang. In dieser Größe haben sie leuchtende helle Ringe auf der Körperoberseite.**

Die **Kliesche** ist der häufigste Plattfisch des Wattenmeeres und kann eine Größe von 40 Zentimetern erreichen, womit sie weit hinter der **Scholle** *Pleuronectes platessa* und der **Flunder** *Platichthys flesus* zurückbleibt. Sie lebt auf weichen und sandigen Böden in 5-150m Tiefe. Die Kliesche kann von Scholle und Flunder leicht dadurch unterschieden werden, dass ihre Seitenlinie hinter dem Kopf einen deutlichen kleinen Bogen nach oben macht. Außerdem hat sie weder raue Schuppen wie die Flunder, noch größere orangefarbene Tüpfel wie die Scholle. Klieschen fressen Schlangensterne, Würmer, Muscheln, Krebse und kleine Grundeln. Sie vermehren sich effizienter als Schollen, weil sie bereits mit einer sehr geringen Körpergröße anfangen, für Nachwuchs zu sorgen. Somit entgehen mehr fortpflanzungsfähige Klieschen als Schollen oder Flundern den Netzen der Fischer. Die Jungtiere der Kliesche kann man kaum von den Jungtieren der Scholle unterscheiden, da diese anfänglich noch keine orangefarbenen Tüpfel wie die adulten Tiere besitzen. Da es einige morphologisch sehr ähnliche Plattfische im Watt gibt, machen die Küstenbewohner sich in der Regel nicht die Mühe, sie genauer zu unterscheiden. Deshalb werden diese nicht genau bestimmten Plattfische als "Butt" bezeichnet, was im Sinne des Biologen ebenso falsch ist, wie eine Sandgarnele als "Krabbe" zu bezeichnen, da ein echter Butt ein völlig anderes Tier einer völlig anderen Fischfamilie ist. Klieschen gehören zur Familie der **Schollen**, den *Pleuronectidae*, während man bei den Butten die beiden Familien der **Steinbutte** *Scophthalmidae* und der **Linksäugigen Flundern** *Bothidae* unterscheiden muss. Klieschen werden bereits seit mehr als 25 Jahren einem regelmäßigen Monitoring unterzogen, wobei man die Schwermetallgehalte in den Lebern der Tiere misst. Dabei kam heraus, dass die küstennah gefangenen Tiere bedeutend weniger Emissionen enthielten als küstenfern gefangene Exemplare.

**Echte Butte** sind grundsätzlich linksäugige Plattfische, bei denen von vorne gesehen die Augen immer links neben dem Maul angeordnet sitzen. Sie alle sind gut getarnte Lauerer, die sich gerne im Substrat eingraben und hier auf kleine Krebstiere und Fische warten. Manche Arten findet man vom Nordatlantik bis zum Mittelmeer, wo sie sich jedoch meist in größere Tiefen aufhalten, weil sie kaltes und sauerstoffreiches Wasser stets bevorzugen. Viele kleine Arten sind häufige Beifänge lokaler Fischereien.

## Lammzunge, *Arnoglossus laterna* (Walbaum, 1792)

Die **Lammzunge** trägt ihren Namen deshalb, weil sie in ihrer Gestalt kurz nach dem Fang mit einem Fischernetz tatsächlich etwas an die Zunge eines Lammes erinnert; insbesondere, wenn sie beim Fang Haut und Schuppen verloren hat. Sie erreicht eine Länge von etwa 25 Zentimetern und gehört damit zu den kleineren Plattfischarten. Die Lammzunge kommt im Nordostatlantik von Norwegen bis Angola vor und darüber hinaus auch im Mittelmeer, sowie im Schwarzen Meer. Sie lebt auf Meeresböden mit gemischten Substraten oder auf Schlammböden. Lammzungen werden wegen ihrer empfindlichen Haut beim Fang meist stark verletzt und verlieren so nicht selten die meisten ihrer Schuppen, weshalb sie wie gehäutet in den Netzen der Fischer hängen. Das bedeutet, dass sie lebend für eine dauerhafte Aquarienhaltung leider kaum zu bekommen sind. Ansonsten entspräche ihre Haltung der ähnlicher Plattfische aus nordeuropäischen Meeren.

**Steinbutte** sind eine kleine Familie linksäugiger Plattfische, die ausschließlich in Nordatlantik und Mittelmeer verbreitet ist. Ihre beiden Augen liegen auf gleicher Höhe nebeneinander, wenn ihre larvale Entwicklung abgeschlossen ist. Ihre Brustflossen sind beide gleich groß; die Haut mancher Arten ist mit Höckern, Warzen oder sogar kleinen Filamenten versehen. Sie alle sind bodenorientiert lebende Raubfische, die sich von kleinen Krebstieren und Fischen  ernähren.

## Norwegischer Zwergbutt, *Phrynorhombus norvegicus*  (Günther, 1862)

Der **Zwergbutt** macht seinem Namen alle Ehre, denn er erreicht tatsächlich nur eine Gesamtlänge von etwa 12 Zentimetern. Er ist verbreitet vom Mittelmeer bis nach Island und Norwegen, ist aber im nördlichen Ärmelkanal und an der Westküste Dänemarks nicht anzutreffen. Dafür aber im Kattegat und damit auch in der nördlichen Ostsee. Der Zwergbutt hat große stachelige Schuppen und fühlt sich etwas rau an. Seine Färbung passt dieser linksseitige Butt stets dem Untergrund an, wobei er nicht nur rötlich-braune sondern sogar pinkfarbene Farbtöne zeigen kann, was ihn zu

einem der farblich schönsten Plattfische unserer heimischen Gewässer macht. Durch diese Pigmentierung kann dieser Butt sogar die Färbung von Kalkrotalgen auf Steinen nachahmen. Aufgrund ihrer Kleinheit wird diese Art meist schlichtweg übersehen oder beim Fang stark beschädigt, weshalb man nur sehr selten ein lebendes Exemplar in einem öffentlichen Aquarium zu sehen bekommen kann. Die Haltung entspricht der anderer Plattfische, wobei diese Art auch an totes Futter adaptiert werden kann.

**Zum Bild rechts:**
**Zwergbutt auf buntem Kies. Wie man hier sehen kann, imitiert er die Farbe des Substrates mithilfe der Pigmentzellen in seiner Haut. Manche Plattfische können sogar das Muster eines Schachbrettes nachahmen!**

Der **Steinbutt** ist ein bis zu einem Meter großer Raubfisch, der eine fast kreisrunde Körperscheibe hat, und an den kleinen Knorpeln und Höckern auf seiner Haut leicht von dem sehr ähnlichen **Glattbutt** *Scophthalmus rhombus*  unterschieden werden kann. Außerdem hat der Glattbutt einen eher ovalen Körperumriss. Man findet den Steinbutt in Nordsee, Atlantik, Mittelmeer und Schwarzem Meer. Der Steinbutt hält sich bevorzugt in Tiefen zwischen 20 und 70 Metern auf, kann aber als erwachsener Großfisch auch in erhebliche größere Tiefen vordringen. Als Plattfisch bevorzugt er sandigen und kiesigen Untergrund, in den er sich auch eingraben kann. Seit einigen Jahren wird der Steinbutt auch künstlich erbrütet und aufgezogen, um die natürlichen Ressourcen zu schonen. Solche Nachzuchttiere sind ideale Tiere für Schauaquarien, weil sie nicht mehr an ein Leben in Gefangenschaft gewöhnt werden müssen und dort auch trockene Futterpellets annehmen. Im Aquarium werden sie sogar handzahm und kommen vom Boden zur Oberfläche geschwommen, um dem Pfleger das Futter aus der Hand zu fressen. In der Natur fressen sie bevorzugt kleine Fische wie Sandaale und Grundeln, darüber hinaus auch diverse Krebstiere. Der Steinbutt ist darüber hinaus auch ein sehr wertvoller Speisefisch, der bei den Gourmets hoch im Kurs steht.

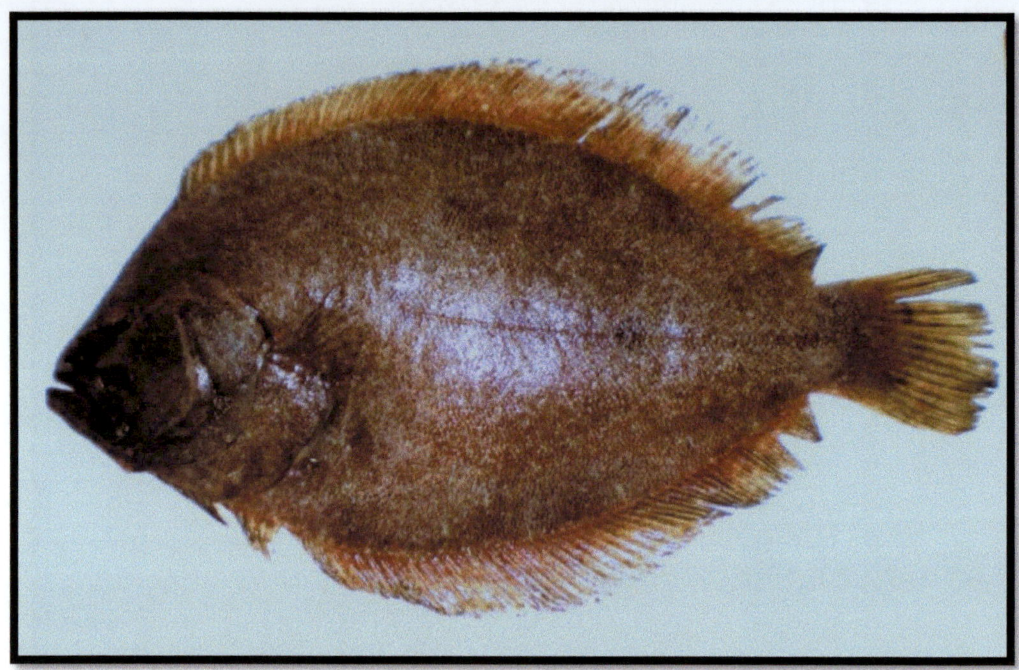

Der **Glattbutt** ist ein großer Verwandter des Steinbutts, doch wird er mit einer Länge von 75 Zentimetern nicht ganz so groß und ist von seiner Körperform her eher oval denn rund gebaut. Außerdem besitzt er keine knöchrigen Höcker auf seiner Haut wie der Steinbutt, sondern hat nur glatte kleine Schuppen. Der Glattbutt ist weit verbreitet und kommt im Ostatlantik von Island bis Marokko vor, darüber hinaus in der Nordsee, im Mittelmeer und im Schwarzen Meer. Er ist ein Raubfisch, der im Sand eingegraben auf kleine Krebse, Fische und Tintenfische lauert. Im Gegensatz zum Steinbutt bevorzugt der Glattbutt hohe Salzgehalte und kommt deshalb nicht in Brackwasser vor. In der Ostsee ist er nur dort anzutreffen, wo eine hohe Salinität vorherrscht. Der Glattbutt kann seine Färbung individuell dem Boden anpassen, auf dem er liegt, und ist daher nur schwierig zu entdecken. Der Glattbutt laicht in 10-20 Metern Tiefe von März bis August ab. Die Brut schwimmt zunächst im Plankton, und geht bei einer Länge von etwa 2 Zentimetern zum Bodenleben über. Jungfische kann man im Sommer manchmal mit dem Rahmenkescher im Flachwasser fangen, doch sind diese sehr sauerstoffbedürftig und transportanfällig. Da bei Jungtieren von der Größe eines 2,-€ Stückes noch nicht alle Artmerkmale ausgeprägt sind, ist es schwierig, eine Artbestimmung vorzunehmen. Dazu kommt, dass sich Glattbutt und Steinbutt manchmal miteinander paaren, so dass Hybriden entstehen, die Merkmale beider Arten aufweisen.

Der **Haarbutt** ist ein relativ seltener Plattfisch, der nur etwa 25 Zentimeter Länge erreicht. Man findet ihn im Nordatlantik von der Biscaya bis zum nördlichen Norwegen, außerdem auch bei Neufundland und Kanada. Seine Form ist rund oval, wobei seine Schwanzflosse sehr klein ist und den plumpen Gesamteindruck seiner Körperform noch verstärkt. Die Haut macht einen rauen und leicht warzigen Eindruck und kann tatsächlich pelzige oder haarige Schuppen haben. Dadurch fühlt sich der Fisch an der Oberseite etwas samtig an. Die Rückenflosse des Haarbutts beginnt bereits über dem Maul. Diese Art ist meist bräunlich bis gelblich gefärbt, wobei schwarze Flecken und Streifen das Tarnkleid vervollkommnen. Der Haarbutt gehört mit zu den von Schauaquarien heiß begehrten Fischarten, die schwer zu beschaffen sind. Er ist ausgezeichnet haltbar und sehr ausdauernd. Eine Haltungsdauer von mehr als 15 Jahren ist bereits belegt worden. Wegen seiner geringen Größe zählt er damit zu den idealsten Aquarienfischen aus der Nordsee, da er nicht so einen hohen Platzbedarf wie andere Plattfische hat.

**Haarbutt von unten. Die kleine kurze Schwanzflosse und die plumpe ovale Körperform sind typisch für diesen Plattfisch. Daher kann er kaum mit anderen Arten verwechselt werden.**

Die Familie der **Seezungen** sind eine sehr
artenreiche Gruppe der Plattfische, von denen
manche sogar ins Süßwasser einwandern. Man
findet sie weltweit in allen Meeren. Sie alle haben
kleine Schuppen, welche den gesamten Körper
inklusive des Kopfes bedecken. Ihre Körperform ist
stets ein ins längliche gezogenes Oval, wobei jedoch
der Kopf fast eirund ist. Die **Maulform** ist stets
typisch rund gefurcht, weil die Seezungen
wurmartige Nahrung damit am besten erbeuten
können. Alle Arten bevorzugen feine sandige oder
schlammige Substrate als Habitat. Man trifft sie nur
dann freischwimmend an der Oberfläche an, wenn
sie ihrem Laichgeschäft nachgehen.

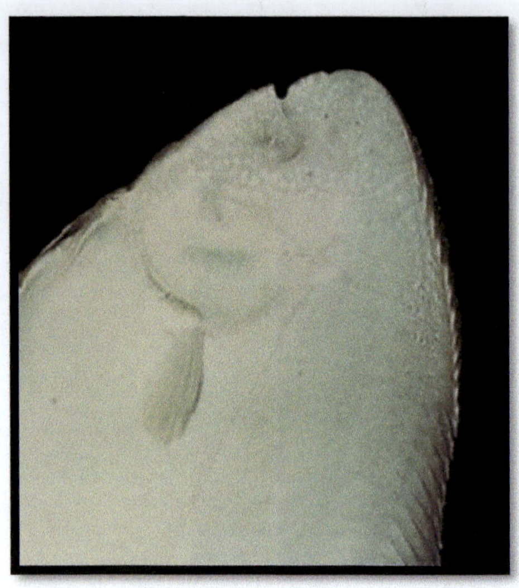

## Glaszunge, *Buglossidium luteum* (Risso, 1810)

Die **Zwergzunge** wird nur etwa 15 Zentimeter lang; man findet sie in Mittelmeer und Nordsee.
Solche kleinen Plattfische sind im Aquarium einfach zu pflegen, wenn man ihnen ausreichend
wurmartiges und feines Futter bieten kann. Ein Problem ist es jedoch, dass sie sich leicht hinter
Steinen einklemmen und aus dem Becken springen können.

Die **Sandzunge** ähnelt der Seezunge sehr, ist jedoch von dieser durch den schwarzen Fleck auf der Brustflosse zu unterscheiden, welcher nicht den Flossensaum erreicht. Sie erreicht eine Länge von bis zu 40 Zentimetern und kommt vom Ärmelkanal, um die britischen Inseln herum, an den nordafrikanischen Küsten und im westlichen Mittelmeer vor. 2013 erhielt ich einige Jungtiere dieser Art von einem Krabbenfänger aus Norddeich. Ein weiterer Beleg für die Verschiebung des subtropischen Faunenanteils in der Nordsee Richtung Norden.

**Seezunge von unten. Die Form des Maules ist typisch für diese Plattfischfamilie. Seezungen fressen meist Würmer und Schlangensterne.**

Die Familie der **Seezungen (*Soleidae*)** sind eine sehr artenreiche Gruppe der Plattfische, von denen manche sogar ins Süßwasser einwandern. Die **Seezunge** der Nordsee ***Solea solea*** ist ein saisonal häufiger Plattfisch, der während seiner Laichsaison auch freischwimmend in Oberflächennähe gesichtet werden kann. Der beliebte Speisefisch wird hochpreisig gehandelt und schmeckt frisch gebraten am besten. Wenn man schon einmal das Glück hatte, eine Seezunge direkt nach dem Fang an Bord eines Kutters essen zu können, weiß man, warum dieser Fisch zu Europas besten Speisefischen gehört. Manchmal werden fehlfarbene Seezungen gefangen, wobei es sowohl Albinos als auch melanistische Tiere gibt. Die im Bildteil gezeigte Seezunge hat nur eine breite weiße Fehlfärbung hinter den Kiemen, die den Körper nur teilweise seiner dunklen Pigmente beraubt, so dass es sich hierbei um keinen reinrassigen Albino, sondern nur um eine farbliche Anomalie handelt. Seezungen sind grundsätzlich gut haltbar, haben aber zwei fatale Neigungen. Die eine ist die, durch kleinste Spalten in der Abdeckung aus dem Aquarium zu springen, und die andere, sich hinter Steinaufbauten tödlich einzuklemmen. Charakteristisch für Seezungen sind die eigenartige Form ihres Maules und die rautenförmigen Schuppen. Mit den kurzen fransenartigen Anhängseln am Saum ihres Kopfes können sie ihre Beutetiere ertasten. Seezungen sind spezialisiert darauf, Muscheln, Würmer und andere kleine wirbellose Bodentiere zu fressen. Seezungen können bis zu 20 Jahre alt werden, eine Körperlänge von 60 Zentimetern und ein Gewicht von bis zu 3 Kilogramm erreichen. Solche großen Exemplare sind jedoch aufgrund der allgemeinen Überfischung eher selten geworden. Darüber hinaus sei dazu angemerkt, dass sich die Fischer momentan nicht die Mühe machen, Seezungen aktiv zu befischen, weil der Fang wegen der negativen Bestandssituation momentan kaum rentabel ist.

## Eberfische - *Caproidae*

Eine sehr kleine Fischfamilie, die nur wenige bekannte Arten umfasst. Sie sind filigrane und hochrückige Fische, die nur kleine Schuppen haben. Die durchgängige Rückenflosse weist im vorderen Teil starke Stachelstrahlen auf, dahinter nur Weichstrahlen. Über diese Fische ist wenig bekannt, da sie in relativ großen Tiefen leben und daher nur selten gefangen oder von Tauchern gesichtet werden.

## Eberfisch, *Capros aper* (Linnaeus, 1758)

Dieser kleine und farbenprächtige Fisch erreicht eine Gesamtlänge von etwa 15 Zentimetern. Regulär kommt er sowohl vor den norwegischen Küsten, wie auch um Großbritannien herum, im Mittelmeer und vor den nordafrikanischen Küsten vor. Seine Färbung ist lebend ziegelrot, tote Exemplare sehen schweinsfarben aus, woher auch der Name dieses Fisches resultieren dürfte. Der Eberfisch hält sich meist in Tiefen zwischen 40 und 600 Metern auf. Jungtiere leben freischwimmend in der Wassersäule des Ozeans, während die adulten Tiere in Schwärmen nahe dem Boden leben. Eberfische werden selten als Beifang angelandet und werden kommerziell wegen ihrer geringen Größe nicht genutzt. Lebend sieht man diese Art nur selten in öffentlichen Schauaquarien. Dieses dürfte vor allem in der schwierigen Beschaffbarkeit begründet sein, denn Fische, die in größeren Tiefen gefangen wurden, müssen genauso wie Taucher langsam an die Oberfläche geholt werden, damit sie dekomprimieren können. Anderenfalls dehnt sich die Schwimmblase wegen des geringeren Tiefendrucks zu schnell aus und die Fische sterben unweigerlich, sobald sie die Wasseroberfläche erreicht haben. Das obige Bild zeigt ein Männchen in Balzfärbung.

# Petersfische – *Zeidae*

Eine sehr kleine Fischfamilie, der bisher nur zwei bekannte Arten angehören. Das wohl typischste Merkmal, dass die Angehörigen dieser Familie einzigartig macht, sind die einzelnen großen bestachelten Schuppen auf den Flanken unterhalb der Rückenflosse und über dem Ansatz der Afterflosse. Sie sind ausgezeichnete Speisefische.

## Heringskönig, *Zeus faber*
Linnaeus, 1758

Dieser erstaunliche Fisch wird gelegentlich im Speisefischhandel angeboten und erreicht eine Länge von maximal 90 Zentimetern bei einem Gewicht von etwa 8 Kilogramm. Er ist ein echter Kosmopolit, den man in allen gemäßigten Meeren finden kann. Dabei findet man ihn in der Nordsee genauso wie im Mittelmeer oder vor den Küsten Japans oder Australiens. Unverkennbar machen ihn die beiden Augenflecke, die er auf jeder Körperseite hat, und die ihm auch den Namen **St. Pierre** oder auch **Sankt-Peters-Fisch** eingebracht haben. Denn den Evangelien zufolge nahm der Apostel Petrus auf Geheiß Jesu einen Fisch aus dem Wasser, der eine Münze verschluckt hatte, die für den Tempel bestimmt war. So erklärten die Fischer die beiden Augenflecke zu Daumenabdrücken des heiligen Petrus. Die Enden der Rückenflosse des **Heringskönigs** enden in langen Fäden, doch das wohl skurrilste Merkmal dieses Fisches ist eine Reihe überdimensioniert großer und bestachelter Schuppen unter der zweiten Rückenflosse. Diese Knochenplatten erinnern sehr stark an die knöchernen Seitenschilde von Stören, nur sind sie darüber hinaus noch stachelig. Dadurch genießt der Heringskönig einen passiven aber sehr effektiven Schutz gegen größere Fische, die ihn von hinten kommend verschlucken könnten. Der Heringskönig ist ein Einzelgänger, der nur selten in kleinen Gruppen angetroffen wird. Er frisst vorwiegend kleine Fische, doch frisst er gelegentlich auch kleine Krebse und Tintenfische. Dabei ist seine Jagdtaktik die, dass er völlig ruhig am Grund steht und darauf wartet, dass ihm sein Opfer direkt vor das Maul schwimmt. Dieses wird dann plötzlich ausgestülpt, und das Beutetier wird durch den entstehenden Unterdruck eingeschlürft. Da der Heringskönig ein sehr flaches Körperprofil hat, ist er für seine Opfer von vorne nur als dünner Strich zu erkennen, der einer Alge ähnelt, die sich in der Strömung wiegt. Der Heringskönig gehört zu den besten Speisefischen Europas, weshalb er entsprechend teuer gehandelt wird. Leider wird die Art in öffentlichen Aquarien nur selten ausgestellt. Taucher haben jedoch die Möglichkeit, dieser Art bei den britischen Kanalinseln oder im Mittelmeer gelegentlich zu begegnen. Dabei bedarf es eines gut geschulten Auges, um diesen Fisch überhaupt in seiner natürlichen Umgebung zu entdecken, denn gewöhnlich wird er sich in der Nähe von Felsen, Wracks oder zwischen Seetangen oder Seegräsern aufhalten, um hier zu jagen.

Präpariertes  Exemplar, mit Airbrushtechnik aufwändig farblich restauriert.

Das Maul kann enorm schnell vorgestülpt werden, um kleine Fische und Krebstiere in Sekundenbruchteilen einzuschlürfen. Dieses geschieht dann durch das rasche Erzeugen eines Unterdrucks.

An dieser Stelle seien einige Familien und Arten ungewöhnlicher Fische vorgestellt, die man offenen Meer oder über den Tiefseeböden antreffen kann. Alle diese Arten weisen ganz spezifische Adaptionen an ihr extremes  Habitat auf. So haben etwa die meisten Tiefseebewohner keine Schwimmblase, sondern stattdessen ein sehr ölhaltiges Körpergewebe, mit dem sie den Umgebungsdruck regulieren und sich so den unangenehmen Folgen von Druckänderungen entziehen können. Durch dieses spezielle Gewebe erhalten sie auch den nötigen Auftrieb, mit dem sie den Planktonschwärmen in der Wassersäule stetig folgen können, ohne allzu viel Energie zu verbrauchen. Denn Nahrung ist grundsätzlich sehr knapp in der Tiefsee, weshalb Energiesparen für einen Tiefseefisch sehr wichtig ist. Dabei kommt den Tiefseefischen selbstverständlich auch die enorme Kälte zu Hilfe, denn die Wassertemperatur liegt in diesem Lebensraum meist nur etwa bei 3,8° Celsius. Dieser Umstand verlangsamt die Stoffwechsel- und Lebensrhythmen der Tiefseebewohner ganz enorm, weshalb die meisten Arten mit sehr wenigen Beutetieren auch sehr lange Zeiträume überdauern können.

Manche Arten haben trotz ihrer geringen Größe ein sehr großes Maul und oft auch einen extrem dehnbaren Schlund und Magen. So können etwa *Viperfische* sogar ihren Unterkiefer ausrenken, um große Beutefische verschlingen zu können. Andere wiederum sind auch noch in der Lage, Fische zu fressen, die größer sind als sie selbst. Manchmal ist eben der Magen doch größer als die Augen! Die Tiefseefische der nördlichen Nordsee

findet man sehr oft auch in den meisten anderen tiefen Regionen des einen großen Weltmeeres, weshalb man sie als *Kosmopoliten* bezeichnen kann. Denn da ihre Lebensbedingungen in allen Ozeanen fast identisch sind, findet man die gleichen Arten auch stets in ähnlichen Tiefenbereichen wie anderswo. Problematisch ist – neben der Kälte – auch die Abstinenz jeglichen Sonnenlichtes. Trotzdem sind Tiefseefische nicht blind, sondern besitzen im Gegenteil sehr große lichtempfindliche Augen oder Körpergewebe, mit dem sie selbst winzigste Reste von Licht jeglicher Art ausnutzen können. Deshalb besitzen viele Arten auch *Leuchtorgane*, welche sie zum Beutefang oder auch zur innerartlichen Kommunikation nutzen. Darüber hinaus nutzen Arten wie die *Beilfische* ihre Leuchtorgane auch zur aktiven Tarnung gegen Fressfeinde. Diese Leuchtorgane bestehen aus kleinen Taschen, die mit symbiotischen Leuchtbakterien gefüllt sind, und welche bei Bedarf auch verdunkelt werden können. Das Leuchtmittel der Tiefseefische wird als *Luciferase* bezeichnet. Tiefseefische können nur mit einem sehr großen technischen Aufwand lebend gefangen und an die Oberfläche geholt werden, wo sie allein wegen der veränderten Druckverhältnisse meist nicht lange überleben. Leider findet man sie nur selten als Beifang auf Fischmärkten.

Zur Familie der Anglerfische gehören etwa 12 verschiedene Arten, die man in allen Weltmeeren findet. Ihnen allen ist der verlängerte erste Flossenstrahl der Rückenflosse gemeinsam, der als **Angel** oder ***Illicium*** bezeichnet wird. Das Ende ist wurmartig verdickt und wird zum Anlocken ahnungsloser Beutefische verwendet. Im Mittelmeer gibt es außer dem **Seeteufel** noch den ähnlich gebauten **Kurzangel-Seeteufel** *Lophius budegassa*, dessen ***Illicium*** jedoch nicht in zwei Spitzen endet.

## Seeteufel, *Lophius piscatorius* (Linnaeus, 1758)

Der **Seeteufel** ist ein sehr skurril aussehender Fisch, der eine Maximallänge von etwa 2 Metern und bis zu 40 Kilogramm Gewicht erreichen kann. Er ist bei Feinschmeckern wegen seines grätenfreien Fleisches sehr beliebt und wird wegen seines abstoßenden Äußeren meistens ohne Kopf verkauft. Wird auf dem Fischmarkt „Lotte" angeboten, so handelt es sich hierbei um die französische Bezeichnung für diesen Fisch. Seeteufel tarnen sich durch Körperanhängsel, die aussehen, wie kleine Algenstückchen. Damit ahmen sie zum einen veralgte Steine nach, zum anderen aber lösen sie damit ihren Körperumriss fast völlig auf. Seeteufel dringen von den flachen Küstengewässern bis in 1.000 Meter Tiefe vor. Da er keine Schwimmblase hat, sieht man den Seeteufel nur selten freischwimmend oder sogar in Oberflächennähe. Zwischen den Augen besitzt er einen frei beweglichen Rückenflossenstrahl, den er wie einen Wurm vor seinem breiten Maul hin und her schwenken kann. Interessiert sich dann ein kleinerer Fisch für diese "Beute", reißt der Seeteufel schnell sein Maul weit auf, und saugt durch den entstandenen Unterdruck seine Beute ein. Das Opfer hat keine Chance, da die Zähne des Seeteufels alle nach hinten gerichtet sind, und es somit kein Entkommen gibt. Da diese Jagdmethode sehr energiesparend ist, benötigt ein Seeteufel nur etwa alle 3 Wochen einen mittelgroßen Beutefisch. In seltenen Fällen erbeuten Seeteufel auch tauchende Seevögel. Bei der Jagd graben sich Seeteufel oft auch halb in den Untergrund ein und dulden es sogar, dass Seesterne über sie hinwegkriechen. Dadurch optimieren sie ihre Tarnung und ihren Jagderfolg. Zur Aquarienhaltung: Der Seeteufel ist - abgesehen von seinen teuflischen Eigenschaften - eigentlich der ideale Aquarienfisch überhaupt, da für seine erfolgreiche Pflege kein übermäßig großer Pflegeaufwand nötig ist. Auch benötigt er im Verhältnis zu seiner Körpergröße kein übermäßig großes Aquarium, da er sich ohnehin nur wenig bewegt. Doch muss darauf geachtet werden, dass andere Mitbewohner des gleichen Aquariums nicht zu klein sind, da er sie sonst trotzdem als Futter betrachten könnte...

Ein Maul wie ein Sägegatter! Was ein Seeteufel einmal gepackt hat, hat keine Chance ihm zu entkommen, weil seine Zähne alle nach hinten gerichtet sind. Auch große Plattfische und Fische fast gleicher Körperlänge sind nicht sicher vor ihm, da er einen extrem dehnbaren Schlund und Magen besitzt…

Die Angehörigen dieser Familie sind allesamt dünne sehr lang gestreckte Raubfische. Sie weisen allesamt eine starke Bezahnung mit langen dünnen Fangzähnen auf. Alle Arten sind Hoch- oder sogar Tiefseebewohner, die man oft in großen Schwärmen antreffen kann. Speziell bei den Kanaren werden sie auch kommerziell befischt.

## Strumpfbandfisch, *Lepidopus caudatus* (Euphrasen, 1788)

Der **Strumpfbandfisch** kommt in allen Weltmeeren vor und erreicht eine Länge von bis zu 2 Metern. Er lebt meist in Bodennähe in Tiefen zwischen 100 und 250 Metern Tiefe, wo er in Schwärmen Jagd auf kleinere Fische und Wirbellose macht. Er kommt von Norwegen bis zum Senegal, aber auch im Mittelmeer vor. Man bekommt diese Fische in Deutschland nur sehr selten im Speisefischhandel, dafür werden sie in mediterranen Ländern häufiger angeboten. Strumpfbandfische haben sehr eindrucksvolle Fangzähne, mit denen sie ihre Beute festhalten und so im Maul drehen, dass sie diese mit dem Kopf voran verschlingen können. Eine weitere typische Adaption an ihre Lebensweise ist das innen schwarz gefärbte Maul, welches verhindert, dass gefressene Leuchtfische den Räuber verraten können. Strumpfbandfische bewegen sich durch schlängelnde Bewegungen fort, in dem sie ihren ganzen Körper in entsprechende Schwingungen versetzen. Ihre Schwanzflosse hat hierbei nur eine stabilisierende, aber keine antreibende Funktion. Deshalb haben einige Vertreter dieser Fischfamilie sogar keine Schwanzflosse mehr.

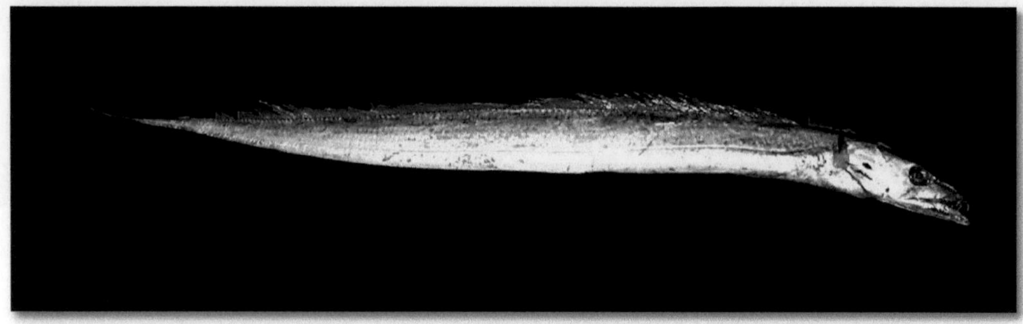

**Haarschwanz oder Degenfisch – diese Art besitzt keine Schwanzflosse.**

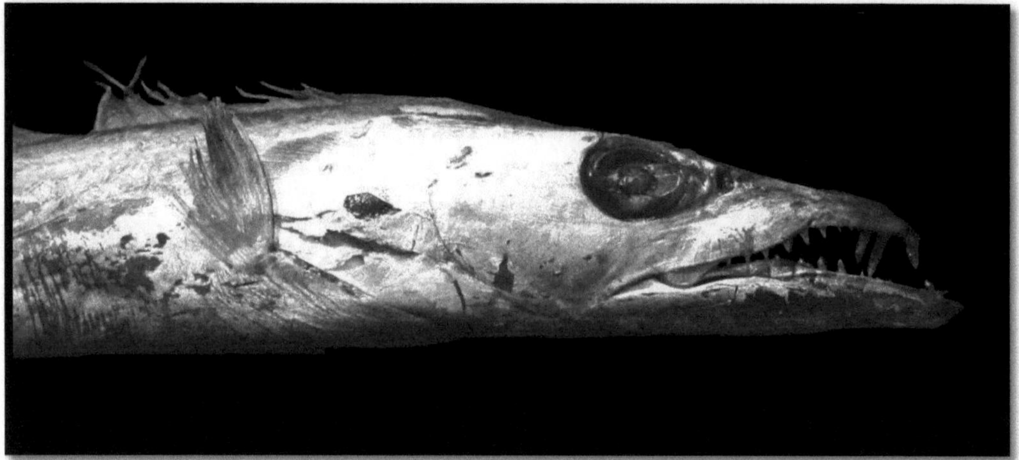

Auch der **Haarschwanz** oder **Degenfisch** ist ein kosmopolitischer Räuber, der sich in allen Weltmeeren tummelt und meist in Tiefenbereichen zwischen 0 und 400 Metern gefangen wird. Er erreicht eine Länge von bis zu 150 Zentimetern. Vom **Strumpfbandfisch *Lepidopus caudatus*** unterscheidet er sich dadurch, dass ihm die Schwanzflosse fehlt. Degenfische werden auch regelmäßig im Nordostatlantik gefangen, und es ist durchaus denkbar, dass sie in näherer Zukunft aufgrund der zunehmenden Meereserwärmung häufiger in die Nordsee verdriftet werden. Die Bezahnung dieses Fisches ist sogar dazu in der Lage, solche glitschigen Beutetiere wie zum Beispiel kleine Aale festzuhalten. Die Opfer werden wie mit kleinen Dolchen durchbohrt und festgehalten, danach gedreht und meist Kopf voran verschlungen. Der Degenfisch wird bereits mit einer Länge von nur 30 Zentimetern im Alter von etwa 2 Jahren geschlechtsreif. Die Eier werden ins freie Wasser abgegeben und verdriften dann mit der Strömung. Jährlich werden etwa 800.000 Tonnen dieser Fische angelandet, doch werden die meisten Exemplare im indopazifischen Raum gefangen. Aufgrund seiner frühen Geschlechtsreife gehört der Degenfisch zu den Arten, die kaum von dem Problem der Überfischung betroffen sind. Vor allem vor Madeira werden diese Fische aus der Tiefe geholt. Sie werden als **"*Espada*"** (spanisch=Degen) vermarktet.

Der Stamm der Säugetiere hat das Meer in sehr verschiedenen Formen und Adaptionen für sich als Lebensraum erschlossen. Dabei gibt es Säugetiere, die nicht unbedingt auf das Meer als Lebensraum angewiesen sind, und die meist in küstennahen Habitaten vorkommen. Zu dieser Gruppe gehört beispielsweise der Fischotter, der auch in der Nähe von Binnengewässern lebt. Diese Gruppe der Säugetiere muss zur Fortpflanzung und Überwinterung immer wieder an das Land zurückkehren, und kann nicht ihren ganzen Lebenszyklus im Meer abwickeln. Deshalb würde ich diese Tiere als semiaquatisch lebend einordnen wollen, wobei der Anteil der Landaufenthalte deutlich etwas überwiegt. Die zweite Gruppe, nämlich die der Robben, lebt ebenfalls semiaquatisch, doch hat hier das Leben an Land einen deutlich geringeren Stellenwert als bei den Fischottern, da sie bereits sehr starke Anpassungen an das Leben im Wasser aufweisen. Eigentlich müsste man daher die Lebensweise dieser Tiere als semiterrestrisch bezeichnen. Sie gebären zwar ihre Jungen noch an Land, doch sind sie nicht mehr dazu in der Lage, auf dem Land auf die Jagd nach Beute zu gehen. Der Nahrungserwerb muss also vollständig im Wasser abgewickelt werden, woran die Robben auch hervorragend angepasst sind. Während die Fischotter im wahrsten Sinn des Wortes ein dickes Fell entwickelt haben, um ihren Körper gegen die Auskühlung unter Wasser zu schützen, haben die Robben darüber hinaus noch eine dicke Fettschicht unter ihrer Haut, die der Wärmedämmung dient, den so genannten Blubber. Die meisten Robben können sich an Land nur mühsam vorwärts bewegen, doch sind sie unter Wasser häufig elegante und schnelle Schwimmer und Taucher. Sie können dabei oft mehrere hundert Meter tief abtauchen und können bis zu etwa einer halben Stunde unter Wasser bleiben. Die in Zoos und Delfinarien gerne gepflegten Kalifornischen Seelöwen können beispielsweise bis zu 350 Meter tief tauchen. Das sind bereits Meerestiefen, die der Mensch nur mit entsprechenden Tauchbooten oder speziellen Tauchanzügen erreichen kann, da hier bereits ein enormer Tiefendruck herrscht, der für einen ungeschützten menschlichen Taucher schlichtweg tödlich wäre. Auch verfügen diese Meeressäugetiere bereits über spezielle Anpassungsmechanismen, die den Stickstoffhaushalt im Blut regeln, damit der Organismus beim Tauchen nicht erstickt oder kollabiert. Doch die Krone der Schöpfung stellen wohl ganz eindeutig die Wale dar, die gleichzeitig auch die größten zurzeit auf unserem Planeten lebenden Geschöpfe sind. Wale und Delfine sind die am vollkommensten an das Leben im Wasser angepassten Säugetiere, da sie nicht nur ihren gesamten Lebenszyklus hier verbringen, sondern darüber hinaus das Medium des Wassers sogar für ihre innerartliche Kommunikation nutzen und einzigartige Fähigkeiten besitzen, mit denen sie durch das Weltmeer navigieren. Deshalb kann man viele Arten von ihnen als Global Player oder auch als Globe Trotter bezeichnen, deren einziges Zuhause die Weite des Weltmeeres ist. Schon aus diesem Grund macht es überhaupt keinen Sinn, sie in Gefangenschaft halten und pflegen zu wollen, weil sie die Begrenztheit eines Delfinariums kaum ertragen können, ohne verrückt zu werden. Denn im Meer gibt es nur Weite ohne Wände an den Seiten. Delfine und Wale verständigen sich durch Schallwellen und Klicklaute, die durch die Wasserschichten weiter getragen werden. In einem Delfinarium eingesperrt, werden sie von allen Seiten von den Echos ihrer eigenen Laute getroffen, was bei ihnen mit Sicherheit starkes Unbehagen und Stress auslösen dürfte. Selbst die Haltung kleinster Wale, wie zum Beispiel des

Schweinswales, ist sehr problematisch und endet meist wenige Wochen nach dem Fang der Tiere mit deren Ableben. Daher sollte auf die Haltung von Delfinen, Schwertwalen und anderen Walen in den so genannten Delfinarien generell verzichtet werden. Auf der anderen Seite halte ich die Ausstellung von Modellen und Präparaten gestrandeter Wale und Delfine für einen guten Weg, diese einzigartigen und faszinierenden Geschöpfe einem großen Publikum nahe zu bringen. Auch kann das multimediale Zeitalter hier gute Dienste leisten, und die Vorführung von Filmen und Computeranimationen kann das Leben der Wale sehr gut und leicht verständlich veranschaulichen. Denn gerade die Wale sind stark bedroht, und manche Arten kann man heute bereits als fast ausgestorben betrachten. Schuld daran ist der Mensch, der allein im vergangenen Jahrhundert etwa 2 Millionen Groß Wale erlegte. So leben heutzutage schätzungsweise nur noch etwa 5.000 Blauwale auf unserem Planeten, und manche Wissenschaftler gehen davon aus, dass diese Spezies bereits so gut wie ausgestorben ist, da der Bestand zu klein geworden ist, um ein gesundes und überlebensfähiges Genpotential aufrecht zu erhalten. Denn obwohl der Fang der Blauwale vollständig eingestellt wurde, stagniert ihr Bestand. Glücklicherweise gibt es heutzutage nur noch sehr wenige Walfangnationen, und der Markt für Walfleisch und Walprodukte ist dank synthetischer Produkte bereits ausgetrocknet worden. Dennoch gibt es unbelehrbare Nationen, die meinen, dass sie aus Nationalstolz oder zu "wissenschaftlichen" Zwecken Jagd auf die dem Menschen friedlich gesonnenen Meeresriesen machen müssten. Das ist umso erstaunlicher, wenn man sich klar macht, dass es bei der heutigen Umweltsituation weder gesundheitliche Gründe noch wirtschaftliche Argumente geben kann, welche die Waljagd rechtfertigen könnten. Denn Wale stellen häufig das letzte Glied in der Nahrungskette dar, und lagern deshalb in ihrem Körper durch ihre Nahrung aufgenommene Langzeitgifte wie beispielsweise PCB, Cadmium und Quecksilber ab. Das Fleisch eines erlegten Wales müsste deshalb eigentlich als Sondermüll entsorgt werden! Wer so etwas häufiger isst, lebt also noch erheblich ungesünder als jemand, der sich ausschließlich von Schweinefleisch aus industrieller Schweinemast ernährt. Da heutzutage Walfleisch weitgehend geächtet wurde, kann von einer rentablen Vermarktung keine Rede mehr sein. Daher hat selbst Island als traditionell Wal fangende Nation den kommerziellen Walfang eingestellt. Und auch Norwegen ist diesem Beispiel im Jahre 2009 endlich gefolgt. Es wäre begrüßenswert, wenn die Japaner diesen Schritt ebenfalls nachvollziehen würden. Auch das Argument, dass hiervon Arbeitsplätze betroffen sind, die dann entfallen würden, ist nicht stichhaltig, da es hier nur um wenige hundert Stellen geht. Und auch aus tierschutzrechtlichen Gründen heraus sollte der Walfang grundsätzlich geächtet werden, denn der Todeskampf der harpunierten Wale dauert häufig Minuten, in Einzelfällen sogar fast eine Stunde! Das ist eine grauenhafte Tierquälerei, die meiner Meinung nach nicht hinnehmbar ist. Deshalb habe ich an anderer Stelle einen offenen Brief an die japanische Botschaft zu dieser Problematik in diesem Buch abgedruckt. Sie lieber Leser, können diesen Brief gerne kopieren und an die Botschaft dieses Landes senden. Selbstverständlich habe ich diesen Brief ein wenig ironisch formuliert, um den Unterhaltungswert in der Öffentlichkeit etwas zu steigern. Ich wünsche ihnen jetzt schon viel Spaß beim Lesen! Ergänzend zu der Thematik „Walfang Japans" möchte ich noch etwas Interessantes anmerken: Nach dem Zweiten Weltkrieg aßen viele Japaner Walfleisch, weil sie sonst gehungert hätten. Doch selbst von diesen alten Kriegsveteranen sieht heutzutage kaum noch jemand ein, warum er Walfleisch essen sollte. Auch die Versuche der

japanischen Führung, Walfleisch in Schulen als „Walburger" etc. anzubieten, sind gescheitert, da die junge Generation ebenfalls kein Walfleisch mehr verzehren mag. Somit scheint es offensichtlich zu sein, dass die japanische Führung im eigenen Land keine politische Mehrheit oder Durchsetzungsfähigkeit mehr besitzt, den Konsum von Walfleisch noch zu rechtfertigen. Es ist Fakt, dass die jährlich gefangenen Wale in irgendwelchen Kühlhäusern oder als Konserve auf Halde gehortet werden, da der Markt dafür fehlt. Daher ist es völlig angemessen, hier mit großflächigen Protesten gegen die japanische Regierung vorzugehen. Auch ein Handelsboykott könnte sehr viel mehr bewirken, als das die kameraträchtigen Aktionen von Greenpeace bisher getan haben. Vielleicht denken Sie, lieber Leser, auch einmal darüber nach, ob man weiterhin japanische Autos kaufen sollte, und ob das High-Tech-Spielzeug Ihrer Kinder wirklich aus Japan kommen sollte…
So können auch Sie einen kleinen Beitrag leisten, Wale, die keinem Japaner etwas getan haben, vor dem völlig sinnfreien Abschuss zu retten!

**Skelett eines Zwergwales, der bevorzugten Beute der heutigen japanischen Walfänger.**

Der **Seehund** ist neben dem **Schweinswal** das häufigste Meeressäugetier an der deutschen Nordseeküste. Seehunde werden bis zu 1,80 Meter lang und haben meist einen gelbbraunen bis grauen Pelz mit unregelmäßigen Flecken. Diese natürliche Bandbreite der Pelzfärbung kann man auf dem Belegfoto gut erkennen. Manche Tiere haben auch deutlich erkennbare mechanische Verletzungen. Glücklicherweise haben Seehunde jedoch eine dicke Speckschicht unter der Haut, den so genannten Blubber, so dass sie eine realistische Chance haben, auch schlimm aussehende Wunden zu überleben. In seltenen Fällen kommen in der Natur auch albinotische Seehunde vor. So wurde etwa auf der Insel Wangerooge im Jahr 2000 ein albinotischer Heuler entdeckt. Da er blind war, war er nicht überlebensfähig und wurde für Ausstellungszwecke ausgestopft. Zwar wurden Seehunde unter strengen Schutz gestellt, und dürfen heute nicht mehr gejagt werden, doch drohen ihnen zahlreiche andere Gefahren. Oft werden Ihnen alte Fischernetze und scharfkantiger Müll zum Verhängnis. Dann kam es im Jahre 1988 zu einer Virus-Epidemie mit dem PDV-Virus, einer Krankheit, deren Ursprung durch die Ansteckung über selbst immune Sattelroben vermutet wird. Diese erste Epidemie kostete etwa 18.000 Seehunde das Leben, was ca. zwei Drittel des Gesamtbestandes waren. Im Abstand einiger Jahre kam es immer wieder zu Epidemien, die zum Glück etwas glimpflicher verliefen. Zurzeit haben sich die Seehundbestände wieder etwas erholt, doch müssen sie immer noch gepflegt und von den Nationalparkrangern überwacht werden. Von den geradezu astronomischen Bestandsgrößen früherer Jahrhunderte kann heutzutage allerdings keine Rede mehr sein. Wurden früher Seehunde durch die Küstenbewohner ihres Pelzes wegen bejagt, so musste die Jagd inzwischen völlig eingestellt werden, um die Art nicht ganz auszurotten. Etwa seit den 1970er Jahren wurde die Bejagung des Seehundes in Deutschland verboten. Trotzdem drohen dem Seehund auch heute noch zahlreiche Gefahren durch den Menschen. Am problematischsten dürfte dabei die Tatsache sein, dass Seehunde wegen ihrer langen Lebensdauer als Endglieder der Nahrungskette zahlreiche Schadstoffe in ihrem Gewebe speichern, die sowohl ihr Immunsystem als auch ihre Nachkommenschaft gefährden. Verlassene Seehundbabys, die so genannten Heuler, werden - wie in der Seehund-Aufzuchtstation-Norddeich - von speziell ausgebildetem Personal aufgepäppelt und wieder im Nationalpark Wattenmeer ausgewildert, wenn sie in der Lage sind, selbst Nahrung zu erjagen. Diese Arbeit leistet einen wichtigen Beitrag, um die Bestandsverluste der freilebenden Seehundpopulation etwas auszugleichen. Seehunde sind keine Konkurrenten der kommerziellen Fischerei, weil sie meistens Fischarten fressen, die von den Fischern nicht verwertet werden können. Seehunde können auf der Jagd nach Beutefischen etwa bis zu 200 Meter tief und bis zu 30 Minuten tauchen, wobei sie ihre Beute übrigens auch mit Hilfe ihrer sensiblen "Schnurrbärte" in trübem Wasser ertasten können. Die Seehundweibchen gebären ihre Jungen gewöhnlich auf einer Sandbank, wobei sie dazu in der Lage sind, Wehen zu unterdrücken, falls die Flut zu früh eintritt. Die Neugeborenen können sofort schwimmen und werden noch etwa 5 Wochen lang gesäugt. Sie wachsen sehr schnell, da die Milch der Seehunde mehr als 55% Fett enthält. Seehunde scheinen zwar gesellig zu sein, wenn man sie auf einer Sandbank nebeneinander liegen sieht, doch der Schein trügt. Sie halten mindestens 1,50 Meter Abstand zu ihrem nächsten Nachbarn, und während der Paarungszeit liefern sich die Männchen sogar blutige Kämpfe um einzelne Weibchen. Der Sieger kommt dann zur Paarung, bei er sich auf den Rücken des Weibchens wirft, was diese nicht selten mit Bissen beantwortet. Erst durch einen Nackenbiss stellen die Männchen die Weibchen dann ruhig, und es kommt zur Begattung, die ca. 3 Minuten dauert. Danach schwimmen die Partner getrennte Wege. Seehundmännchen nehmen auch keinen Harem in Anspruch, wie es von anderen Robbenarten bekannt ist, und ihre Kämpfe haben auch kaum schwere Verletzungen oder das Ableben der unterlegenen Männchen zur Folge. Seehunde haben keine Ohren, dafür aber sehr sensible Tasthaare, mit denen sie ihre Beute finden können. Auch wenn sie an Land plump wirken und sich hier nur mühsam voranzuschleppen scheinen, sind sie doch im Wasser elegante Schwimmer, die schwerelos durch das nasse Element gleiten. Da sie nicht so gelenkig und laufgewandt wie die Seelöwen sind, werden sie zwar manchmal von Zoos gehalten, aber nicht dressiert. Daher sind sie hier nicht unbedingt die Lieblinge des Publikums. Es ist jedoch jedes Mal ein faszinierendes Erlebnis, eine Seehundbank mit dem Fernglas zu beobachten, oder einem Seehund am Strand zu begegnen. Solchen Begegnungen verdanken viele von ihren Müttern verlassene "Heuler" ihr Überleben. Für mich ist dies ein Hoffnungszeichen, dass der Mensch manchmal auch zu anderen Taten als dem sinnlosen Töten und Ausrotten wehrloser Arten fähig ist. Bleibt zu hoffen übrig, dass diese Gemeinde der gutwilligen Hoffnungsträger stetig weiter wächst. Die Hauptgefahr für den Erhalt der Seehundpopulation stellt der Mensch dar, der durch die Einleitung von Umweltgiften ins Meer wesentlich dazu beiträgt, dass gerade die Meeressäugetiere, die am Ende der Nahrungskette stehen, besonders gefährdet werden. Denn im Gegensatz zu vielen Fischarten und Wirbellosen werden Seehunde etwa bis zu 30 Jahre alt, was zur Folge hat, dass sich viele Umweltgifte, die sie mit der Nahrung aufnehmen, über die Jahre in ihrem Körpergewebe anreichern. So enthalten die Körper solcher verendeter Robben Schwermetalle wie Cadmium und Quecksilber, aber auch PCB und andere Gifte. Eigentlich müssten ihre Kadaver als Sondermüll entsorgt werden.... Es ist jedes Mal ein trauriger Anblick, wenn man einen toten Seehund im Spülsaum entdeckt, dessen Augen bereits von den allgegenwärtigen Möwen herausgepickt wurden. Eine stumme Anklage, wie sie die Natur nicht deutlicher an die Adresse von uns Menschen formulieren könnte. Zum Abschluss der Seehund-Thematik möchte ich noch die aktuellen Ereignisse des Frühjahres 2010 schildern: Im Herbst 2009 hatte ich bei einer Umweltausstellung im Schulbiologiezentrum von Hannover mein Buch „Stirbt die Nordsee?" vorgestellt. Darin hatte ich geschildert, dass die Seehunde künftig sehr wahrscheinlich hungern werden, weil sie wegen der Überfischungssituation nicht mehr genügend kleine Fische im Meer finden könnten. Wie nahe ich damit am tatsächlichen Geschehen lag, konnte man kaum ahnen, da im Sommer 2009 der Seehundbestand so hoch war wie seit langem nicht mehr. Während der Ausstellung sagte ich jedoch den Besuchern, dass aufgrund des Kollabierens von Dorsch- und Plattfischbeständen in der Nordsee bei den Seehunden später mit Bestandseinbrüchen zu rechnen sei, da sich die Populationen der Raubtiere denen ihrer Beute mit einiger Verzögerung angleichen. Dann kamen am 12. April des Jahres 2010 mehrere Nachrichten per Internet herein, in denen von einem plötzlichen Seehundsterben im deutschen Wattenmeer die Rede war! Etwa 100 tote Seehunde wurden an die Küsten Niedersachsens gespült, während man in Schleswig-Holstein sogar 900 Seehundleichen fand. Aus den Medien ging hervor, dass die Tiere überwiegend Jungtiere waren, die im letzten Jahr geboren wurden. Todesursache: Der strenge Winter, mangelnde Ernährung(!) und Parasiten…

**Seehunde auf einer Sandbank vor Norderney**

**Verletzter Seehund(präpariert) in einer Ausstellung**

**So genannte „Heuler" in der Seehundaufzuchtstation Norddeich**

Der **Schweinswal** ist eine der kleinsten Walarten unseres Planeten und erreicht im Maximalfall in der Nordsee eine Länge von etwa zwei Metern, in der Ostsee jedoch nur etwa einen Meter fünfzig. Dabei bleiben die Männchen immer etwas kleiner als die Weibchen. Man kann Schweinswale an zahlreichen Meeresküsten der Nordhalbkugel antreffen, wobei er auch vor nordwestafrikanischen Küsten und im Schwarzen Meer gesichtet werden kann. Er ist die häufigste Walart in der Nordsee und in der Ostsee, doch sind seine Bestände schrumpfend. Denn jedes Jahr verenden mehrere tausend Tiere in Stellnetzen, fallen durch Umweltgifte geschwächt Parasiten zum Opfer oder irren durch Lärm desorientiert durch das Gewässer. Teilweise werden Schweinswale auch kommerziell gejagt, wie beispielsweise im Schwarzen Meer. Schweinswale sind bei uns zwar geschützt, doch gehen ihre Bestände nicht zuletzt auch aufgrund des allgemeinen Rückganges der Bestände an kleinen Beutefischen, wie zum Beispiel den Dorschen und den Plattfischen, zurück. Schweinswale können etwa 20 Jahre alt werden, doch erreichen sie meist nur ein Alter von 8 bis 10 Jahren. Schweinswale leben im Sommer in Küstennähe, wo sie kleine Fische von bis zu etwa 25cm Länge, kleine Tintenfische, Würmer und Krebse jagen. Täglich benötigen sie etwa 4,5 Kilogramm Nahrung. Im Winter ziehen sie sich weiter auf das Meer hinaus zurück, um nicht bei Sturmfluten zu stranden. Schweinswale kann man verhältnismäßig häufig in der Nähe der Insel Sylt sichten, da sie hier offensichtlich ein ausgedehntes Brutgebiet haben, in dem sie ihre Jungen zur Welt bringen. Einen Schweinswal überhaupt zu sichten, ist meist ein sehr kurzes Vergnügen, da sie nicht wie Delfine aus dem Wasser springen, sondern lediglich eine Sekunde auftauchen, um Luft zu holen und dann sofort wieder abtauchen. Daher erfordert es eine enorme Übung, einen Schweinswal im offenen Meer auszumachen und zu beobachten, da seine Rückenflosse sehr kurz ist und in den Wellentälern kaum auffällt. Ich selbst sah vor einigen Jahren während einer Seetierfangfahrt vor Büsum einen lebenden Schweinswal, der allerdings auch nur von mir für etwa eine Sekunde gesehen wurde, dann abtauchte und danach nicht mehr auszumachen war. Die anderen Passagiere hatten nichts bemerkt! Wahrscheinlich wird dieses Tier deshalb kaum gesehen und ist auch - trotz seiner relativen Häufigkeit - weitgehend unbekannt. Der Schweinswal ist aufgrund seiner anderen Bezahnung und Schädelform nicht näher mit den Delfinen verwandt, obwohl seine geringe Größe dieses vermuten ließe. Außer dem Menschen hat auch der Schweinswal einige bedeutsame Fressfeinde, die ihm nachstellen. Dazu gehören große Hai Arten ebenso wie der berüchtigte Schwertwal. Noch mal davon gekommene Schweinswale können entsprechende Narben aufweisen. Wie man am Schädel des Schweinswales erkennen kann, ist seine Stirn leicht konkav geformt. Auf seinem Schädel hat ein lebender Schweinswal einen hohen Fettbuckel, welchen man auch als "Melone" bezeichnet. Schweinswale nutzen somit ihre nach innen gewölbte Stirn als Receiver und Verstärker für die Klicklaute, die sie mit ihren Artgenossen austauschen. Diese Laute erzeugen sie offensichtlich mit ihrer Zunge ähnlich dem Schnalzen eines Menschen. Auch wird dieses natürliche Echolot eingesetzt, um Beutetiere aufzuspüren. Damit ist der Schweinswal nicht auf seine Augen angewiesen und kann auch blind in schlammigem oder trübem Wasser navigieren. Darüber hinaus wurde nachgewiesen, dass Wale in ihrem Schädel eine eisenhaltige Substanz haben, die es ihnen ermöglicht, sich am Magnetfeld der Erde zu orientieren. Schwanz- und Rückenflosse, die so genannte Fluke, werden nicht durch das Skelett des Schweinswales gestützt, sondern bestehen im Wesentlichen aus Muskelgewebe, Haut und Knorpel. Auch die

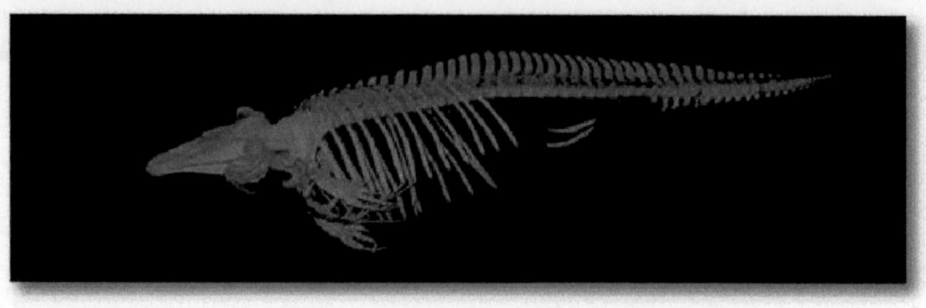

Beckenknochen sind stark reduziert und haben keine stützende Funktion mehr, was die Beweglichkeit des Schweinswales erhöht. Die Brustflossen, die man auch als Flipper bezeichnet, ähneln von ihrer Skelettstruktur her der fünffingrigen Hand des Menschen, woraus manche Forscher gerne eine direkte Verwandtschaft zu den an Land lebenden Säugetieren ableiten möchten. Doch ist es keinesfalls eine unbestreitbare Tatsache, dass alle Wale wirklich von an Land lebenden Vorfahren abstammen. Denn ihre Anpassungen an das Leben im Wasser sind bereits so speziell ausgeprägt, dass es kaum vorstellbar erscheint, dass sich das alles von selbst entwickelt haben soll. Und selbst wenn es so wäre, wird es noch viel Forschungsarbeit bedeuten, die fehlenden Bindeglieder der Entwicklungsgeschichte des Wales vollständig ausfindig zu machen.

Schweinswale werden im weiblichen Geschlecht mit drei bis vier Jahren, im männlichen Geschlecht dagegen schon mit zwei bis drei Jahren geschlechtsreif. Ihre Jungen werden nach einer Tragzeit von etwa zehn bis elf Monaten geboren, wobei die sanfte Geburt im Wasser mit der Fluke voran erfolgt, damit sie nicht bei der Geburt ertrinken. Nach der Geburt schwimmt das Schweinswalbaby selbstständig zur

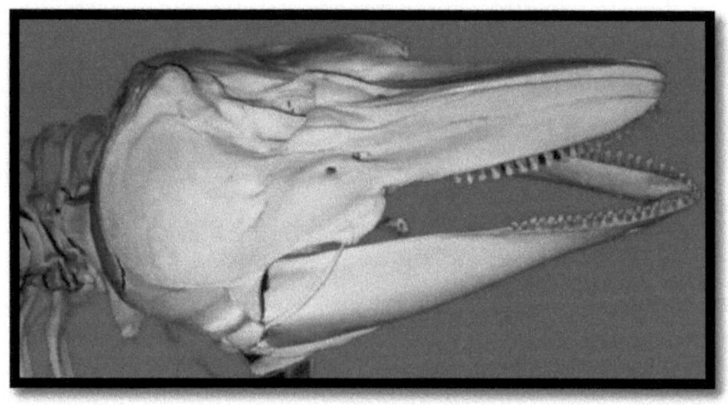

Oberfläche, um zu atmen. Es ist dann bereits zwischen 65 und 90cm lang und wiegt bereit fünf bis sieben Kilogramm. Obwohl das Junge bis zu neun Monate lang von der Mutter gesäugt wird, frisst es bereits im Alter von fünf Monaten Fische. In diesem Alter brechen die ersten Zähne durch, und im Alter von sieben Monaten hat der junge Schweinswal bereits ein vollständiges Gebiss. Schweinswale werden meistens einzeln geboren, und Zwillingsgeburten sind hier sehr selten. Es ist umstritten, ob Schweinswalweibchen jedes Jahr ein Junges gebären können, oder ob sie dieses nur alle zwei Jahre tun, denn solche Beobachtungen können fast nur an gefangenen Tieren gemacht werden, die jedoch im Allgemeinen hierfür nicht lange genug in Gefangenschaft überleben. Als typischer Küstenbewohner hat der Schweinswal recht beschränkte Tauchfähigkeiten entwickelt, denn er kann nur etwa 90 Meter tief tauchen und muss bereits nach etwa 6 Minuten wieder auftauchen, um Luft zu holen. Er erreicht Geschwindigkeiten von bis zu 22 Stundenkilometern, was nur eine mittlere Geschwindigkeit bedeutet, denn es gibt Fischarten, die bedeutend schneller sein können. Für das Überleben dieser Art ist jedoch nicht sein Tempo entscheidend, sondern eine intakte Umwelt und eine schonende Fischerei.

**Schweinswal – ein Modell aus dem Multimar Wattforum in Tönning**

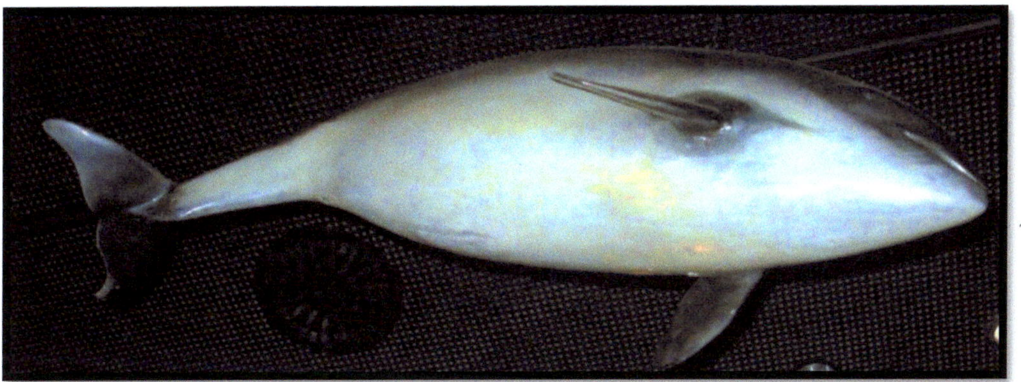

**Hier ein männlicher Schweinswal im Modell von unten; sein Penis wird in der länglichen Genitalfalte verborgen, um ihn vor mechanischen Beschädigungen zu schützen. Nur während der Kopulation wird dieser kurz ausgeklappt.**

**Die Kloake des Weibchens von unten gesehen; daneben befinden sich die Zitzen, von denen das Schweinswalbaby die fettreiche Milch saugt.**

# Pottwal, *Physeter catodon* (Linnaeus, 1758)

**Pottwal - Modell im Multimar Wattforum Tönning**

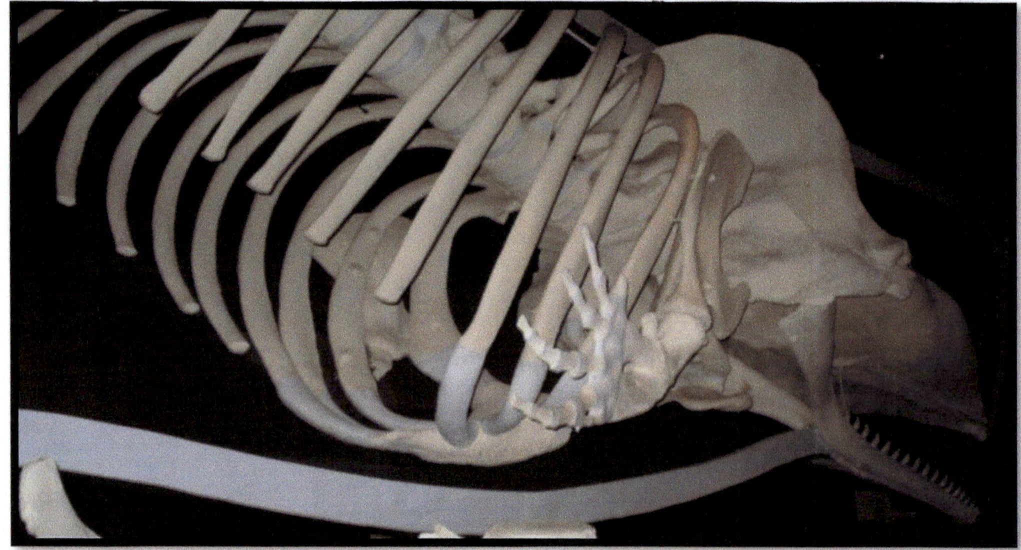

**Pottwal – Schädelskelett von hinten betrachtet**

**Die Zähne des Pottwals sind aus Elfenbein und können bis zu 30 Zentimeter hoch werden!**

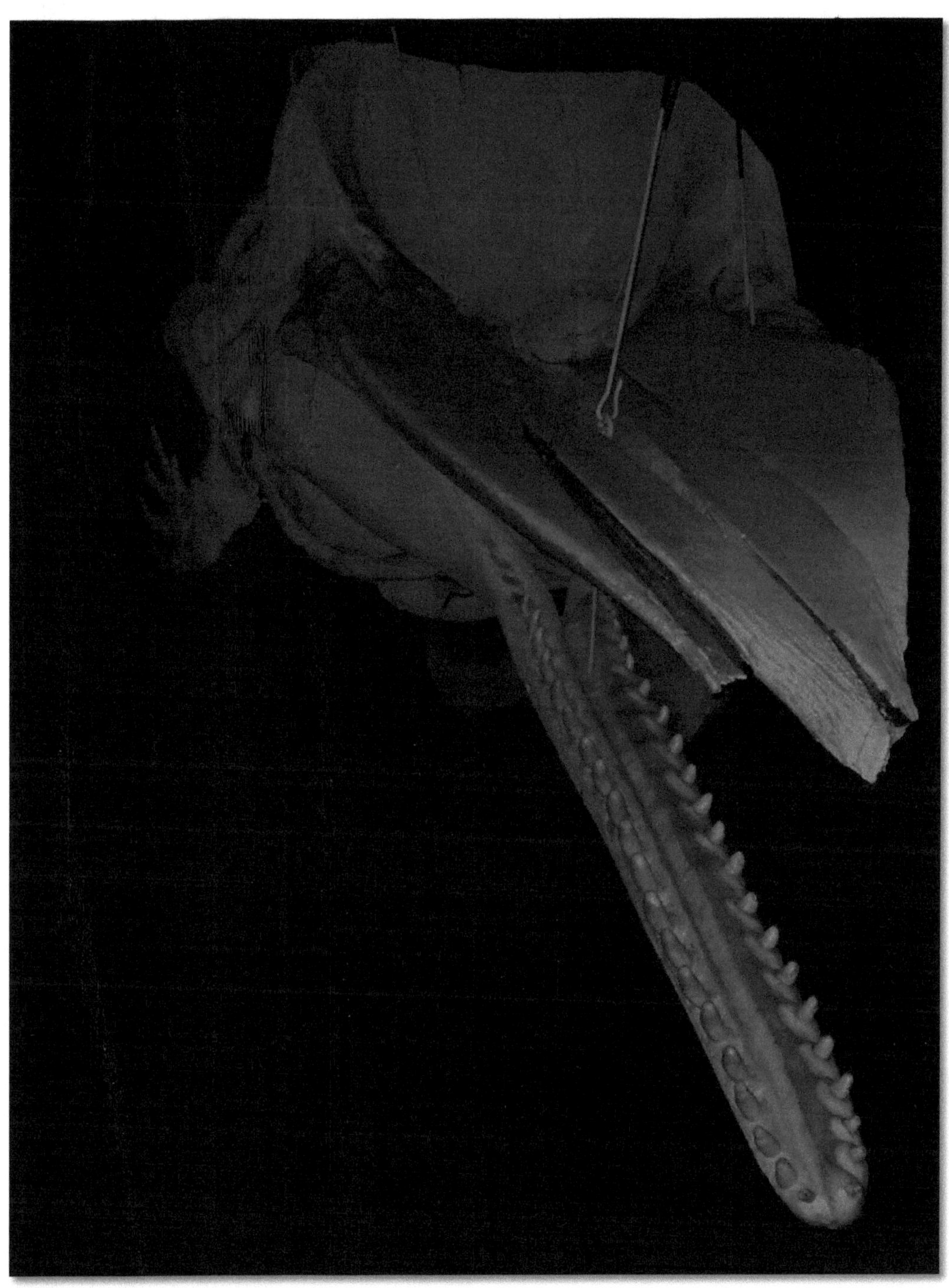

Pottwalskelett von vorne gesehen – der Schädel ist wie eine große Sendeschüssel nach innen gewölbt und sendet Klicklaute über sehr große Distanzen durch den Ozean.

**Kalmare und Tintenfische wie der Pfeilkalmar *Todarodes sagittatus* gehören zu den bevorzugten Beutetieren des Pottwals. Aus ihren unverdaulichen Schnäbeln entsteht Ambra.**

**Rechts:**
**Dieser Ambraklumpen, der im Multimar Wattforum Tönning aufbewahrt wird, ist knapp einen Meter hoch und würde in frischem feuchtem Zustand mit Sicherheit einen Zentner oder mehr auf die Waage bringen. Noch vor einem Jahrhundert hätte diese Menge Ambra mindestens den Gegenwert eines Mittelklassewagens gehabt. Es ist sehr erstaunlich, dass man auf der Basis von Verdauungsrückständen eines Raubtieres wohlduftende Parfums herstellen kann. Heutzutage wäre solche mit Ambra hergestellt Duftwässerchen geradezu unbezahlbar!**

Der **Pottwal** ist das größte Raub-Wirbeltier unseres Planeten. Pottwalbullen können mehr als 20 Meter Gesamtlänge erreichen, während die Pottwalkühe meistens nur 11 bis 13 Meter lang werden. Dabei können die Bullen ein Gewicht von bis zu 57 Tonnen erreichen, die Weibchen immerhin noch 20 Tonnen. Sie haben auch das größte Gehirn aller Tiere, denn das Gehirn eines Pottwals kann bis zu 9,5 Kilogramm schwer sein. Der Darm eines Pottwals kann bis zu 250 Meter Länge erreichen und auch sein Skelett gehört zu den größten und schwersten Wirbeltierskeletten überhaupt. Pottwalbullen können bis zu 30 Zentimeter lange Zähne im Kiefer haben, die aus Elfenbein sind. Da Elfenbein generell nicht mehr gesammelt oder gehandelt werden darf, sind der Unterkiefer und die Zähne eines Pottwals auch das erste, was die Nationalparkverwaltungen von gestrandeten toten Pottwalen bergen lassen, um hier einen Raubbau durch Unbefugte zu unterbinden. Darüber hinaus hält der Pottwal auch den Rekord im Tiefentauchen, denn eine Tauchtiefe von mindestens 2.500 Metern gilt als belegt und selbst Tiefen von bis zu 3.000 Metern und mehr gelten als denkbar. Wahrscheinlich hält der Pottwal auch den Weltrekord in der Sparte der kabellosen Telekommunikation, da er technisch dazu in der Lage ist, sich mit seinen Artgenossen durch die von ihm erzeugten Klicklaute über Hunderte, möglicherweise sogar Tausende von Seemeilen hinweg zu verständigen. Dabei machen sich die Pottwale die schallleitenden Eigenschaften verschiedener Wasserschichten zu Nutze, und es ist durchaus denkbar, dass die in der Arktis und Antarktis lebenden Pottwalbullen in ständiger Verbindung mit den Pottwalkühen stehen, die in Äquatornähe leben. Denn die männlichen Pottwale wandern zu den Polen hin, während die Weibchen in den wärmeren Gefilden zurückbleiben, um dort ihre Jungen zu gebären und zu säugen. Es gilt als wahrscheinlich, dass die Pottwale sich mit Hilfe einer eisenhaltigen Substanz in ihrem Schädel am Magnetfeld der Erde orientieren und bestimmte Routen abwandern. Somit sind Pottwale echte Kosmopoliten, die auf der ganzen Erde zuhause sind, und die außer den Abhängen des Kontinentalschelfs keine Grenzen kennen. Der Pottwal ist nach dem Blauwal die gewaltigste Kreatur, die unseren Planeten bevölkert, und hat schon so manchen Seefahrer oder Taucher den Respekt und die Ehrfurcht vor der Schöpfung gelehrt. Pottwale haben allein aufgrund ihrer Größe keine nennenswerten natürlichen Feinde mehr, und es gilt als belegt, dass sie sogar Haie im Ganzen verschlingen, um ihren Nahrungsbedarf von etwa einer Tonne Fisch täglich decken zu können. Allerdings fressen sie überwiegend große Tintenfische, Dorsche, Rotbarsche, Seehasen und Leuchtsardinen. Pottwale können niederfrequente Klicklaute erzeugen, mit denen sie ihre Beutetiere betäuben und fangen können. Für Taucher sind diese Geräusche sogar körperlich als Vibrationen spürbar! Diese sollen sich ähnlich anfühlen wie die Bässe lauter Musik. Obwohl Pottwale einen hervorragend bezahnten Unterkiefer haben, benötigen sie diesen nachweislich nicht zum Beuteerwerb, denn es wurden auch schon gut genährte Pottwale ohne oder mit stark deformiertem Unterkiefer aufgefunden. Pottwale besitzen auch im Oberkiefer Zähne, doch brechen diese meist nicht durch und verbleiben im Kieferknochen. Das Hinterteil des Pottwal-Schädels ist wie eine große Empfangs- und Sendeschüssel geformt, die konkav nach innen gewölbt ist. Man geht davon aus, dass die Pottwale ihre Klicklaute mit Hilfe ihrer Zunge erzeugen, ähnlich dem Schnalzen des Menschen. Denn während der Nahrungsaufnahme gaben beobachtete Pottwale keine Klicklaute mehr ab. Diese Laute werden dann durch die knöcherne Sendeschüssel ihrer Stirn verstärkt, gesendet und auch empfangen. Im Kopf des Pottwales befindet sich außerdem eine ölige

Flüssigkeit, das sogenannte **Walrat** oder auch **Spermaceti**, welche die Schallwellen weiterträgt. Tatsächlich glaubten die Walfänger lange Zeit, dass es sich dabei um die Spermaflüssigkeit des Wales handele, weshalb der Pottwal im Englischen den Namen **"Sperm-whale"** bekam. Das ist auf jeden Fall hanebüchener Unsinn und kann getrost in die Kategorie Seemannsgarn einsortiert werden. In jedem Fall wurde das Walrat früher industriell als Nähmaschinenöl und ähnliches genutzt, und dann auch entsprechend teuer gehandelt. Wale besitzen darüber hinaus mehrere Dezimeter dicke Fettschichten, die man allgemein auch als Blubber bezeichnet. Diese Schichten wurden zu Tran gekocht, mit dem man vor allem Lampen betreiben konnte. Daher leitet sich auch nach wie vor der umgangssprachliche Ausdruck der "Tranfunzel" ab. Ein weiteres Walprodukt, welches früher fast mit Gold aufgewogen wurde, war Ambra. Dabei handelt es sich um Verdauungsrückstände im Magen des Pottwales, die eine fast teerartige Konsistenz besitzen. Aus diesen Rückständen gewann man eine Grundessenz der Parfümherstellung. Ambra wird aus den unverdaubaren Rückständen gefressener Beutetiere des Wales gebildet, wie etwa den Schnäbeln von Tintenfischen. Gelegentlich wurden Ambraklumpen auch schon frei im Meer treibend aufgefischt, so dass man hier vermuten kann, dass die Wale diese manchmal selbst ausspucken. Glücklicherweise gibt es heutzutage in den meisten zivilisierten Ländern der Erde keinen Markt mehr für Walprodukte irgendwelcher Art, so dass die Waljagd aus ökonomischer Sicht heutzutage keinen Sinn mehr macht. Doch selbst, wenn die Jagd auf Wale vollständig eingestellt werden würde, gibt es Gründe für die Annahme, dass die meisten Wale innerhalb der nächsten 200 Jahre aussterben werden. Denn als letztes Glied in der Nahrungskette lagern insbesondere die großen Walarten wie Blauwal, Glattwal, Nordkaper, Finnwal, Seiwal und Pottwal in ihrem Gewebe und in ihrer Leber zahlreiche Schwermetalle und andere Schadstoffe ab, die irgendwann zu einer Sterilität der Tiere führen werden. Das bedeutet im Ergebnis, dass man eines Tages nur noch adulte Wale ohne Jungtiere im Weltmeer antreffen wird. Da manche Walarten nachgewiesenermaßen älter als 175 Jahre werden können, werden die Wale als letzte Mahnung der Natur an die Adresse des Menschen noch einigen menschlichen Generationen erhalten bleiben. Dieses allerdings nur mit der Option, ihnen beim Aussterben zusehen zu müssen. Selbstverständlich tummeln sich in der Nordsee nicht nur Pottwale, sondern auch Schwertwale und gelegentlich verirrte arktische Belugas, Entenwale, Finnwale und auch Buckelwale. Da die Nordsee zum größten Teil für die Wale und ihr Klicksonar zu flach ist, stranden sie früher oder später unweigerlich, wenn sie von der Arktis kommend versehentlich in die Norwegische Rinne abbiegen, und versuchen, durch die Nordsee in den Ärmelkanal und von dort wieder in den Atlantik zu gelangen. Bei den Pottwalen sind es dann meist kleine Gruppen von Männchen, die auf den Sandbänken qualvoll ersticken müssen, weil sie aufgrund des Luftdrucks nicht mehr atmen können. Nur selten gelingt es Naturschützern, gestrandete Wale wieder ins Meer zu treiben. Gestrandete Wale fangen sehr rasch an zu verwesen, weshalb die Küstenverwaltungen tote Wale meist auf See schleppen und dort sprengen lassen. Denn aufgrund ihrer dicken Speckschichten laufen die Verwesungsprozesse bei toten Walen erheblich schneller ab, als bei anderen Tieren. Es entstehen Faulgase, die den Kadaver früher oder später regelrecht explodieren lassen. Solch eine Explosion ereignete sich vor einigen Jahren in Taiwan, als ein gestrandeter Wal durch eine Kleinstadt transportiert werden sollte, um an anderer Stelle wissenschaftlich untersucht zu werden. Auf die Menge der Schaulustigen regnete es blutige Fleisch-

und Speckfetzen herab, und die Gerüche dürften jeder Beschreibung gespottet haben. Deshalb ist es nicht ratsam, sich in der Nähe gestrandeter Wale aufzuhalten, die bereits einige Tage auf einer Sandbank gelegen haben. Andererseits sind aber gerade solche Wale hervorragende Studienobjekte für die Wissenschaft und können untersucht werden, ohne sie für diesen Zweck extra zu töten. Diese profane Tatsache führt insbesondere den Walfang der Japaner, der ja angeblich nur zu „wissenschaftlichen Zwecken" vorgenommen wird, ad absurdum. Die Präparation eines Walskelettes ist ein aufwändiger Vorgang, der monatelang dauert, und sehr sorgfältig durchgeführt werden muss, da die Knochen sonst penetrant riechen. Zunächst muss der gesamte Wal geflenst werden, was bedeutet, dass Fleisch und Haut mit langen Spezialmessern vollständig entfernt werden müssen. Dann müssen die Knochen in Netze verpackt werden. Diese werden dann einige Wochen in einem Hafenbecken versenkt, damit dort lebende Krebse die Gewebereste des Wales abfressen. Sind die Knochen sauber, müssen sie noch für einige Wochen in Seifenlauge eingelegt werden, um Eigengerüche zu überdecken. Erst danach können die Knochen getrocknet und mit speziellen Stahldrähten  zusammengebaut werden. Nach diesem Arbeitsgang werden die Knochen noch mit heller Farbe angestrichen, da sie sonst bräunlich aussehen würden.

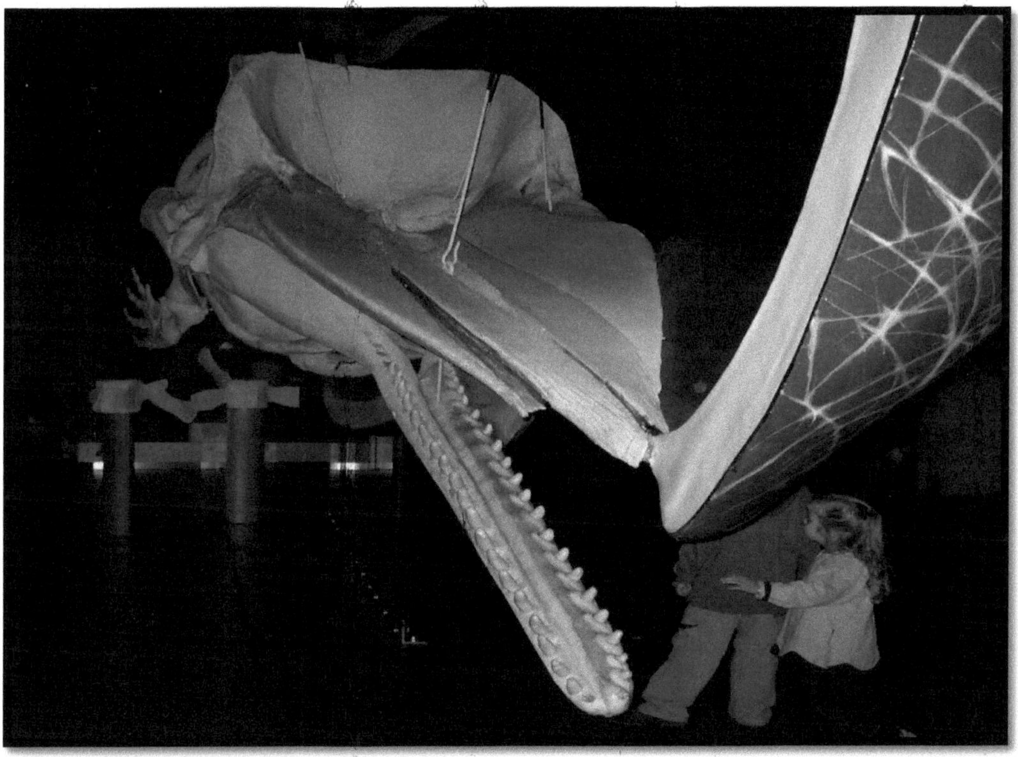

**Ein solches Präparat wirkt sehr beeindruckend, doch gingen die Präparatoren im Multimar Wattforum Tönning sogar noch einen Schritt weiter, in dem sie die Außenhaut des Wales aus Segeltuch nachbauten und plastinierten, so dass man von einer Seite betrachtet einen lebensecht nachmodellierten Pottwal sieht, und von der anderen Seite her sein imposantes Skelett bestaunen kann.**

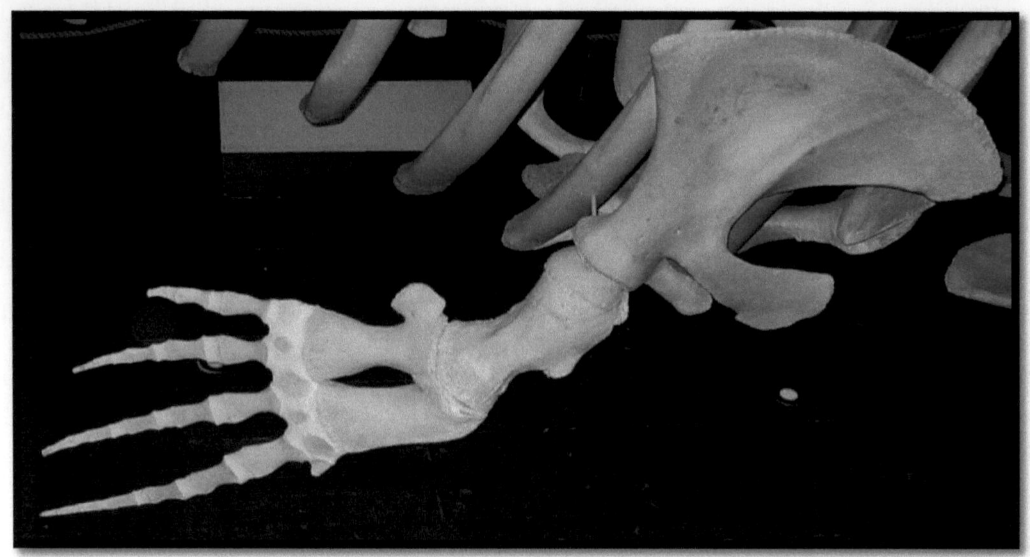

Das „Handskelett" des Pottwals.

Dieser Pottwal hatte auch Zähne im Oberkiefer. Diese Zähne sind erheblich kleiner als die des Unterkiefers und brechen nur selten aus dem Kieferknochen durch. Insofern handelt es sich bei diesem Exemplar aus dem Waloseum in Norden um eine seltene Kuriosität!

**An die
Japanische Botschaft
Hiroshimastr. 6
10785 Berlin**

Betrifft: Beseitigung von Sondermüll im Weltmeer

Sehr geehrter Herr Botschafter, sehr geehrte Frau Botschafterin,

lassen Sie mich Ihnen zunächst herzlich dazu gratulieren, dass Sie eine ruhmreiche Nation mit traditionellen Werten und einem Geist der kollektiven Aufopferung repräsentieren dürfen. Denn anders kann man es wohl nicht erklären, dass eine ganze Nation sich dafür hergibt, den Sondermüll der Meere durch allgemeinen Verzehr als Grundnahrungsmittel zu entsorgen. Denn wie Ihnen ja bekannt sein müsste, sind Wale als Endglieder der Nahrungskette im Meer die am stärksten belasteten und verseuchten Organismen, die dort ihr Unwesen treiben. Sie müssen als schwimmender Sondermüll klassifiziert werden. Daher wäre es sehr nett von Ihnen, wenn Sie diesen auch künftig möglichst umweltverträglich aus dem Meer entfernen und einfach aufessen würden. Sie nehmen damit anderen Nationen die Arbeit ab, und entlasten damit deren Umweltbudgets. Mit Sicherheit werden Sie damit mittel- bis langfristig auch eine spürbare Entlastung der japanischen Rentenkasse bewirken, was Ihre Steuerzahler und Unternehmen freuen dürfte. Wer sagt denn, dass sich Tradition, Innovation und wirtschaftlicher Erfolg gegenseitig ausschließen? Wer das behauptet, hat nun wirklich kein Verständnis vom modernen japanischen Walfang! Machen Sie ruhig weiter so, denn manchmal muss man sich auch über die Widerstände der Unverständigen hinwegsetzen und dabei Widrigkeiten in Kauf nehmen. Endlich haben Sie ein Mittel gefunden, um umwelt- und bevölkerungspolitisch aktiv den Herausforderungen der modernen Zeit begegnen zu können. Es sei Ihnen unbenommen, davon reichlich Gebrauch zu machen, um so einen wesentlichen Beitrag zum Schutz und zur Reinhaltung der Meere leisten zu können. Und auch die Regulierung der Delfinbestände durch ihre Fischer ist selbstverständlich ein wichtiger Beitrag, um das Schrumpfen der allgemeinen Fischbestände durch den allseits gefürchteten Delfinfraß einzudämmen. Mit großer Sicherheit werden dadurch die Fischbestände vor Nippons Küsten dramatisch anwachsen, so dass die japanische Fischfangflotte künftig nicht mehr die sieben Weltmeere plündern muss, sondern dieses bereits gewissermaßen vor der eigenen Haustür tun kann. Das spart unnötig getankten Schiffsdiesel, schont die Nerven der Fischer bei hohem Seegang auf dem Pazifik und wird von den anderen raubfischenden und meeresplündernden Nationen des Planeten sicherlich mit Dank und Anerkennung quittiert werden, da es deren Profite ebenfalls steigert. Insgesamt darf man wohl sagen, dass das - wie alles in Japan von der Geisha bis zum Yakuza - hervorragend in das bestens organisierte japanische System passt, bei dem nichts und niemand (und vor allem kein Fisch im Weltmeer!) durch die Maschen fällt.
In vorzüglicher Bewunderung
Ihr nationales ökologisches und tierschutzrechtliches Gewissen!

**Atlanticum Bremerhaven**, Forum Fischbahnhof, Schaufenster 6, 27572 Bremerhaven. Tel.: 0471-93233-0. E-Mail: Mail@forum-fishbahnhof.de; Domain: www.atlanticum.de.
**Nationalpark-Haus Baltrum**, Haus Nr. 177, 26579 Baltrum. Tel.: 04939-469.
E-Mail: nlpe.baltrum@gmx.de.
**Büsumer Meereswelten**, Am Südstrand 9 A, 25761 Büsum. Inhaber: Gerhard Gebauer, Tel.: 0173-8625377. E-Mail: info@buesumer-meereswelten.de; Domain: www.buesumer-meereswelten.de.
**Ostseestation Priwall**, Priwallpromenade 29-31, 23570 Lübeck-Travemünde. Inhaber: Thorsten Walter GBR, Tel.: 04502-308705. E-Mail: info@ostseestation.de; Domain: WWW.Ostseestation-travemuende.de.
**Aquarium Kiel**, Düsternbrooker Weg 20, 24105 Kiel. Tel.: 0431-6001637.
E-Mail: kontakt@aquarium-kiel.de; Domain: www.aquarium-kiel.de.
**Sylt Aquarium**, Gaadt 33, 25980 Westerland. Tel.: 04651-8362522.
E-Mail: info@syltaquarium.de; Domain: www.syltaquarium.de.
**Deutsches Museum für Meereskunde und Fischerei, Ozeaneum**, Katharinenberg 14-20, 18439 Stralsund. Tel.: 03831-2650601. E-Mail: info@ozeaneum.de; Domain: www.ozeaneum.de
**Multimar Wattforum Tönning**, Am Robbenberg , 25832 Tönning, Tel.: 04861-9620-0. E-Mail: info@multimar-wattforum.de; Domain: www.multimar-wattforum.de.
**Seehundstation Nationalparkhaus Norden-Norddeich**, Dörper Weg 24, 26506 Norden. Tel.: 04931 - 89 19; das daran angeschlossene **Waloseum** befindet sich im Osterlooger Weg in Norden. E-Mail: info@seehundstation-norddeich.de;
Domain: seehundstation-norddeich.de
**Niedersächsisches Landesmuseum Hannover**, Willy-Brandt-Allee 5, 30169 Hannover. Tel.: 0511-9807686. E-Mail: info@nlm-h.niedersachsen.de;
Domain: landesmuseum-hannover.niedersachsen.de
**Zoo-Aquarium Berlin**, Budapester Str. 32, 10787 Berlin. Tel.: 030-254010.
E-Mail: info@zoo-berlin.de; Domain: www.aquarium-berlin.de
**Zoologisch-Botanischer Garten Wilhelma**, Neckartalstr. , 70376 Stuttgart. Tel.: 0711-5402-0.
E-Mail: info@wilhelma.de; Domain: www.wilhelma.de
**Aquarium im Ostsee-Informations-Zentrum**, Schiffbrücke 20, 24340 Eckernförde. Tel.: 04351 726266.
**Haus der Natur**, Museumsplatz 5, A-5020 Salzburg. Domain: www.hausdernatur.at
**Haus des Meeres Vivarium**, Fritz-Grünbaum-Platz 1, 1060 Wien(Mariahilf). Domain: www.haus-des-meeres.at.

# Danksagungen:

Ich bedanke mich herzlich bei allen Freunden und Bekannten, die mir wertvolle Tipps für die Erstellung dieses kleinen Buches geliefert haben. Insbesondere bedanke ich mich jedoch bei meiner Familie, die mich dieses Büchlein hat schreiben lassen. Ein weiteres Dankeschön geht an das Team vom Multimar-Wattforum in Tönning, das mir viele Einblicke in die Unterwasserwelt der nördlichen Nordsee gewährte, an das Team vom Nationalparkhaus Baltrum(Horst Unger und Thorsten Moschner), bei dem ich mich umfassend über die Fauna der südlichen Nordsee informieren konnte, und an die vielen Hobbyisten, mit denen ich im Laufe der letzten Jahre Erfahrungen und manchmal auch Tiere ausgetauscht habe. Des Weiteren bedanke ich mich bei dem Meeresbiologen Thorsten Walter von der Ostseestation in Lübeck-Priwall für die Überlassung von Ostseefischen und diversen Bildern. Auch danke ich Stefanie Hamm für das eine oder andere Detailfoto. Auch bin ich Fischern(Theo Peters, Sven Okken, Gebrüder Alts und Gehilfen), Nationalparkrangern, Mitarbeitern von Öffentlichen Einrichtungen und Aquarien(Sandra Pipiorka, Andreas Scheithauer, Carsten Bödecker und Gerhard Gebauer), die mir immer wieder Einblick in das Handling mit den Tieren gewährten, dankbar. Ohne diesen reichhaltigen Informationsaustausch wäre dieses Buch in dieser Form nie zustande gekommen.

Sven Gehrmann, im Herbst 2018.



# Bildnachweise:

**Bilder von Thorsten Walter:**
Diplosoma listerianum(2X),36; Polyclinum aurantium,38; Styela coriacea, 40; Oikopleura spec., 43; Myxine glutinosa(unten), 47; Raja undulata, 65; Lernaeocera branchialis, 76; Acipenser sturio(oben), 82; Acipenser baerii, 80; Acipenser gueldenstaedti(2X), 81; Belone belone, 85(oben); Atherina presbyter, 99; Salmo salar, 101; Enchelyopus cimbrius, 120(unten); Raniceps raninus juvenil(unten), 121; Syngnathus typhle(oben), 140; Nerophis ophidion(2X), 139; Centrolabrus exoletus, 181; Chirolophis ascanii (oben), 189; Aphia minuta, 197; Gobiusculus flavescens, 202; Phrynorhombus norvegicus, 216; Zeugopterus punctatus, 219(2X); Zeus faber(unten)225.
**Bilder von Stefanie Hamm:**
Sprattus sprattus, 74; Lernaeenicus sprattae, 77; Caligus elongatus, 78 und Syngnathus rostellatus(2X), 137.
**Das Urheberrecht dieser Bilder verbleibt jeweils bei Thorsten Walter/Stefanie Hamm. Der Abdruck erfolgte mit freundlicher Genehmigung.**

# Literatur- und Quellenverzeichnis

**Internet:**
http://www.habitas.org.uk/marinelife/index.html
http://www.imv.uit.no/crustikon/Decapoda/Decapoda2/Species_index.htm
http://www.seawater.no/fauna/index.htm
http://www.tauchschule-eckernfoerde.de/artliste.htm
http://www.tauchprojekt.de/index.htm
http://www.fishbase.org/search.php
http://archiv.korallenriff.de/einstieg_aquaristik_04.html
http://www.marinespecies.org
http://www.multimar-wattforum.de/
http://www.wikipedia.org/
http://www.wwf.de/themen/meere-kuesten/
http://cu-here.de/dic.php3
http://www.marubis.de/index.php?option=com_content&task=view&id=12&Itemid=26
http://www.glaucus.org.uk/Forum99.htm
http://zipcodezoo.com
http://www.marlin.ac.uk/species
http://www.vliz.be/Vmdcdata/macrobel/index.php
http://www.nordseefauna.org/indexx.htm
http://www.buesumer-meereswelten.de/html/impressum.html
http://www.riffaquaristik.at
http://www.greenpeace.de
http://umweltanalytik.com
http://www.echinoids.nl/Index/E.htm
http://www.marinespecies.org

**Bücher:**

Wilhelm Eigener, Enzyklopädie der Tiere, Georg Westermann Verlag, 1979, ISBN 3-14-508000-8.
Koie, Christiansen, Weitemeyer, Der große Kosmos Strandführer, Franck Kosmos Verlags GmbH, 2001, ISBN 3-440-08576-7.
Andrew C. Campbell, Der Kosmos Strandführer, Franckh`sche Verlagshandlung W. Keller & Co., Stuttgart. ISBN 3-440-04355-X.
Werner de Haas & Fredy Knorr, Was lebt im Meer an Europas Küsten? Stückle Druck & Verlag, 77955 Ettenheim. ISBN: 3-275-01302-5.
Georg Quedens, Strand und Wattenmeer, BLV Verlagsgesellschaft, ISBN 3-405-3805-1.
Klaus Janke & Bruno P. Kremer, Düne, Strand & Wattenmeer, Kosmos Verlags GmbH & Co., Stuttgart. ISBN: 3-440-09576-2.
Muus & Nielsen, Die Meeresfische Europas, Franck Kosmos Verlags GmbH & Co., Stuttgart. ISBN: 3-440-07804-3.
Gerd Pucka, Lehrbuch der Tierpräparation, Venatus Verlags GmbH, ISBN 3-932848-24-1.
Alwyne Wheeler, Das Grosse Buch der Fische, Verlag Eugen Ulmer Stuttgart. ISBN: 3-8001-7029-9.

Jörgen Möller Christensen, Die Fische der Nordsee, Franckh`sche Verlagshandlung W. Keller & Co. Stuttgart. ISBN: 3-440-04458-0.
Peter Hunnam, Lebensraum Aquarium, Bechtermünz Verlag, ISBN: 3-86047-416-2.
Frank Emil Moen & Erling Svensen, Marine fish & invertebrates of Northern Europe, KOM 2004, ISBN: 0-9544060-2-8
Paul Naylor, Great British Marine Animals, 2nd Edition, Sound Diving Publications, ISBN 0952283158
Andrea & Wilfried Steffen, Pottwale im dunklen Blau des Meeres, HEEL Verlag GmbH Königswinter, 2003. ISBN: 3-89880-222-1.

Etwa Mitte April 2016 ging es los. Die Fischer sammelten vor den ostfriesischen Inseln Juist und Norderney zahlreiche subtropische Schwimmkrabben als Beifangtiere ein, darunter Arten wie etwa die **Navigatorkrabbe** *Liocarcinus navigator* oder die **Marmorierte Schwimmkrabbe** *Portumnus latipes*. Außerdem brachten sie auch jede Menge allen erdenklichen Mülls mit in den Hafen, um so die Aktion des Naturschutzbundes Deutschland **„Fishing for litter"** zu unterstützen, bei der eben dieser Müll einer ordnungsgemäßen Entsorgung an Land zugeführt wird. Dabei fanden sich an einem alten Fischernetz Unmengen an Porzellankrebsen und in den Netzwinkeln merkwürdige bräunliche Miesmuscheln, bei denen es sich wahrscheinlich um die **Französische Miesmuschel** *Mytilus galloprovincialis* handelte. Außerdem fanden sich auch Fischkisten mit zahlreichen Seepocken und Seeanemonen, teilweise saßen auch Strandigel am Plastikmüll. Außerdem waren auch Moostierchen, Seetange und anderes Seegetier auf dem Plastik angewachsen. Und schüttelte man ein Bündel des Mülls aus, fielen Spinnenkrabben, Schwimmkrabben und diverse andere Tiere aus ihrem Unterschlupf! So begeistert ich von diesen Funden anfänglich war, umso nachdenklicher machten sie mich später. Offensichtlich bauen sich die kleinen wichtigen Lebensgemeinschaften und Ökosysteme der küstennahen Nordsee nicht mehr nur auf natürlichen Substraten, sondern auf regelrechten **„Müllriffen"** auf. Es ist bereits lange bekannt, dass an solchem Plastikmüll auch Toxine und Bakterien anhaften können, die so über den Weg der kleinen Tiere in die Nahrungskette gelangen. Und am Ende dieser Kette steht der Mensch, der Fisch isst. Und nicht nur die Fischesser sind betroffen. Denn inzwischen werden auch Schweine, Rinder und Hühner mit dem „billigen" Fischmehl ernährt, für welches es sogar einen eigenen Zweig der Fischerei gibt, nämlich die so genannte **„Gammelfischerei"**. Nun wissen Sie auch, warum Sie an Krebs und an anderen netten „Zivilisationskrankheiten" leiden müssen! Kommen wir da wieder heraus? Vielleicht – wenn wir unser Konsumverhalten radikal ändern. Ansonsten wird es wohl kaum besser werden, da unsere industriehörige Politik von alleine wohl kaum etwas unternehmen wird. Während Sie dieses Buch lesen, werden weiterhin Unmengen an Fischen und Beifängen aus der Nordsee geholt, jeder Quadratmeter des Watts wird von den Kuttern im Jahr bis zu achtmal umgepflügt. Kann man sich da noch über etwas wundern? Ja, in der Tat, das kann man: Nämlich dass in der Deutschen Bucht überhaupt noch marines Leben zu finden ist! Anfang 2010 sickerte es sogar an die Medien durch, dass die Bundesregierung in einem internen Papier zugab, beim Meeresschutz völlig versagt zu haben. Denn anders ist es wohl kaum zu erklären, dass auf einem Quadratkilometer Watt mittlerweile eine Tonne sichtbaren Mülls treibt, und dass man auf einhundert Meter Uferlänge mit Leichtigkeit mehr als siebenhundert Artefakte unserer „Zivilisation" einsammeln kann... Dabei reden wir selbstverständlich noch nicht von Schwermetallen, Radioaktivität, Munition, Giftgas und anderen Substanzen, die auf dem Grunde der Nordsee schlummern und nur darauf warten, ihren tödlichen Input an das Meerwasser abzuliefern. Besonders nachdenklich stimmen sollte uns jedoch das nördlich orientierte Abwandern der arktischen Fischarten und das Eindringen mediterraner Fischarten aus dem Süden. Auch das teilweise oder vollständige Verschwinden einst häufiger Arten wie der Europäischen Auster oder der Wellhornschnecke wird unabsehbare Folgen für das Ökosystem der Nordsee haben.

Ebenso wie die erfolgreiche Vermehrung eingeschleppter Arten aus aller Herren Weltmeere. Doch die größten Umweltprobleme der Nordsee sind meines Erachtens die chronische und schleichende Verseuchung dieses Meeres mit Müll und Umweltgiften aller Art, sowie ein rascher Anstieg des Meeresspiegels, der dann auch die Küsten- und Inselbewohner gefährden wird. Diese Welt ist zu klein, als dass wir uns den Folgen unseres mondänen Lebensstiles weiterhin ungestraft entziehen könnten. Die Natur wird sich dazu äußern, soviel ist jetzt schon gewiss. Doch werden uns dann die Äußerungen von „Domina Natura" gefallen, wenn beispielsweise der Meeresspiegel wegen des abgeschmolzenen Packeises um 7 Meter angestiegen ist, und ganze Landstriche im Meer versunken sind? Länder wie die Niederlande und Bangladesch werden dann vermutlich nicht mehr oder nur noch als kleine Fragmente auf den Landkarten existieren, und Deutschland würde gewaltige Flächen seiner Küstenzone verlieren, wovon dann mindestens zwei Millionen Menschen betroffen sein werden. Doch trotzdem diese Phänomene bekannt sind, wird seitens der Politik offensichtlich nichts getan. Denn eine Änderung unseres persönlichen Lebensstiles ist unbequem und nicht populär. Doch unser eigener Ruin könnte gleich nach dem Schwinden der Natur die direkte Folge sein! Deshalb wäre es meine Bitte an Sie persönlich, zu überlegen, wo Sie selbst der Konsumfalle ein Schnippchen schlagen können, um den Verfall wenigstens etwas aufzuhalten. Es wäre wirklich befremdend, wenn Großstädte wie Hamburg verschwinden würden, und Städte im Binnenland wie etwa Bremen, Oldenburg oder Hannover plötzlich zur Hafenstadt mit Seeanbindung werden würden. Als bewusst parteiloser Demokrat kann ich sie hier nur herzlich darum bitten, sich für die Natur zu engagieren, um dem Verfall entgegenzuwirken. Wählen sie deshalb Politiker, die sich wirklich einsetzen, und dieses nicht nur aus wahltaktischen Gründen vorgeben. Ändern Sie Ihren Lebensstil, lernen Sie es neu, auf Dinge verzichten zu können. Naturschutzgebiete und Nationalparks ändern nichts am Status Quo, wenn sich niemand wirklich für die breitflächig bedrohte Fauna der Nordsee einsetzt.

**Die Krabbe *Xaiva biguttata* stammt aus dem Ärmelkanal und wurde im Hitzesommer 2018 von den Kuttern vor der Insel Juist gefangen…. Ein Bote des Klimawandels!**

# Register der lateinischen Nomenklatur

| | |
|---|---|
| *Acipenser baerii* | 80 |
| *Acipenser gueldenstaedti* | 81 |
| *Acipenser sturio* | 82 |
| *Acipenseridae* | 79 |
| *Actinia* | 20 |
| *Actinia equina* | 20 |
| *Actinopterygii* | 68 |
| *Aega psora* | 75 |
| *Agnatha* | 44 |
| *Agonidae* | 160 |
| *Agonus cataphractus* | 160 |
| *Alcyonium digitatum* | 20 |
| *Alopias vulpinus* | 24 |
| *Alosa fallax* | 937 |
| *Alpheus bisincisus* | 198 |
| *Ammodytes marinus* | 194 |
| *Ammodytidae* | 194 |
| *Anarhichadidae* | 192 |
| *Anarhichas lupus* | 68,193 |
| *Anarhichas minor* | 192 |
| *Anguilla anguilla* | 68,88,91 |
| *Anguillidae* | 90,187 |
| *Aphia minuta* | 197 |
| *Appendicularia* | 27,43 |
| *Arnoglossus laterna* | 215 |

| | |
|---|---|
| *Ascidiacea* | 27 |
| *Ascidia mentula* | 28 |
| *Ascidiella aspersa* | 29 |
| *Ascidiella scabra* | 30 |
| *Aspitrigla cuculus* | 147 |
| *Atherina presbyter* | 24,98,99 |
| *Atherinidae* | 99,104 |
| *Aurelia aurita* | 13 |
| *Belone belone* | 72,85 |
| *Belonidae* | 84 |
| *Blenniidae* | 86,188 |
| *Boops boops* | 165 |
| *Bothidae* | 214,215 |
| *Botrylloides leachii* | 34 |
| *Botryllus schlosseri* | 33 |
| *Buglossidium luteum* | 220 |
| *Caligus elongatus* | 78 |
| *Callionymidae* | 203 |
| *Callionymus lyra* | 203,204 |
| *Cancer pagurus* | 16 |
| *Caproidae* | 223 |
| *Capros aper* | 223 |
| *Carangidae* | 164 |
| *Carcharodon carcharias* | 57 |
| *Centrolabrus exoletus* | 181 |
| *Chelidonichthys lucernus* | 147,148 |

| *Chelon labrosus* | 125 |
| *Chimaera monstrosa* | 50 |
| *Chirolophis ascanii* | 188,189 |
| *Chorda* | 27,39 |
| *Chordata* | 27 |
| *Chrysaora hysoscella* | 13 |
| *Ciliata mustela* | 11,119 |
| *Ciona intestinalis* | 31 |
| *Clupea harengus* | 68,94 |
| *Clupeidae* | 93 |
| *Conger conger* | 88 |
| *Congridae* | 88 |
| *Coregonus oxyrinchus* | 102,103 |
| *Coris julis* | 179 |
| *Cottidae* | 156,159 |
| *Crangon crangon* | 19,160,201,209 |
| *Crassostrea gigas* | 22 |
| *Ctenolabrus rupestris* | 180 |
| *Cyclopteridae* | 152,154 |
| *Cyclopterus lumpus* | 11,20,152 |
| *Dasyatis pastinaca* | 24,49,66 |
| *Dendrodoa* | 27 |
| *Dendrodoa grossularia* | 32 |
| *Dentex maroccanus* | 24,166 |
| *Dicentrarchus labrax* | 126 |
| *Didemnidae* | 37 |

| *Diplosoma listerianum* | 36 |
| *Echeneidae* | 155 |
| *Echiichthys vipera* | 172 |
| *Echinus esculentus* | 20 |
| *Elasmobranchii* | 44 |
| *Eledone cirrhosa* | 17 |
| *Enchelyopus cimbrius* | 120 |
| *Engraulidae* | 98 |
| *Engraulis encrasicola* | 98 |
| *Entelurus aequoreus* | 141 |
| *Euphausiacea* | 13 |
| *Eutrigla gurnardus* | 150 |
| *Forma leiurus* | 129 |
| *Forma semiarmatus* | 129 |
| *Forma trachurus* | 129 |
| *Fucus vesiculosus* | 8 |
| *Gadidae* | 106,116,122 |
| *Gadus morhua* | 17,108 |
| *Galathea squamifera* | 17 |
| *Galeorhinus galeus* | 55 |
| *Gasterosteidae* | 127 |
| *Gasterosteus aculeatus* | 11,127 |
| *Glyptocephalus cynoglossus* | 211 |
| *Gobiidae* | 196 |
| *Gobius niger* | 198,199 |
| *Gobiusculus flavescens* | 202 |

*Hippocampus* — 132

*Hippocampus hippocampus* — 68,132

*Hippocampus ramulosus* — 134

*Hippoglossoides platessoides* — 212

*Hippoglossus hippoglossus* — 13

*Homarus gammarus* — 17

*Labridae* — 178

*Labrus bergylta* — 184

*Labrus mixtus* — 182,184

*Lamna nasus* — 49,57

*Lamnidae* — 57

*Lampetra fluviatilis* — 45,46

*Lepidopus caudatus* — 229,230

*Leptocephalus* — 91,92

*Lernaeenicus sprattae* — 77

*Lernaeocera branchialis* — 76

*Limanda limanda* — 214

*Liocarcinus navigator* — 5,252

*Liparididae* — 152,154

*Liparis liparis* — 154

*Lithodes maja* — 17

*Lophiidae* — 227

*Lophius piscatorius* — 17,68,227

*Lotidae* — 116

*Maja brachydactyla* — 17

*Mammalia* — 231

| *Merlangius merlangus* | 106 |
| *Merlucciidae* | 122 |
| *Merluccius merluccius* | 122 |
| *Microstomus kitt* | 213 |
| *Mola mola* | 123 |
| *Molgula manhattensis* | 42 |
| *Molidae* | 123 |
| *Molva molva* | 17,113,118 |
| *Moronidae* | 126 |
| *Mugilidae* | 124 |
| *Mullidae* | 162 |
| *Mullus surmuletus* | 24,69,162,163 |
| *Mustelus asterias* | 56 |
| *Myoxocephalus scorpius* | 11,156,159 |
| *Mysis* | 105,131,201 |
| *Myxine glutinosa* | 47 |
| *Myxinidae* | 44 |
| *Neogobius melanostomus* | 199 |
| *Nerophis lumbriciformis* | 138 |
| *Nerophis ophidion* | 138,139 |
| *Octopus vulgaris* | 17 |
| *Oikopleura spec.* | 43 |
| *Osmeridae* | 104 |
| *Osmerus esperlanus* | 104 |
| *Palaemon macrodactylus* | 5 |
| *Palinurus elephas* | 17 |

*Parablennius gattorugine*          86,87,189

*Perca fluviatilis*          68,170

*Percidae*          170

*Petromyzon marinus*          46

*Petromyzontidae*          44

*Phoca vitulina*          234

*Phocoena phocoena*          237

*Pholididae*          190

*Pholis gunnellus*          157,190

*Phrynorhombus norvegicus*          216

*Physeter catodon*          240

*Platichthys flesus*          210,214

*Pleuronectes platessa*          19,208,210

*Pleuronectidae*          208,214

*Pollachius pollachius*          17,110,112

*Pollachius virens*          110,113

*Polyclinum aurantium*          38

*Pomatoschistus microps*          200

*Pomatoschistus minutus*          200,201

*Portumnus latipes*          5,24,252

*Psetta maxima*          217

*Pungitius pungitius*          68

*Raja brachyura*          59

*Raja clavata*          60

*Raja montagui*          64

*Raja radiata*          63

| | |
|---|---|
| *Raniceps raninus* | 121 |
| *Remora remora* | 155 |
| *Salarias fluviatilis* | 86 |
| *Salmonidae* | 100,103,104 |
| *Salmo salar* | 100,101 |
| *Salmo trutta trutta* | 100 |
| *Sander lucioperca* | 171 |
| *Sarda sarda* | 175 |
| *Sardina pilchardus* | 95,97 |
| *Sargassum muticum* | 11,12 |
| *Sarpa salpa* | 167 |
| *Scomber scombrus* | 13,176 |
| *Scombridae* | 175 |
| *Scophthalmidae* | 214,216 |
| *Scophthalmus rhombus* | 217,218 |
| *Scorpaenidae* | 142,156 |
| *Scorpaena scrofa* | 143 |
| *Scyliorhinus canicula* | 52 |
| *Scyliorhinus stellaris* | 54 |
| *Sebastes mentella* | 145 |
| *Sebastes norvegicus* | 144 |
| *Sebastes viviparus* | 146 |
| *Solea lascaris* | 221 |
| *Solea solea* | 19,222 |
| *Sparidae* | 165 |
| *Sparus aurata* | 20,165,168,169 |

| *Spinachia spinachia* | 11,130,141 |
| *Sprattus sprattus* | 95,96 |
| *Squalus acanthias* | 13,49,51 |
| *Stichaeidae* | 188 |
| *Styela clava* | 39 |
| *Styela coriacea* | 40 |
| *Styela rustica* | 41 |
| *Symphodus melops* | 185 |
| *Syngnathidae* | 131,134,141 |
| *Syngnathus acus* | 135 |
| *Syngnathus rostellatus* | 136 |
| *Syngnathus typhle* | 11,140 |
| *Taurulus bubalis* | 158 |
| *Thaliacea* | 27 |
| *Todarodes sagittatus* | 242 |
| *Torpedo marmorata* | 24,49,58 |
| *Trachinidae* | 172 |
| *Trachinus draco* | 172,173 |
| *Trachurus trachurus* | 164 |
| *Trichiuridae* | 229 |
| *Trichiurus lepturus* | 230 |
| *Triglidae* | 147,150 |
| *Trisopterus luscus* | 20,114,115 |
| *Trisopterus minutus* | 115 |
| *Tunicata* | 27 |
| *Ulva lactuta* | 10,11,119 |

| *Urticina felina* | 20 |
| *Xaiva biguttata* | 253 |
| *Xiphias gladius* | 24,206 |
| *Xiphiidae* | 206 |
| *Zeidae* | 224 |
| *Zeugopterus punctatus* | 219 |
| *Zeus faber* | 224 |
| *Zoarces viviparus* | 186 |
| *Zoarcidae* | 186 |
| *Zostera nana* | 10,11 |

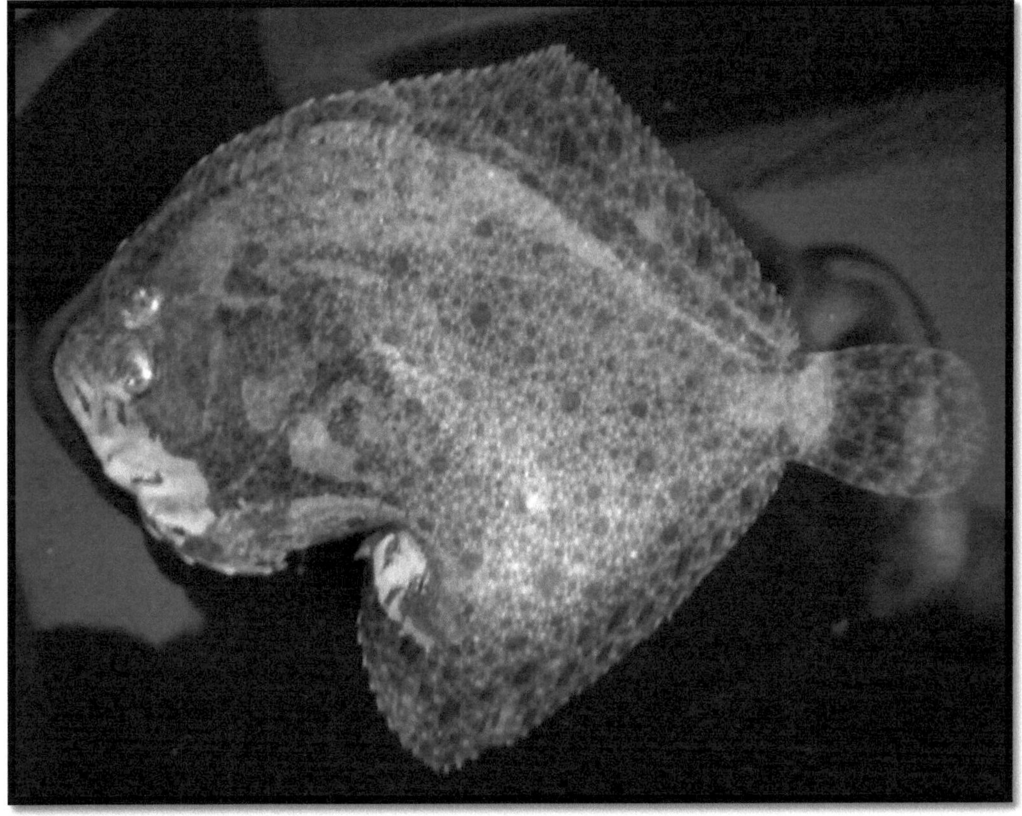

**Solche missgebildeten Fische kommen nicht in den Speisefischhandel… Sie belegen die Verseuchung der Nordsee mit Chemieabfällen mutagener Art…**

Sven Gehrmann, Jahrgang 1969, gebürtiger Berliner, der zurzeit in Norden bei Norddeich an der niedersächsischen Küste lebt, beschäftigte sich schon als Kind mit allem, was unter Wasser lebt. Dabei haben ihn besonders die Krebstiere und die Fische schon immer sehr interessiert und fasziniert. Seit 1983 ist er begeisterter Hobbyaquarianer und Natur-Fan unserer einheimischen Wassertiere, insbesondere der Nordseetiere. In seinem Keller bewahrt er eine Sammlung mit diversen konservierten Arten auf, so dass er bei jeder Kellerführung zu sagen pflegt: "So, andere haben also eine Leiche im Keller? Ich habe da ein paar mehr..." Bisher veröffentlichte er diverse Artikel in aquaristischen Fachzeitschriften, wobei hier die Bandbreite von Nordseetieren bis hin zu Artikeln über Anemonenfische und diverse Krebstiere reichte.

Im Internet findet man ihn unter: **WWW.NORDSEEFAUNA.ORG.**

Bei seinen Publikationen nimmt er grundsätzlich kein Blatt vor den Mund und nennt die Dinge beim Namen, da es ja offensichtlich sonst keiner tut. Dabei nimmt er keinerlei Rücksichten auf eine falsche Art der „political correctness", die hier überall erfolgreich installiert wurde, um den Schein des Anstands zu wahren. Auch bekennt er sich zu keiner politischen Partei oder Richtung zugehörig, sondern fühlt sich nur der Sache der Nordseetiere verpflichtet.

**Bibliografische Information der Deutschen Nationalbibliothek:**
Die Deutsche Nationalbibliothek verzeichnet diese Publikation in der Deutschen Nationalbibliografie; detaillierte bibliografische Daten sind im Internet über http://dnb.d-nb.de abrufbar.
**Impressum: Die Fauna der Nordsee Chordata**
**Copyright: © 2018 Sven Gehrmann**

**Herstellung und Verlag: BoD- Books on Demand, Norderstedt. ISBN: 9783748119814**